北京建筑大学教材建设项目（C2115）、
国家自然科学基金项目（42077439）资助出版

U0163492

地球空间大数据云计算平台（GEE）基础与实践教程

周磊　杜明义　罗婷　王文梁　高婷　李亚兰　编著

武汉大学出版社

图书在版编目(CIP)数据

地球空间大数据云计算平台(GEE)基础与实践教程/周磊等编著.
—武汉:武汉大学出版社,2022.11(2024.3 重印)
ISBN 978-7-307-22908-2

Ⅰ.地…　Ⅱ.周…　Ⅲ.地理信息系统—云计算—教材　Ⅳ.P208

中国版本图书馆 CIP 数据核字(2022)第 023430 号

责任编辑:杨晓露　　责任校对:汪欣怡　　版式设计:马　佳

出版发行:**武汉大学出版社**　　(430072　武昌　珞珈山)
(电子邮箱:cbs22@ whu.edu.cn 网址:www.wdp.com.cn)
印刷:武汉图物印刷有限公司
开本:787×1092　1/16　印张:18.25　字数:430 千字　插页:1
版次:2022 年 11 月第 1 版　　2024 年 3 月第 2 次印刷
ISBN 978-7-307-22908-2　　定价:49.00 元

前　　言

近几年，随着信息化水平的快速发展，云计算已经成为信息化建设的重要方向。国内外遥感数据处理相关企业和高校正在积极研究基于云计算的遥感数据处理技术和服务，如ENVI Services Engine 企业级遥感平台、地理空间数据云、资源三号卫星影像云服务平台和 SuperMap SGS 智慧城市时空信息云平台等。上述相关云服务平台主要用于卫星遥感数据的存储分发服务，较少涉及海量遥感数据的加工处理、信息挖掘等关键技术的业务化运行，服务于科学研究和地理监测业务的实际应用还略显不足。

科学研究和地理监测业务应用领域涉及的遥感应用方向众多，数据量庞大，传统的遥感软件和硬件设施难以提供有效的支撑。国内 2020 年推出 PIE-Engine 遥感云服务平台。2015 年美国 Google 公司与卡内基梅隆大学和美国地质调查局共同研发并发布了谷歌地球引擎（Google Earth Engine，GEE），实现了全球范围内海量遥感数据的并行处理，为遥感大数据分析提供了支撑。该平台的推出极大地提升了遥感大众化应用的水平，在科学研究和地理监测方面体现了较大的应用价值。

本书分基础知识和 GEE 应用两部分，由浅入深详细介绍了经典地球空间大数据云计算平台 GEE 的功能和应用于科学研究及地理监测的方法，并提供了详细的实现代码，全书共 12 章。第一部分"基础知识"包括第 1 章至第 5 章，详细介绍了 GEE 的各项基本功能：第 1 章主要对 GEE 进行总体介绍；第 2 章主要介绍了 GEE 的图形用户界面（Graphical User Interface，GUI），包括 GUI 的构成、GUI 的运算与分析，最后简单介绍了运用 GUI 进行地形分析和遥感图像分类的方法；第 3 章主要介绍了 GEE 的应用程序编程接口，包括 API 的界面、代码及个人文件栏目、程序编写栏、数据报告栏、结果呈现栏；第 4 章主要介绍了 GEE 的数据类型，包括基本数据类型、文本和数字类型、矢量数据类型、栅格数据类型及其他数据类型；第 5 章主要介绍了 GEE 的参数类型和使用方法，包括时间参数、属性操作参数。第二部分"GEE 应用"包括第 6 章至第 12 章，着重介绍了GEE 在科学研究和地理监测领域的应用实践案例，并提供了编程实例代码：第 6 章主要是科研基础实验应用，包括界面介绍、图像对象和方法、图像采集、遥感应用；第 7 章以巴西为例，介绍基于 GEE 的陆地表面温度数据分析方法；第 8 章主要介绍基于 GEE 的陆地表面温度数据分析方法；第 9 章主要介绍基于 GEE 的归一化植被指数分析方法和编程实现；第 10 章主要介绍媒介传播疾病预警系统开发方法；第 11 章主要介绍基于 GEE 的建筑垃圾识别研究成果和实现方法；第 12 章主要介绍基于 GEE 的海岸带的变迁研究成果和实现方法。

除了介绍基础功能，本书还引入研究团队近年来的教学和研究案例，着重阐述地球空间大数据云计算平台应用实践，深入剖析了 GEE 在处理长时间序列、海量数据方面的便捷性、高效性及其应用价值。本书可以作为地学和测绘专业领域本科生的地球空间大数据云计算平台应用实践教材，也可作为 GIS、遥感大数据处理方法教材。同时本书可以作为从事地理国情监测的专家和学者的应用手册。

本书得到北京建筑大学教材建设项目（C2115）、国家自然科学基金项目（42077439）、国家重点研发计划课题（2018YFC0706003）的资助出版。在撰写成稿过程中得到了本行业许多专家学者的指导和帮助，在此一并表示感谢。

由于作者水平有限，难免存在一定的错漏与不足之处，恳请读者批评指正。

周　磊

2021 年 8 月 30 日

目　　录

第一部分　基础知识

第二部分　GEE 应用

第一部分　基 础 知 识

第1章 Google Earth Engine 介绍

1.1 遥感大数据平台

近几年，随着信息化水平的快速发展，云计算已经成为信息化建设的重要方向。国内外遥感数据处理相关企业和高校正在积极研究基于云计算的遥感数据处理技术和服务，如ENVI Services Engine 企业级遥感平台、地理空间数据云、资源三号卫星影像云服务平台和SuperMap SGS 智慧城市时空信息云平台等。上述相关云服务平台主要用于卫星遥感数据的存储分发服务，基本未涉及海量遥感数据的加工处理、信息挖掘等关键技术的业务化运行。

遥感影像大众获取困难、个人电脑计算能力受限以及遥感处理分析专业性强等因素，制约着遥感大众化的应用和推广。针对以上难题，国内 2020 年推出 PIE-Engine 遥感云服务平台。该平台基于云计算、物联网、大数据和人工智能等技术研制，依托云计算基础设施，在线提供多源遥感卫星影像数据服务、遥感数据生产处理服务、遥感智能解译分析等服务。而 2015 年美国 Google 公司与卡内基梅隆大学和美国地质调查局共同研发并发布了Google Earth Engine，实现了全球范围内海量遥感数据的并行处理，为遥感大数据分析提供了支撑。研究人员已经利用 GEE 开展了影像处理以及在土地覆被、城市、农业、灾害和其他地学领域的工作，该平台的推出极大地提升了国外遥感大众化应用的水平。

1.2 认识 Google Earth Engine

Google Earth Engine（GEE）是由谷歌公司开发的众多应用之一。借助谷歌公司超强的服务器运算能力以及与 NASA 的合作关系，GEE 平台将 Landsat/Sentinel 等可以公开获取的遥感图像数据存储在谷歌的磁盘阵列中，使得 GEE 用户可以方便地提取、调用和分析海量的遥感大数据资源。GEE 在设计之初就是为了服务科研人员而构建的，因此在概念上可以将 GEE 视为一种工具，类似于菜刀之于厨师或者猎枪之于猎手，而不应该将其当作一种复杂的计算机编程平台。

1.3 GEE 中的通用地理学思维

1.3.1 空间发现

GEE 与谷歌公司的另一款名为 Google Earth 的软件具有类似的空间发现功能，即可以展示地球表面客观存在的现象和地貌。例如我们要找到故宫的位置以及遥感图像，在 Google Earth 中可以进行如下操作（图1.1）：

（1）在搜索栏中输入"北京 故宫"。

（2）观察结果，获得地理发现。

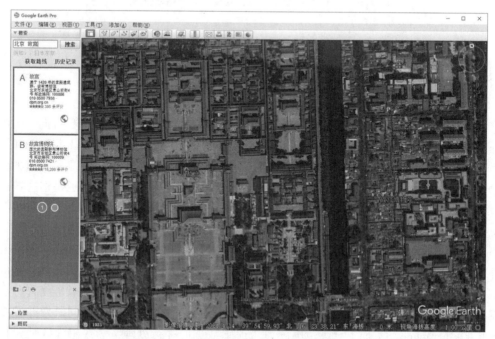

图 1.1 利用 Google Earth 进行地理发现

同样地，GEE 也具有类似的地理发现功能。也以发现故宫为例（图1.2），在 GEE 中，我们利用"Map. setCenter（）"命令将 GEE 的观察窗口移动到故宫的位置，同时将 GEE 的底图设置为卫星图像，具体操作步骤如下：

图 1.2 利用 GEE 进行地理发现

（1）点击 GEE 底图框右上角的卫星图像按钮。

（2）在 Code Editor 中输入 "Map. setCenter（116.40，39.92）" 指令。

（3）观察结果。

从上述例子中可以看出，GEE 具有与其他常见的地理/地图软件产品相类似的 "观察地球" 的功能，但是 GEE 与其他产品的显著不同点在于其依靠命令而不是点击进行操作。这种操作方式相对 Google Earth 来说较为烦琐，而且不符合人的操作直觉，但在后面的学习中我们会发现，正是这种基于指令的操作方式给予了 GEE 更大的自由空间，让用户能够更加灵活地对地理数据进行分析和处理。

1.3.2　空间叠加

GEE 与其他地理信息系统（GIS）平台类似的地理思路还包括图层叠加。在分析地理问题时，常常需要考虑某一种或几种因素（因）对目标因素（果）的影响。这种影响关系在 GIS 中常常表现为将不同图层叠加后获得结果图层的过程。例如，利用坡向数据增强高程数据显示效果的过程就可以看作叠加坡度和高程数据得到结果图层的过程。

在 ArcGIS 中增强北京地区高程数据显示的具体操作如下：

（1）加入中国的 DEM 数据；

（2）加入中国行政区数据；

（3）利用属性筛选北京的行政区边界；

（4）利用北京行政区边界对中国的 DEM 数据进行裁剪，得到 "Beijing_DEM"；

（5）利用工具箱中的 "hillshade" 工具处理 "Beijing_DEM" 得到 "Beijing_Hillshade"；

（6）在 "显示工具栏" 中将 "Beijing_Hillshade" 的透明度调整为 70%；

（7）得到结果。

将上述操作实施在 GEE 中的代码如下。可以看出 GEE 与 ArcGIS 在操作思路上几乎是完全相同的，因此可以将 ArcGIS 的操作步骤作为注释加入代码中。

```
var DEM = ee.Image( "USGS/SRTMGL1_003" );
//加入 DEM 数据
var China_Provinces = ee.FeatureCollection( "users/liyalan/China
_Provinces" );
//加入中国行政区数据
var Beijing = China_Provinces.filterMetadata( 'NAME','equals','
Beijing' )
.first().geometry()
//利用属性筛选北京的行政区边界
var DEM_Beijing = DEM.clip( Beijing )
//利用北京行政区边界对中国的 DEM 数据进行裁剪,得到"Beijing_DEM"
var HillShade_Beijing = ee.Terrain.hillshade( DEM_Beijing )
//利用工具箱中的"hillshade"工具处理"北京_DEM"得到"Beijing_
```

```
Hillshade"
    Map.centerObject( Beijing, 8 )
    //将地图的显示中心定位到北京,缩放级别调整为 8
    Map.addLayer( DEM_Beijing,
    {"bands":["elevation"], 'min': 0, "max":1500,
    "palette":["60ff56", "e8ff2d", "ff6a13"]}, 'DEM_Beijing' )
    Map.addLayer(HillShade_Beijing,
    {"opacity": 0.7, "bands":["hillshade"], "gamma":1 }
    ,'HillShade_Beijing' )
    //将'Beijing_Hillshade'的透明度调整为 70%,得到结果
```

　　在现阶段我们并不需要掌握上述代码的具体语法和用法,但是却可以通过对代码单词的理解大概推断出这段代码在做什么。同时,可以把代码想象成相应注释在 ArcGIS 中的点击操作,这将有助于我们理解"点击操作"和"命令操作"的异同。

　　由更进一步的分析可以发现,本例中 ArcGIS 与 GEE 具有:①在操作思路上几乎完全相同的特点;②虽然 GEE 的命令操作方式相对于 ArcGIS 的点击操作更加复杂,但即使没有学习代码,也是可以直观理解这些命令的。理解这两点对于我们树立学习 GEE 的信心,以及认识 GEE 是"面向地理科研人员而非程序员的工具"和"即使没有代码经验也可以较好地利用 GEE"这两个结论具有较大的帮助。

　　最后,上述两个操作的结果见图 1.3、图 1.4。

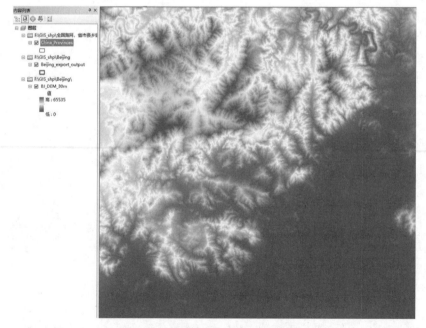

图 1.3　利用 ArcGIS 进行高程渲染

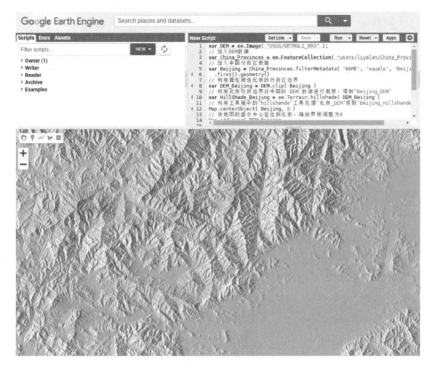

图 1.4　利用 GEE 进行高程渲染

1.4　GEE 中的数据

GEE 中存储着海量的遥感数据，熟悉这些数据能够让用户更加便捷地实现空间和地理分析目标。总体上，GEE 的数据可以分为 4 种：栅格数据，栅格集数据，矢量数据，矢量集数据。

1.4.1　栅格数据

GEE 中的栅格数据主要包括来自遥感卫星的数据和空间插值数据产品。GEE 中来自遥感卫星的数据如表 1-1 所示。

表 1-1　　　　　　　　　　　　　**GEE 中的主要卫星数据**

数据集	空间分辨率	时间分辨率	时间覆盖（年）	空间覆盖
Landsat				
Landsat 8 OLI/TIRS	30m	16day	2013—Now	Global
Landsat 7 ETM+	30m	16day	2000—Now	Global
Landsat 5 TM	30m	16day	1984—2012	Global
Landsat 4—8 surface reflectance	30m	16day	1984—Now	Global

续表

数据集	空间分辨率	时间分辨率	时间覆盖（年）	空间覆盖
Sentinel				
Sentinel 1A/B ground range detected	10m	6day	2014—Now	Global
Sentinel 2A MSI	20m	10day	2015—Now	Global
MODIS				
MOD 08 atmosphere	1°	daily	2000—Now	Global
MOD 09 surface reflectance	500m	1/8day	2000—Now	Global
MOD 10 snow cover	500m	1day	2000—Now	Global
MOD 11 temperature and emissivity	1000m	1/8day	2000—Now	Global
MCD 12 landcover	500m	annual	2000—Now	Global
MOD 13 vegetation indices	500/250m	16day	2000—Now	Global
MOD 14 thermal anomalies &fire	1000m	8day	2000—Now	Global
MCD 15 leaf area index/FPAR	500m	4day	2000—Now	Global
MOD 17 gross primary productivity	500m	8day	2000—Now	Global
MCD 43 BRDF-adjusted reflectance	1000/500m	8/16day	2000—Now	Global
MOD 44 veg. cover conversion	250m	annual	2000—Now	Global
MCD 45 thermal anomalies and fire	500m	30day	2000—Now	Global
ASTER				
L1 T radiance	15/30/90m	1day	2000—Now	Global
Global emissivity	100m	once	2000—2010	Global
Other imagery				
PROBA-V top of canopy reflectance	100/300m	2day	2013—Now	Global
EO-1 hyperion hyperspectral radiance	30m	targeted	2001—Now	Global
DMSP-OLS nighttime lights	1km	annual	1992—2013	Global
USDANAIP aerial imagery	1m	sub-annual	2003—2015	CONUS
地形				
Shuttle Radar Topography Mission	30m	single	2000	60°N—54°S
USGSGMTED2010	10m	single	multiple	US
USGS National Elevation Dataset	7.5″	single	multiple	83°N—57°S
GTOPO30	30″	single	multiple	Global
ETOPO1	1′	single	multiple	Global

来源：Google Earth Engine：Planetary-scale geospatial analysis for everyone [J]. Remote Sensing of Environment，2017，202：18-27.

GEE 中其他的主要栅格产品包括土地利用数据、气象数据和人口数据等。这些数据与遥感影像数据相比，主要用来反映某些社会因子的空间分布，或者反映地表以上空间的自然特征，具体数据产品见表 1-2。

表 1-2   **GEE 中其他主要栅格产品**

数据集	空间分辨率	时间分辨率	时间覆盖（年）	空间覆盖
土地利用				
Glob Cover	300m	Non-periodic	2009	90°N—65°S
USGS National Landcover Database	30m	Non-periodic	1992—2011	CONUS
UMD global forest change	30m	Annual	2000—2014	80°N—57°S
JRC global surface water	300m	Monthly	1984—2015	78°N—60°S
GLCF tree cover	30m	5year	2000—2010	Global
USDA NASS crop land data layer	30m	Annual	1997—2015	CONUS
气象				
Global precipitation measurement	6′	3h	2014—Now	Global
TRMM 3B42 precipitation	15′	3h	1985—2015	50°N—50°S
CHIRPS precipitation	3′	5day	1981—Now	50°N—50°S
NLDAS-2	7.5′	1h	1979—Now	North America
GLDAS-2	15′	3h	1948—2010	Global
NCEP reanalysis	2.5°	6h	1948—Now	Global
ORNL DAYMET weather	1km	12images	1980—Now	North America
GRIDMET	4km	1day	1979—Now	CONUS
NCEP global forecast system	15′	6h	2015—Now	Global
NCEP climate forecast system	12′	6h	1979—Now	Global
WorldClim	30″	12	Images	1960—1990
Global				
NEX downscaled climate projections	1km	1day	1950—2099	North America
人口				
WorldPop	100m	5year	Multiple	2010—2015
GPWv4	30″	5year	2000—2020	85°N—60°S

来源：Google Earth Engine：Planetary-scale geospatial analysis for everyone ［J］．Remote Sensing of Environment，2017，202：18-27．

1.4.2　矢量数据

简单来说，矢量数据可以理解为点、线和面类型的数据。在处理空间问题时，常常需要确定某个地理要素的位置（例如某区域商店的位置），或者某些线状地物的位置（河流、道路等），以及某些面状物的分布（行政边界等）。

在确定矢量空间要素空间特征的基础上，再给这些空间要素贴上标签（名称、面积、权属等），就得到了包含一定信息的矢量数据。我们通常将这种矢量数据称为"特征矢量"（Feature），将其空间形状称为"地理特征"（Geometry），将贴上去的标签信息称为"属性"（Property）。

我们分别从 ArcGIS 和 GEE 中添加并查看 Feature 的信息（图 1.5），以此加深对矢量数据的理解。在 ArcGIS 中的操作如下：

（1）加入矢量数据；

（2）利用 ◉ 工具点击任意矢量面；

（3）观察弹出框信息。

通过操作，我们发现弹出框中显示了"Shape""NAME""Shape_Area"等信息。在本例中，Geometry 就是图 1.5 方形显示的面，Property 就是弹框下部的"Field"以及"Value"信息，而两者的集合就是一个"Feature"。

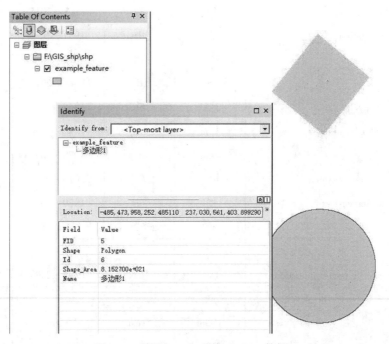

图 1.5　利用 ArcGIS 观察 Feature 数据

同样地，根据在 ArcGIS 中的操作思路，在 GEE 中实现这个例子的代码如下：

```
//载入矢量图
var dataset = ee.FeatureCollection ( "users/liyalan/example_feature" );
//将显示中心调整为矢量图中心,缩放等级设置为7
Map.centerObject( dataset, 7 );
//将矢量图以默认方式显示在地图上
```

```
Map.addLayer( dataset );
```

当代码运行完毕后，点击屏幕右上方的"Inspector"栏目，等光标变成十字查询状态后，点击多边形的任意位置，观察"Inspector"栏目中的信息。可以发现，GEE 比 ArcGIS 能更加详细地反映矢量信息，首先 Feature 下面的 Type 显示出点击的矢量是一个 Feature 数据，然后这个数据的 ID（可以理解为这个数据在 GEE 中的"身份证"）也显示出来；然后下面是 Geometry 信息，可以看出该多边形是一个 Type 为 Polygon 的数据（可以理解为面），这个数据由 161 个坐标点组成，这些坐标点存储在一个 List 数据集中；最下面的 Property 信息，可以看出 Feature 的"Name""Shape_Area"等属性信息。具体情况见图 1.6。

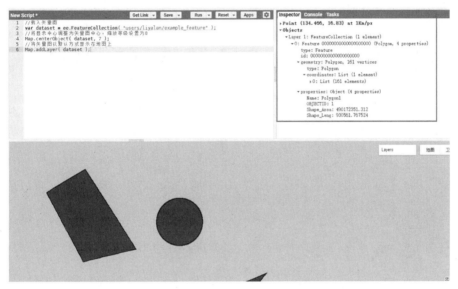

图 1.6　利用 GEE 观察 Feature 数据

相对于 ArcGIS 来说，GEE 的操作相对烦琐，但是能获得更多的信息。另外，在上述表达中出现了"Type""List""Polygon"等概念，通过本例我们也能对这些概念有直觉上的理解。最后，GEE 相对 ArcGIS 虽然操作更加复杂，但是利用代码能更加自由地对空间数据进行分析和操作。

1.5　空间数据的坐标

无论是栅格数据还是矢量数据，在空间分析的语境中都必不可少地涉及"坐标"这一概念。"坐标"可以理解为位置系统，"坐标变换"可以理解为从一种位置系统向另一种位置系统的数学变换。

在 GEE 中，当系统处理栅格数据时，会首先确定栅格左上角的坐标（例如 E107.35，N29.75），然后根据每个栅格的大小（例如 30m×30m）将栅格中的每个像素"铺"在底图上。在处理矢量数据时，根据上一小节的表述可知，矢量数据的空间属性本质上是由点构成的，因此首先确定参考点的坐标（例如 E107.35，N29.75），然后利用数学公式将其他点的坐标计算出来。

上述表达中采用经纬度来表达点的坐标位置，这是一种称为"地理坐标系"的表述方法，另一种常用的坐标系统是"投影坐标系"，投影坐标系常在计算面积时使用。中国有自己的投影坐标系（西安 80 坐标系，北京 54 坐标系等），美国有美国的投影坐标系（San_Francisco_CS13 等）。因为地球不是完美的几何图形，因此理论上采用所在地区的投影坐标系是最准确的。限于篇幅，这里对坐标系的讨论偏向直觉和概念，更多细节还需要结合专业知识加深学习。

1.6　小结

通过对 GEE 的简要介绍，可以初步认识 GEE 和理解 GEE 的基本操作逻辑。

第 2 章　GEE 的图形用户界面

GEE 是一个主要依靠编码命令进行空间分析和操作的平台，但 GEE 也有适合界面操作的平台：GEE 的图形用户界面（Graphical User Interface，GUI）。GEE 的 GUI 的优点在于符合人的操作直觉，并且对新用户友好；缺点是功能较少，可以实现的空间分析有限。

GEE 的学习重点并不在 GUI 上，可以将本章作为一种过渡，一种从"点击操作"到"命令操作"的适应过程。通过本章的学习，我们能更加深入地体会利用 GEE 进行空间分析时，对任务进行分步运行的思路。

2.1　GUI 的构成

GEE 的 GUI（图 2.1）主要由数据（框 1）、计算（框 2）、分析（框 3）和显示（框 4）四部分构成。其中计算和分析功能只有在申请 GEE 资格并且登录以后才能完全使用。

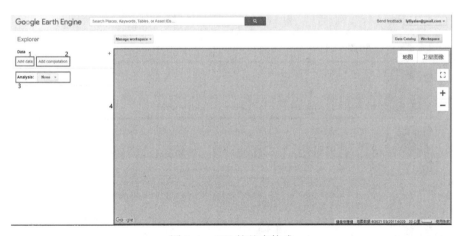

图 2.1　GUI 的基本构成

2.1.1　GUI 中的栅格数据

GUI 的数据（图 2.2）主要为卫星遥感图片、遥感衍生指数数据（8/32 天合成 NDVI/NDWI 数据）以及土地利用分类数据。

在 GEE 的 GUI 中能都调用的遥感卫星图片数据包括 Landsat 4/5/7/8 TOA 系列数据。其中 Landsat 5/7 能通过搜索框中的 Landsat TOA 选项相对简单地进行调用，而 Landsat 4/8

13

FEATURED

RASTERS
　Landsat TOA Percentile Composite

CLASSIFIED RASTERS
　MCD12Q1-1 IGBP
　MCD12Q1-2 UMD
　MCD12Q1-3 LAI/fPAR
　MCD12Q1-4 NPP
　MCD12Q1-5 PFT
　GlobCover 2009
　USDA NASS Cropland

VECTORS
　Hand-drawn points and polygons
　Fusion Table

图 2.2　GEE 的 GUI 主要数据

数据（图 2.3）需要在 Data Catalog 中搜索 Landsat 4/8 的 32-day Raw Composite 数据才能加入 GUI 的工作区中。对于 Sentinel 系列遥感数据，GUI 仅显示其数据介绍，而不能将其载入 GUI 的工作环境中。

Landsat 5 TM Collection 1 Tier 1 32-Day NDVI Comp... - open in workspace
Google - Every 32 days from 1984 to 2012
These Landsat 5 TM Collection 1 Tier 1 composites are made from Tier 1 orthorectified scenes, using the computed top-of-atmosphere (TOA) reflectance. Se...

Landsat 4 TM Collection 1 Tier 1 32-Day Raw Compo... - open in workspace
USGS/Google - Every 32 days from 1982 to 1993
These Landsat 4 TM Collection 1 Tier 1 composites are made from Tier 1 orthorectified scenes, using the DN values, representing scaled, calibrated at-sensor ...

Landsat 8 Collection 1 Tier 1 32-Day NDSI Composite - open in workspace
Google - Every 32 days from 2013 to 2021
These Landsat 8 Collection 1 Tier 1 composites are made from Tier 1 orthorectified scenes, using the computed top-of-atmosphere (TOA) reflectance. See [...

Landsat 8 Collection 1 Tier 1 32-Day NDVI Composite - open in workspace
Google - Every 32 days from 2013 to 2021
These Landsat 8 Collection 1 Tier 1 composites are made from Tier 1 orthorectified scenes, using the computed top-of-atmosphere (TOA) reflectance. See [...

Landsat 8 Collection 1 Tier 1 32-Day Raw Composite - open in workspace
USGS/Google - Every 32 days from 2013 to 2021
These Landsat 8 Collection 1 Tier 1 composites are made from Tier 1 orthorectified scenes, using the DN values, representing scaled, calibrated at-sensor rad...

Landsat 7 Collection 1 Tier 1 32-Day TOA Reflecta... - open in workspace
Google - Every 32 days from 1999 to 2021
These Landsat 7 Collection 1 Tier 1 composites are made from Tier 1 orthorectified scenes, using the computed top-of-atmosphere (TOA) reflectance. See [...

图 2.3　Landsat 4/8 的 32-day Raw Composite 数据

GUI 中的衍生合成数据（图 2.4）主要包括来自 MODIS 和 Landsat 4/5/7/8 等的 NDVI、NDWI、NDSI、EVI 以及 BAI 数据等。

Landsat 7 Collection 1 Tier 1 32-Day NBRT Composite - open in workspace
Google - Every 32 days from 1999 to 2021
These Landsat 7 Collection 1 Tier 1 composites are made from Tier 1 orthorectified scenes, using the computed top-of-atmosphere (TOA) reflectance. See [...

Landsat 4 TM Collection 1 Tier 1 32-Day NDSI Comp... - open in workspace
Google - Every 32 days from 1982 to 1993
These Landsat 4 TM Collection 1 Tier 1 composites are made from Tier 1 orthorectified scenes, using the computed top-of-atmosphere (TOA) reflectance. Se...

Landsat 8 Collection 1 Tier 1 32-Day NDWI Composite - open in workspace
Google - Every 32 days from 2013 to 2021
These Landsat 8 Collection 1 Tier 1 composites are made from Tier 1 orthorectified scenes, using the computed top-of-atmosphere (TOA) reflectance. See [...

Landsat 7 Collection 1 Tier 1 32-Day EVI Composite - open in workspace
Google - Every 32 days from 1999 to 2021
These Landsat 7 Collection 1 Tier 1 composites are made from Tier 1 orthorectified scenes, using the computed top-of-atmosphere (TOA) reflectance. See [...

Landsat 4 TM Collection 1 Tier 1 32-Day EVI Compo... - open in workspace
Google - Every 32 days from 1982 to 1993
These Landsat 4 TM Collection 1 Tier 1 composites are made from Tier 1 orthorectified scenes, using the computed top-of-atmosphere (TOA) reflectance. Se...

Landsat 7 Collection 1 Tier 1 32-Day NDVI Composite - open in workspace
Google - Every 32 days from 1999 to 2021
These Landsat 7 Collection 1 Tier 1 composites are made from Tier 1 orthorectified scenes, using the computed top-of-atmosphere (TOA) reflectance. See [...

Landsat 8 Collection 1 Tier 1 32-Day NDVI Composite - open in workspace
Google - Every 32 days from 2013 to 2021
These Landsat 8 Collection 1 Tier 1 composites are made from Tier 1 orthorectified scenes, using the computed top-of-atmosphere (TOA) reflectance. See [...

图 2.4　GUI 中的衍生合成数据

GUI 中的土地利用数据（图 2.5）可以方便地加入工作区中，点击搜索框，选择 CLASSIFIED RASTERS（例如 GlobCover 2009）中的数据集，土地利用数据信息的加载框就会显示在工作区中。对每一种地理赋予分类值（Assign Class），相应的地类就会出现在 GUI 工作区的底图上。

在搜索框中输入 Landsat 7，点击弹出的 Landsat TOA Percentile Composite 数据，该数据会直接加载到工作区，而点击 Landsat 7 Collection 1 Tier 1 TOA Reflectance 数据时，该数据不能被加载到工作区，但是会弹出数据的介绍界面。上述两种数据在搜索框中并没有明显的标识以区别哪一种数据是可以加载的，哪一种是不能被加载的。这说明 GEE 的 GUI 平台的用户逻辑并不完善，反映出 GUI 可能并未得到 GEE 开发团队的重视。

2.1.2　GUI 中的矢量数据

GUI 中的矢量数据的加载方式有两种，一种方式是通过 Fusion Table（图 2.6）进行加载，另一种方式是通过手绘进行加载。Fusion Table 是谷歌公司推出的一种云存储服务，其主要目的是提供一种方便的文件共享平台。我们可以这样理解，当用户将表格（矢量

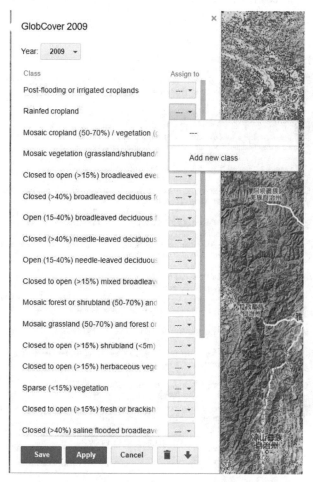

图 2.5 GUI 中的土地利用数据 （GlobCover 2009）

图 2.6 GUI 中的 Fusion Table 加载界面

文件是由点构成的，矢量点文件在存储上以类似于表格文件的组织方式进行存储）上传到 Fusion Table 上之后，谷歌会返回给用户一个数据 ID，用户凭借数据 ID 在任何谷歌服务框架中都可以快速地调用对应的文件。应该指出的是，Fusion Table 的运行模式被认为是云计算数据库的雏形，但由于计算机云计算技术的快速发展，谷歌公司决定在 2019 年 12 月 3 日以后关闭 Fusion Table 的服务。

利用手绘（图 2.7）进行矢量数据加载是 GUI 加载矢量的主要方式。首先在 Classes 栏目中添加标记类别，然后通过工作区左上角的绘图工具进行形状绘制，即可得到手绘矢量数据。手绘矢量主要用于遥感图像的土地利用分类；通过选定图像区域进行遥感分类器的训练。

图 2.7　GUI 中通过手绘加载矢量图形

2.2　GUI 的运算与分析

2.2.1　GUI 的运算功能

在工作区加入数据后，利用 Add Computation 工具可以对加入的数据进行进一步的处理。GUI 中的计算类型（图 2.8）一共有 5 种，分别用于波段添加、掩膜处理、像素运算、邻域处理以及地形处理。

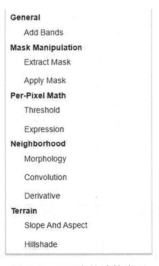

图 2.8　GUI 中的计算类型

波段添加的作用在于将若干栅格数据集合成复合数据，例如可以将 SLOPE 波段加到 DEM 波段上，可以得到一个包含 SLOPE 和 SEM 的数据集。掩膜处理的目的在于告诉 GUI 图像的哪些部分参与运算，哪些部分不参与运算。像素运算的目的在于挑选出合适的像素以及对像素进行数学处理，例如像素运算的阈值筛选可以筛选出高程小于 900m 的像素，而像素运算的表达式运算可以利用公式 "（Band5−Band4）／（Band5＋Band4）" 计算出 Landsat 8 系列图像的 NDVI 值。邻域运算可以对图像进行边界提取、卷积以及差分计算。地形计算可以计算出高程图像的坡度、坡向和山体阴影。

2.2.2 GUI 的分析功能

GEE 的 GUI 中的分析功能是完全服务于遥感图像分类的。GUI 的分析功能由训练分类器、交叉验证和分类对比三个功能组成（图 2.9），其中训练分类器功能是 GUI 分析功能的核心，在点击训练分类器后，弹出的对话框（图 2.10）中包含了 3 种常见的遥感分类方法（分类器）。

图 2.9　GUI 中的计算类型

图 2.10　GUI 中的分析类型

2.3　利用 GUI 进行地形分析和遥感图像分类

GUI 与 GEE 的 Code Editor 相比可用数据和分析功能都相对较少，但 GUI 的操作逻辑简单，并且在操作的过程中可以让用户掌握使用 Code Editor 时的分析思路。下面以地形分析和遥感图像分类为例进行解释。

2.3.1 利用 GUI 进行地形分析

本节的目的是提取高程大于 500m，并且坡度小于 10° 的地区。要达到这样的目标，相应的思路是：

（1）加入高程数据；

（2）加入坡度数据；

（3）提取高程大于 500m 的区域，即 "DEM_提取"；

（4）提取坡度小于 10°的区域，即 "SLOPE_提取"；

（5）利用工具将 "DEM_提取" 和 "SLOPE_提取" 叠加；

（6）得到结果。

GUI 中的操作步骤如下：

（1）在搜索框中输入 "SRTM"，点击 "SRTM Digital Elevation Data 30m"，然后点击弹出对话框最上部的 "SRTM Digital Elevation Data 30m" 并重命名为 "DEM" 后点击 "Save"。

（2）点击 "Add Computation" 按钮，选择 "Slope and Aspect"，然后点击弹出对话框最上部的 "Slope and Aspect" 并重命名为 "SLOPE"，然后打开 "Visualization"，将显示方式更改为 "1 Band（Grayscale）" 后点击 "Save"。

（3）点击 "Add Computation" 按钮，选择 "Threshold"，然后点击弹出对话框最上部的 "Computed layer：Threshold" 并重命名为 "DEM_Reclass"，然后在 Threshold 栏目中将 Image 选择为 "DEM"，同时通过 "Add Threshold" 按钮增加两个分类框，分别输入 "0，500，0" 和 "500，9000，1"。最后打开 "Visualization"，将 "Rang" 更改为 0—1，然后点击 "Save"。

（4）点击 "Add Computation" 按钮，选择 "Threshold"，然后点击弹出对话框最上部的 "Computed layer：Threshold" 并重命名为 "SLOPE_Reclass"，然后在 Threshold 栏目中将 Image 选择为 "SLOPE"，注意点击 SLOPE 右侧的图层按钮，将 Aspect 前的 "√" 去掉，同时通过 "Add Threshold" 按钮增加两个分类框，分别输入 "0，10，1" 和 "10，90，0"。最后打开 "Visualization"，将 "Rang" 更改为 0—1，然后点击 "Save"。

（5）点击 "Add Computation" 按钮，选择 "Expression"，然后点击弹出对话框最上部的 "Computed layer：Expression" 并重命名为 "DEM_SLOPE_Intersect"，通过 "Select Image" 按钮分别选择 "DEM_Reclass" 和 "SLOPE_Reclass"，保持默认名 img1 和 img2 不变，然后在 Expression 栏目中输入 "img1 * img2"。最后打开 "Visualization"，将 "Rang" 更改为 0—1，然后点击 "Save"。

（6）观察结果，地图中白色区域就是符合要求的 "高程大于 500m，并且坡度小于 10°的地区"，操作结果可以参考网址 https：//explorer. earthengine. google. com/#workspace/q6HdA8g7qPT 中的内容。

在 Code Editor 中，同样也可以实现提取 "高程大于 500m，并且坡度小于 10°的地区" 的目标。在编写代码命令之前，首先需要确定代码思路，可以将思路先以代码注释（图2.11）的形式写入代码框中，然后再在相应的位置具体进行命令编写。

```
//加入高程数据
var DEM = ee.Image("USGS/SRTMGL1_003");
//加入坡度数据
```

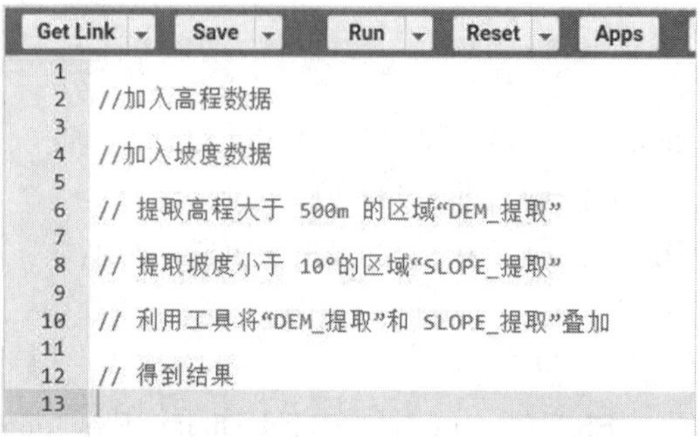

图 2.11 首先进行思路构建

```
var SLOPE = ee.Terrain.slope(DEM)
//提取高程大于 500m 的区域"DEM_提取"
var DEM_Reclass = DEM.gt(500)
//提取坡度小于 10°的区域"SLOPE_提取"
var SLOPE_Reclass = SLOPE.lt(10)
//利用工具将"DEM_提取"和"SLOPE_提取"叠加
var DEM_SLOPE_Intersect = DEM_Reclass.and(SLOPE_Reclass)
//得到结果
Map.setCenter(107.09,29.43,10)
Map.addLayer(DEM_SLOPE_Intersect)
```

在 Code Editor 中实现提取"高程大于 500m，并且坡度小于 10°的地区"的方式与 GUI 中的稍有不同。在 GUI 中，筛选符合条件像素的方式是重分类，即设定一个区间，符合条件的像素被重新赋值（上例中通过"Add Threshold"按钮增加两个分类框，分别输入"0，500，0"和"500，9000，1"的目的就是将符合条件的像素重新赋值为1，不符合条件的像素重新赋值为0），而在 Code Editor 中，筛选符合条件像素的操作是"lt"和"gt"，它们的含义分别是"less than"和"greater than"，这样就比较容易理解相应代码的含义。

可以看出，GUI 与 Code Editor 的操作思路也是完全一致的。通过本例，可以看出命令操作的方式是"分布进行，逐步细化"，这种思维方式对 GEE 的学习非常重要。

2.3.2 利用 GUI 进行遥感图像分类

本节的目的是利用 GUI 的 Analysis 功能实现遥感图像的土地分类，目的是区分目标区域的建设用地、绿地和水体。相应的思路是：

(1) 加载遥感图像；

(2) 确定训练样区；

(3) 训练分类器；

(4) 进行遥感解译；

（5）得到结果。

GUI 中的操作步骤如下：

（1）点击搜索框，选择"Landsat TOA Percentile Composite"，点击弹出对话框最上部的"Landsat TOA Percentile Composite"，并重命名为"L5"，然后点击对话框中部的"Custom"将时间范围调整为"2010-01-01"至"2012-12-31"，并将 Collection 选择为"Landsat 5"，最后打开 Visualization，将波段组合调整为"B4，B3，B2"的形式后，点击"Save"。

（2）点击搜索框，选择"Hand-drawn points and polygons"，点击左侧的"Add Class"按钮，添加三个矢量种类，并分别命名为"Urban""Vegetation"和"Water"。然后在遥感图像的合适位置利用工作区左上角的 ，分别给每个种类添加相应的矢量训练区（图 2.12）。

图 2.12　训练区选择

（3）点击"Analysis"，选择"Train a classifier"，选择"CART"作为训练函数。

（4）点击"Train classifier and display results"进行训练并展示训练结果。具体操作可参考链接 https：//explorer. earthengine. google. com/#workspace/lWtI2Sy7sIf。

同样地，在 Code Editor 中也可以实现相应的操作，根据上一小节的方法，同样首先做出代码注释，然后分别对每个注释进行填充，具体代码如下：

```
//定义默认值
var bands = ['B2','B3','B4','B5','B6','B7'];
//加载遥感图像
var L5_Original = ee.ImageCollection( "LANDSAT/LT05/C01/T1" );
var L5_Filtered = L5_Original.filterDate( '2010-01-01','2012-12-31' )
    .filterBounds( ee.Geometry.Point( 120.355,31.2669 ) );
var L5_No_Cloud = ee.Algorithms.Landsat
```

```
    .simpleComposite( L5_Filtered ).select( bands );
// 确定训练样区
var Urban = ee.Feature( ee.Geometry.Polygon(
   [[[120.61311702323688, 31.318565498257207],
   [120.6106708486153, 31.318198875857824],
   [120.61140040946735, 31.314789219180742],
   [120.61612109733356, 31.315412498976603],
   [120.6152627904488, 31.318675484698684]]], null, false ),
   { "class": 1, "system:index": "0" } ),
Water = ee.Feature(ee.Geometry.Polygon(
   [[[120.18101886625156, 31.234079484059087],
   [120.15217975492344, 31.196496311065733],
   [120.20711139554844, 31.154197391080114],
   [120.26341632718906, 31.201195024606896]]], null, false ),
    { "class": 2, "system:index": "0" }),
Vegetation = ee.Feature( ee.Geometry.Polygon(
   [[[119.77727130765781, 31.1236364245912],
   [119.84456256742344, 31.14244433872052],
   [119.81023029203281, 31.172999243587384],
   [119.76903156156406, 31.15889820400377]]], null, false ),
    { "class": 3, "system:index": "0" });
var sample _ zone = ee.FeatureCollection ( [ Urban, Water,
Vegetation]);
var training = L5_No_Cloud.sampleRegions({
   collection: sample_zone,
   properties: ['class'],
   scale: 30
} );
   // 训练分类器
   var trained = ee.Classifier.smileCart ( ) .train ( training,
'class', bands );
   // 进行遥感解译
   var classified = L5_No_Cloud.select( bands ).classify( trained );
   // 得到结果
   Map.setCenter( 120.355, 31.2669, 10 );
   Map.addLayer( classified, { "min": 1, "max": 3,
      "palette": ["ffff00", "0000ff", "7cfc00"]});
```

本例相对 GUI 的操作显得复杂一些，这是因为在确定训练样区的代码中，有很大一部分是为了实现训练区的选取。在后面的内容中可以发现，训练样区的选取可以通过鼠标操作，因此，除去训练样区的选择，上述代码命令仍然是一行代码就能实现一个分步骤的功能。

2.4　小结

通过本节的介绍，可以更加清晰地感受到"点击命令"与"代码命令"之间的关联，尤其是两者在进行空间分析时，都采用分步进行的思路特点。在具体实现功能上，"点击命令"用图形界面直观地引导用户进行操作（例如上述例子中，GUI 通过点击"Add Computation"中的"Slope and Aspect"来计算地形要素），而命令方式则用代码来实现同样的空间分析目的（例如在"Code Editor"中利用"ee. Terrain. slope（）"来计算坡度）。在充分理解 GEE 的数据构成以及命令思路后，接下来将介绍 GEE 中各种命令代码的具体语法和格式。

第 3 章　GEE 应用程序编程接口

GEE 的应用程序编程接口（Application Programming Interface，API）是 GEE 的核心功能所在，也是 GEE 用户最为关注的平台，与 GUI 相比，API 可以调用 GEE 平台中的所有数据和功能。

3.1　API 的界面

GEE 的 API 界面（图 3.1）主要由 4 个部分构成，分别是代码及个人文件栏、程序编写栏、数据报告栏和结果呈现栏。

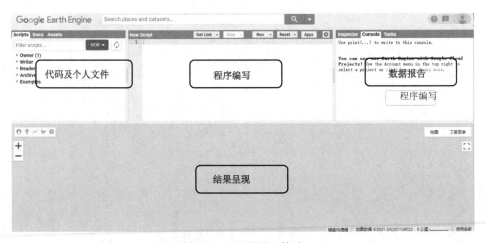

图 3.1　API 的界面构成

代码及个人文件栏的主要作用是存放用户代码，提供 GEE 自带的代码格式规范（可以理解为帮助文件），以及管理用户个人数据（用户可以将自己的栅格或矢量数据上传至这里，供分析和使用）。

程序编写栏是 GEE 用户执行操作的主界面，可以把程序编写栏理解为一个文本编辑器，在进行命令代码编写时，程序编写栏会根据代码格式自动对代码进行上色和报错处理。

数据报告栏是 GEE 用户获取程序运行结果的重要窗口。通常情况下，运行结果以图像的方式显示在结果呈现区，但对于一些属性或者统计类的报表信息，只能通过数据报告栏进行查询，同时，程序的运行调试也常常会利用数据报告栏查看分步结果。

　　结果呈现栏是 API 中面积占比最大的区域，其主要作用是呈现空间数据。

　　GEE 的 API 界面除了上述四个基本组成外，还存在若干系统功能按钮，分别是搜索栏、帮助栏和用户栏。

　　搜索栏（图 3.2）的主要作用是确定地点和加载 GEE 自带数据，比如可以在搜索栏中输入"beijing"，点击弹出的 PLACES 中的地址，即可将结果呈现区的底图移动至北京地区。同样地，搜索"Landsat 4"，点击弹出框中 RASTERS 项目中的相应数据，即可将数据引入程序编写框上部的 Imports 框中，在 Imports 框中的数据可以直接在代码中使用。

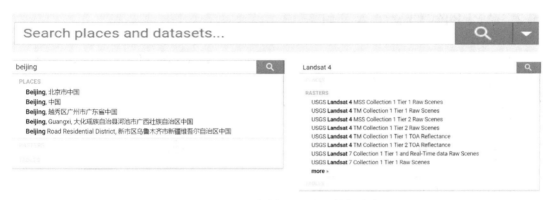

图 3.2　API 的搜索框及地点和数据搜索

　　帮助栏的主要作用是提供 GEE 的学习材料和提供用户交流平台。帮助栏的位置在 API 界面的右上角，点开后会出现 6 个子栏目（图 3.3），分别为用户指南、开发者问答网站、开发者讨论组、其他支持选项、常用快捷键（Ctrl-Shift-H 或?）和界面导航。其中价值最大的是用户指南和开发者问答网站，点击用户指南后会弹出一个网页，网页中包含了针对新用户的教程以及一定的背景知识讲解，对 GEE 的学习非常有用。而开发者问答网站则聚集了全球用户的使用疑问以及部分针对疑问的回答，如果在学习过程中遇到问题可以尝试在这里寻求解决的办法。

　　用户栏（图 3.4）在帮助栏的右侧，其主要作用是注销登录。

图 3.3　API 的搜索框及地点和数据搜索

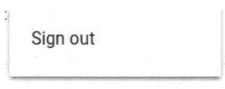

图 3.4 用户栏的注销登录选项

3.2 API 的代码及个人文件栏目

API 的代码及个人文件栏（图 3.5）的主要功能在于储存用户代码和管理用户数据，同时也能提供各种代码的标准格式解释。

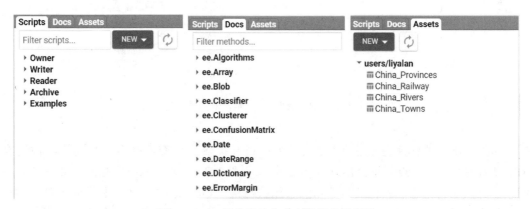

图 3.5 API 的代码及个人文件栏的子栏目

具体来说，Scripts 子栏目用于管理用户代码，在这个子栏目中，分别存在"Owner""Writer""Reader""Example"和"Archive"五个选项，其中"Owner"是用户的代码文件，而"Writer""Reader"和"Archive"是用户通过某种共享方式获得的他人的代码，"Example"是 GEE 提供的样例代码。Docs 子栏目以字母顺序依次排列了 GEE 的所有功能代码，并且对每个功能代码的格式进行了简要的解释。Assets 子栏目的主要目的是管理用户的个人数据。用户可以将私人数据上传至 Assets，然后在分析操作时通过点击数据进行加载。在 Scripts 和 Assets 子栏目的右上角都存在一个"NEW"选项，该选项的功能是创建类似于文件夹的路径空间以分类存储用户代码和数据。

3.3 API 的程序编写栏

API 的程序编写栏（图 3.6）的主要功能在于编写命令代码。命令代码栏可以分为上下两个部分，上部分为 Imports 子栏目，其作用是用来记录通过搜索工具栏或者手绘工具加载进入 GEE 的数据，已经加载到 Imports 子栏目的数据可以直接在下部分的 Code Editor 中进行调用。程序编写栏的最上方是一排功能按钮，其中，Get Link 的作用是获得当前的数据处理状态，并形成一个网页链接，方便与他人进行沟通和分享；Save 的作用是将当前的代码存储在 Scripts 栏目的 Owner 区域中；Run 的作用是运行当前代码；Reset 的作用是重置当前代码框。

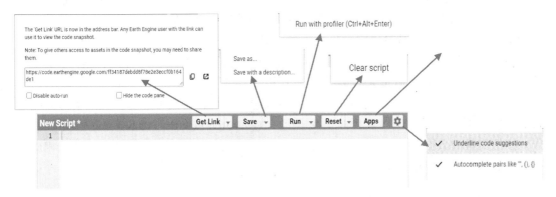

图 3.6　API 的程序编写栏

3.4　API 的数据报告栏

API 的数据报告栏（图 3.7）的主要作用是提供交互信息。其可以分为"Inspector""Console"和"Tasks"3 个子栏目。其中 Inspector 的主要作用是查询结果呈现界面的像素或矢量信息，比如加载一幅高程图像之后，利用 Inspector 点击高程图像的任一位置，那么此时 Inspector 栏目中显示的就是这一位置的高程（像素）信息，而加载的是矢量边界信息时，Inspector 栏目中就会出现点击位置对应 Feature 的属性信息。Console 总是与 print 连用，以输出相应的反馈信息，比如经过筛选得到某一数据集"Collection"，那么就可以通过 print（Collection）的方式在 Console 中查看这个数据集由多少数据组成，数据格式和结构是什么样的，等等。另外，利用 print 还可以输出图像信息。Tasks 栏主要用来观察用户上传或者下载数据时的进度信息。

图 3.7　API 的数据报告栏

3.5 API 的结果呈现栏

API 的结果呈现栏的主要功能是显示处理结果。除了显示结果，该栏还包括"手绘工具"和"图层管理"两个重要的显示控制功能。

对于手绘工具（图 3.8）来说，其主要作用是方便引入矢量图形。在前面我们讨论过矢量都是由点构成的，因此只要我们在 GEE 的代码框中通过某种方式将构成矢量的每个点的坐标都输入进去，就可以得到目标矢量，但这种方式太过繁杂，为了简化操作，手绘工具便应运而生。总体上，手绘工具分为绘制点、线和面三种模式，在不久前的 GEE 更新中，绘制矩形也被添加进来。另外，当利用手绘工具引入矢量之后，一个新的名为 "Geometry Imports" 的工具就会显示出来，通过这个工具，我们可以对引入的矢量数据进行重命名、更改显示颜色以及更改矢量类型（Geometry/Feature/Feature Collection）的操作。当把矢量的数据类型更改为 Feature 或者 Feature Collection 时，我们还可以在相应的弹出界面中增加其属性信息。

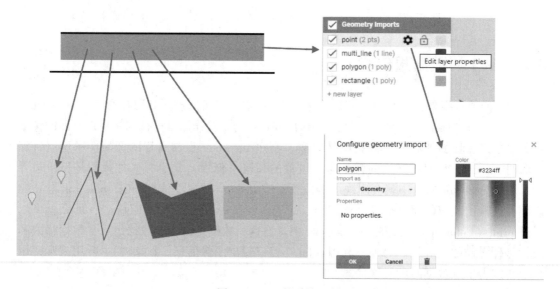

图 3.8 API 的手绘工具

对于图层管理工具（图 3.9）来说，其主要功能是调节图层数据的显示方式。比如引入一幅遥感图像，可以通过图层管理工具改变图像的波段组合。更进一步地，图层管理工具还能调整图像的显示值域，比如西藏地区高程图像的默认像素显示范围是 0~9000m，如果将其调整为 4000~8500m，那么显示效果就会明显提高。除此之外，栅格图像的显示方式（波段组合、显示值域、透明度等）还可以通过点击界面中的 Import 按钮引入程序编写栏的 Imports 子栏目中以方便其他图层对其进行调用。

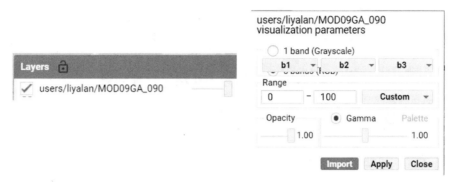

图 3.9　API 的图层管理工具

第4章 GEE 的数据类型

4.1 基本数据类型

String 和 Number 是 GEE 中最基本的数据类型。这两个变量的中文含义分别是文本和数字。无论利用代码进行哪种操作，都免不了利用文本和数字对操作进行表述或者控制。本节的目的就是要介绍这两种数据类型在 GEE 中的基本用法，通过本节的学习，我们能够掌握这两种基本数据类型的构建函数，以及理解 GEE 命令语言的基本语法。

4.1.1 String

文本本身不具备数据功能，它通常不参与运算，而只是用于描述。因此我们首先学习如何将文本打印在 Console 栏中，具体命令如下：

```
print ('Welcome to Earth Engine');
```

该命令可以从以下角度进行理解。这段代码里涉及两个部分：第一部分是 GEE 自带的命令 print ()，该命令的功能是将括号内的内容输出到 Console 栏中；第二部分是括号内的内容'Welcome to Earth Engine'。

那么问题来了，为什么不能直接把'Welcome to Earth Engine'放在括号内，而非要加一个单引号呢？答案是英文字母或者单词在代码中通常被用作变量名，如果不对文本加以处理，那么 GEE 看到 Welcome to Earth Engine 时，它不能分辨出里面是否有变量名。因此，为了减少误解，必须对文本进行一定的处理，在代码中，这种避免误解的默认处理方式就是在文本两端加上单引号（' '）或者双引号（'' ''）。

对文本进行处理之后，我们尝试用 GEE 的思维来看这一段代码：首先，print ( ) 是打印的功能，目的是把括号里的内容打印到 Console 中。然后括号里是'Welcome to Earth Engine'，引号中间的是文本，所以就可以确定要打印的内容是 Welcome to Earth Engine。最后，文本打印代码的效果如图 4.1 所示。

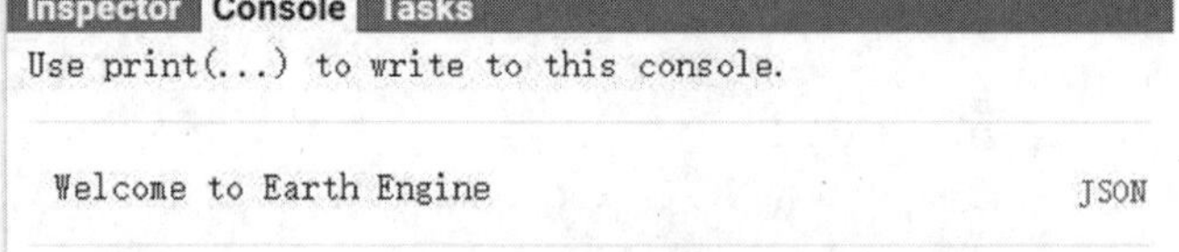

图 4.1 文本的打印

下面，我们探索如何创建一个 String 变量。具体代码如下：

```
var string = ee. String('Welcome to Earth Engine');
print( string );
```

在这段代码中，我们接触到两种新的命令方式，即 var string 和 ee. String（'Welcome to Earth Engine'），其中 ee. String（'Welcome to Earth Engine'）可以用前面的思路来理解，即 ee. String（ ）告诉 GEE 这是一个文本，具体的文本内容在括号内。而括号内的 'Welcome to Earth Engine' 可以用上一个例子来解释。另一个新内容是 var string =，对于这部分指令，可以这样理解：即 var 告诉 GEE 我们要创建变量了，变量的名字跟在 var 后面；然后是 "="，等号的含义在于告诉 GEE 这个变量名等于等号后面的内容。

综上，我们用 GEE 的思路来理解一下 var string = ee. String（ 'Welcome to Earth Engine'）。首先要创建一个名为 string 的变量，string 的值等于 ee. String（'Welcome to Earth Engine'），也就是说，string 首先等于一个文本，文本的具体内容是 Welcome to Earth Engine。再往下看，要执行 print（ string ），就是要把括号里的内容打印到 Console 里，括号里是什么呢？是一个名为 string 的变量，因为 string 是变量，所以我们要打印 string 代表的内容，也就是打印 Welcome to Earth Engine，如图 4.2 所示。

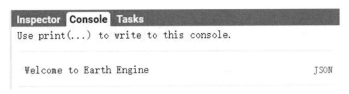

图 4.2　文本变量的打印

在这里，需要进一步解释两点。第一点，var string = ee. String（ 'Welcome to Earth Engine'）的正确读法应该是从右往左，即有一个值为 Welcome to Earth Engine 的文本被赋值给了名为 string 的变量。第二点，下述代码与上述代码是完全等效的，但却是不推荐的代码编写方法。因为在给变量赋值的时候，我们不仅关注值是什么，而且还关注值是什么格式。为什么非要使用 ee. String（ ）的命令呢？因为随着代码的增多，我们在检查代码的时候通常会把注意力较多地放在代码的逻辑上，但这种数据格式的不规范有时会导致错误，有时不会导致错误，属于较为隐蔽的错误。所以在代码刚开始编写的时候，就要特别注意对变量的数据格式进行定义。这种定义数据格式的行为在 Java 代码中被称为 "cast"。

```
var string ='Welcome to Earth Engine';

print( string );
```

在做上述讲解过后，我们应该对 GEE 的命令格式和编写规范有了一定的认识，下面开始介绍 String 的合并命令，具体代码如下：

```
var str_1 = ee.String( 'This is red.' );
var str_2 = ee.String( 'This is blue.' );
```

31

```
var cat_str = str_1. cat( str_2 );
print ( cat_str );
```

在这个代码中，我们遇到了新的指令：cat（），这个指令的含义在于将 .（点）前面的文本和 cat 后面的括号里面的文本进行合并。需要指出的是，cat 命令的英文单词对应的是 "catenate"，含义为 "连接，耦合"。代码的执行结果如图 4.3 所示。

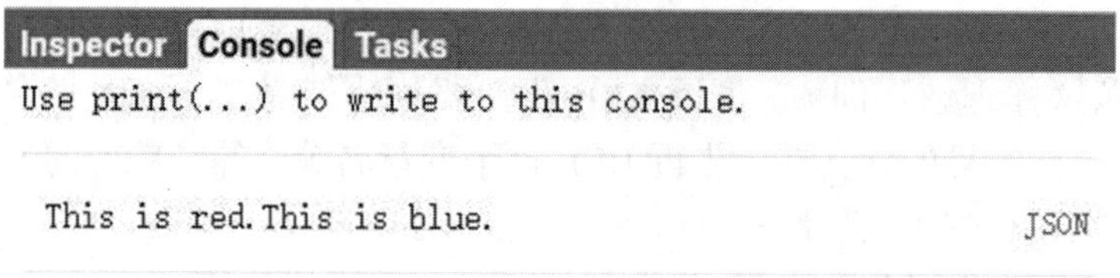

图 4.3 文本的合并

下面我们学习文本的替换命令，具体代码如下：

```
var str_1 = ee.String( "That The Them Tour" );
var str_2 = str_1.replace( 'T', 'W' );

print( str_1, str_2 );
```

在代码中，我们接触到的新命令是 .replace（），这个命令一共有两个参数，分别在括号内以第一个和第二个位置进行表示。那么这个命令的具体含义就是，对 .（点）之前的文本进行替换操作，替换的方法是把原来文本中第一个包含文本 1 的内容替换为文本 2 的内容。具体结果如图 4.4 所示。

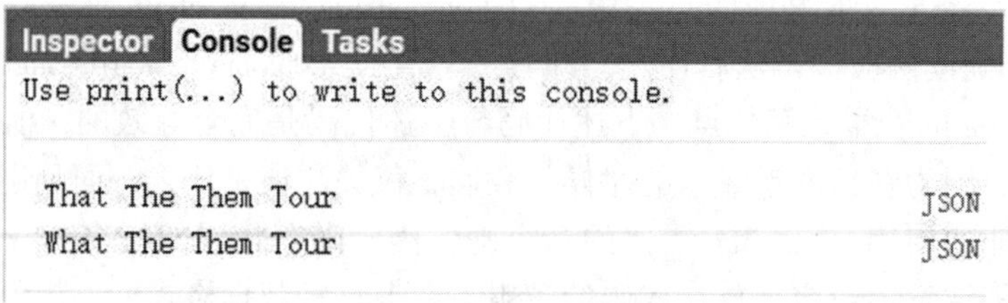

图 4.4 文本的替换

下面我们学习文本的匹配命令，具体代码如下：

```
var str_1 = ee.String( "One Two Three Four Five Six" );
var str_2 = str_1.match( 'Four' );

print( str_1, str_2 );
```

这里新的命令式 .match（'Four'）我们可以通过前述的例子进行理解，具体结果如图 4.5 所示。

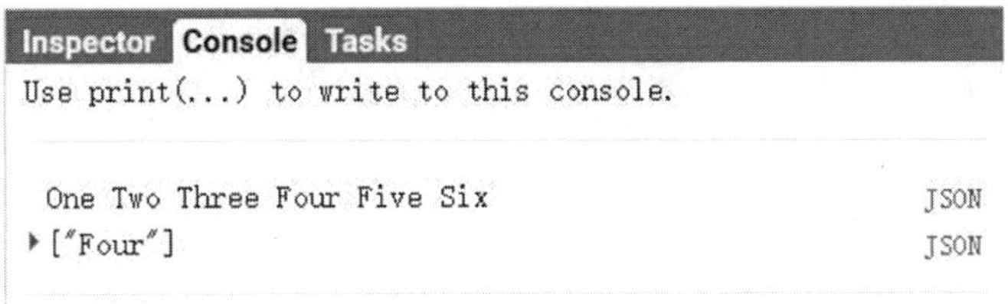

图 4.5　文本的匹配

下面我们学习文本的分割，具体代码如下：

```
var str_1 = ee.String( "One,Two,Three,Four" );
var str_2 = str_1.split( ',' );


print( str_1,str_2 );
```

在这个指令中，.split（','）将前面文本根据括号内的文本（或者符号）进行分割后得到新的 List 数据（下一节会学习）。代码效果如图 4.6 所示。

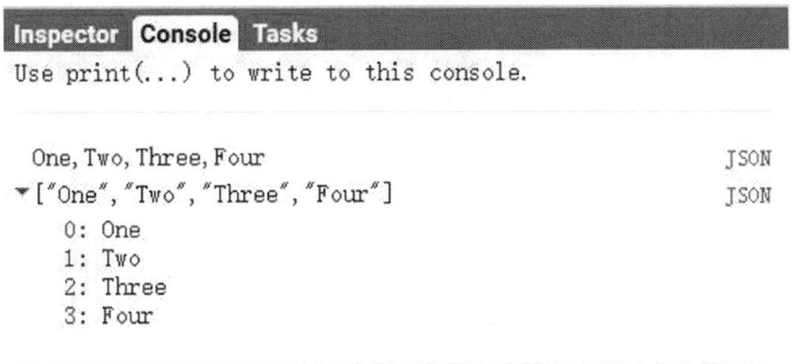

图 4.6　文本的切割

下面我们学习文本的截取，具体代码如下：

```
var str_1 = ee.String( "My phone number is 12345678" );
var str_2 = str_1.slice(3, 9 );
var str_3 = str_1.slice(8 );
var str_4 = str_1.slice( -6 );


print( str_1, str_2, str_3, str_4 );
```

在这个命令中，.slice（　，　）的功能是将前面的文本取出来一部分，具体的取法根据括号内的数字来确定，如果是两个数字，那么取从第一个数字（不包含）开始到第二个数字（包含）截止的文本部分；如果只有一个数字，就从这个数字开始（不包含）取到文本结尾。假如这个数字是负数，那么开始的位置就是从右往左数的。具体代码效果如图 4.7 所示。

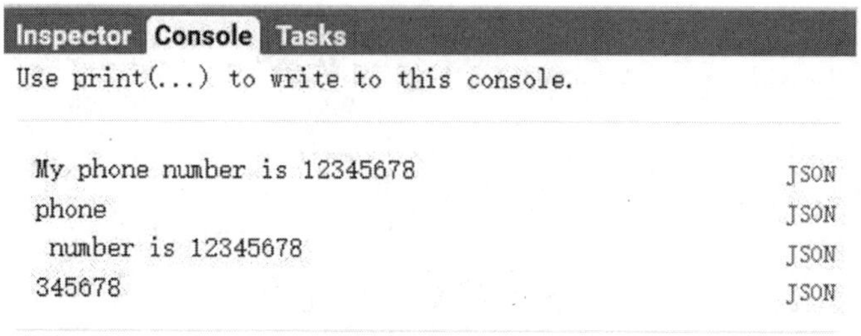

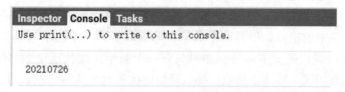

```
Inspector Console Tasks
Use print(...) to write to this console.

 My phone number is 12345678                    JSON
 phone                                          JSON
  number is 12345678                            JSON
 345678                                         JSON
```

图 4.7　文本的截取

下面介绍文本的长度测量命令，具体代码如下：

```
var str = ee.String( 'date 0726' );
var number = str.length();

print( str, number );
```

这个命令的功能在于计算给定文本的长度。具体代码运行结果如图 4.8 所示。

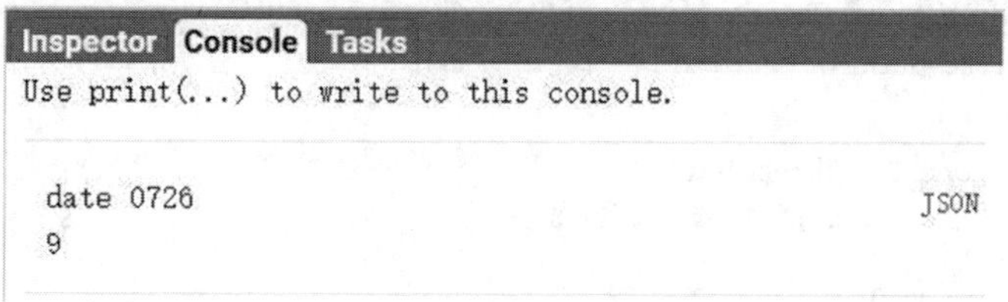

```
Inspector Console Tasks
Use print(...) to write to this console.

 date 0726                                       JSON
 9
```

图 4.8　文本的长度计算

经过本小节的学习，我们初步掌握了 GEE 的基本命令格式以及文本的基础操作。下面给出上述所有命令的集合，尝试能否看到指令就联想到其功能与用法。

```
print()          ee.String()    string.cat()    string.replace()
string.split()   string.match   string.slice()  string.length()
```

4.1.2　Number

Number 是 GEE 中另一个最基础的数据类型，本节我们将介绍 Number 的常用命令。首先是创建数字，其代码如下，运行结果如图 4.9 所示。

```
Inspector Console Tasks
Use print(...) to write to this console.

 20210726
```

图 4.9　数字的创建

```
var number = ee.Number( 20210726 );
```

```
print( number );
```
下面是数字格式的转换，代码如下，执行效果如图 4.10 所示。
```
var number_1 = ee.Number( 1.732051 );
var number_2 = number_1.int8();
var number_3 = number_1.toInt8();
```

```
print( number_1, number_2, number_3 );
```

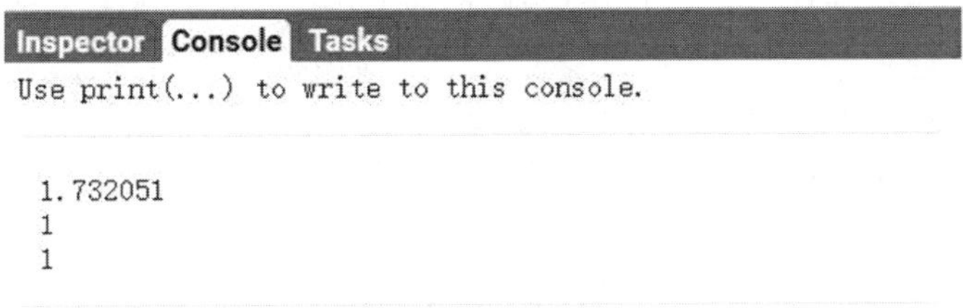

```
Inspector  Console  Tasks
Use print(...) to write to this console.

1.732051
1
1
```

图 4.10　数字格式的转换

在这里需要注意两点，第一点是在 GEE 中数字在转换格式的时候 . int8（）与 . toInt8（）是等效的；第二点是数字在转换格式的时候可能会发生数据丢失，这就要求我们在处理数字的时候，不仅要关注数字本身，还要留意相应的处理是否会改变原来数字的格式范围。另外，在 GEE 中其他常见的数字转换命令如下：

.unit8/16/32/64 = .toUnit8/16/32/64
.float = .toFloat
.double = .toDouble

下面介绍数字的比较，代码如下，运行结果如图 4.11 所示。
```
var Number_1 = ee.Number( 3.14 );
var Number_2 = ee.Number( -3.14 );
var True_False = Number_1.gt( Number_2 );
```

```
print( Number_1, Number_2 )
print( True_False );
```
需要注意的是，在代码中通常用数字 1 来表示条件成立（真），用数字 0 来表示条件不成立（假）。同样地，在 GEE 中其他常见的数字比较命令如下：

number. eq（）	number. neq（）	number. gt（）	number. gte（）	number. lt（）	number. lte（）
=	≠	>	≥	<	≤

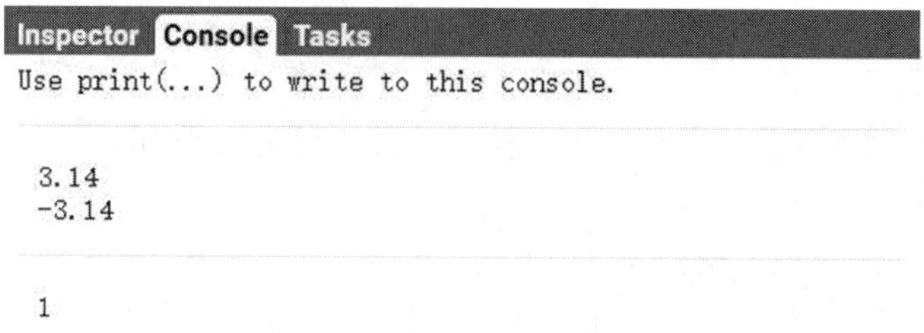

图 4.11　数字的比较

另外，两个数字之间还可以进行逻辑操作，限于篇幅关系这里不给代码，只给出命令：

```
number.and()  number.or()  number.not()
```
下面介绍数字的函数运算，代码如下，运行效果如图 4.12 所示。

```
var number_1 = ee.Number( -2.64575 );
var number_2 = number_1.floor().abs();

print ( number_1, number_2 );
```

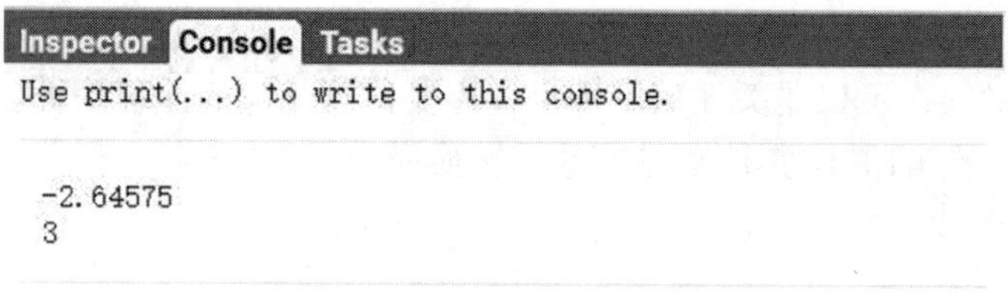

图 4.12　数字的函数操作

在这个例子中，我们接触到的命令是 .floor() 和 .abs()，它们分别代表向下取整（即比它小的最大整数）和取绝对值。GEE 中其他常见的函数操作命令如下所示：

number. round()	number. ceil()	number. sqrt()	number. exp()	number. log()	number. log10()
四舍五入	向上取整	开方	幂	对数	10 底对数

下面介绍数字的数学运算，代码如下，运行结果如图 4.13 所示。

```
var number_1 = ee.Number(6.18 );
var number_2 = ee.Number(2.96 );
var result = number_2.subtract( number_1 );

print( number_1, number_2 );
```

```
print( result );
```

图 4.13　数字的数学操作

在这个例子中，. subtract（）代表用前面的数字减去后面的数字的含义，但在结果中出现了许多9，并且在最后出现了一个8，这是由于计算机在计算的时候内存中没有完全初始化造成的，这种误差一般不会影响最终结果。同样地，其他 GEE 的重点数学运算如下：

number. add（）	number. multiply（）	number. divide（）	number. max（）	number. min（）
加	乘	除	最大值	最小值
number. mod（）	number. hypot（）	number. first（）	number. first_ nonzero（）	
取模	算三角形斜边	取第一个	取非零第一个	

下面介绍数字的三角函数，代码如下，运行效果如图 4.14 所示。

```
var Degree =60;
var Radian = ee.Number( Degree /180 * 3.1415926 );
var Tangent = Radian.tan();

print( Degree );
print( Radian );
print( Tangent );
```

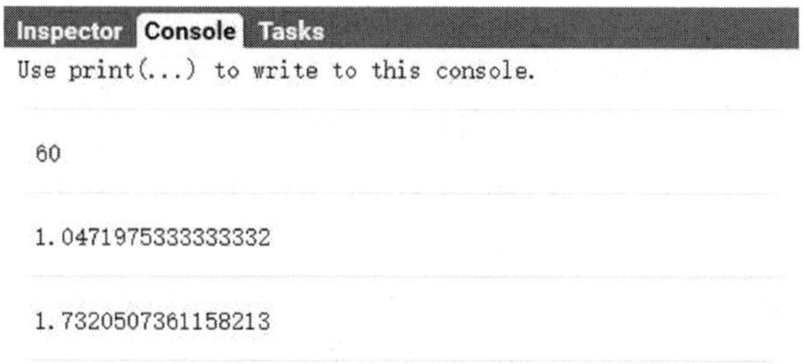

图 4.14　三角函数操作

本例中，. tan（）的作用是求取前面数字（弧度形式）的正切值，GEE 中的其他三角函数如下所示：

. sin	. cos	. sinh	. cosh	. tanh	. acos	. asin	. atan
正弦	余弦	双曲正弦	双曲余弦	双曲正切	反余弦	反正弦	反正切

下面介绍数字的是非比较，代码如下，运行效果如图 4.15 所示。

```
var number_1 = ee.Number( 1.73 );
var number_2 = ee.Number( 1.41 );
var number_3 = ee.Number( 1.73 );
var True_false_1 = ee.Algorithms.IsEqual( number_1, number_2 );
var True_false_2 = ee.Algorithms.IsEqual( number_1, number_3 );

print( number_1, number_2, number_3 );
print( True_false_1, True_false_2 );
```

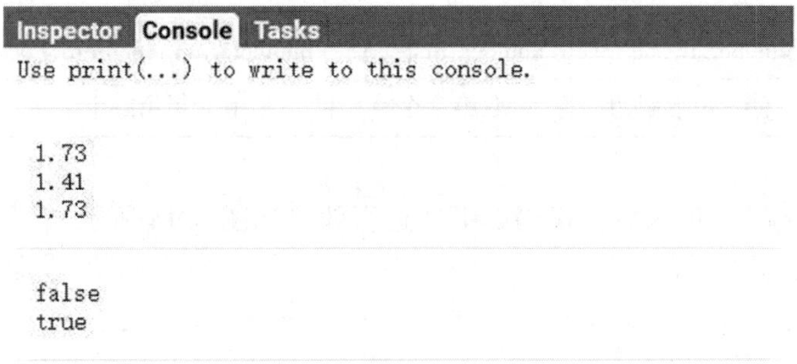

图 4.15　数字的是非比较

这里，ee. Algorithms. IsEqual（）的功能是比较括号内的两个数字是否相同，如果相同则返回一个文本 true，如果不同则返回一个文本 false。

下面介绍数字的位运算，代码如下，运行效果如图 4.16 所示。

```
var Number_1 = ee.Number(3 );
var Number_2 = ee.Number(5 );
var Number_And = Number_1.bitwiseAnd( Number_2 );
var Number_Or = Number_1.bitwise_or( Number_2 );

print ( '00000011 ( =3) and 00000101 ( =5)', Number_And );
print ( '00000011 ( =3) or 00000101 ( =5)', Number_Or );
```

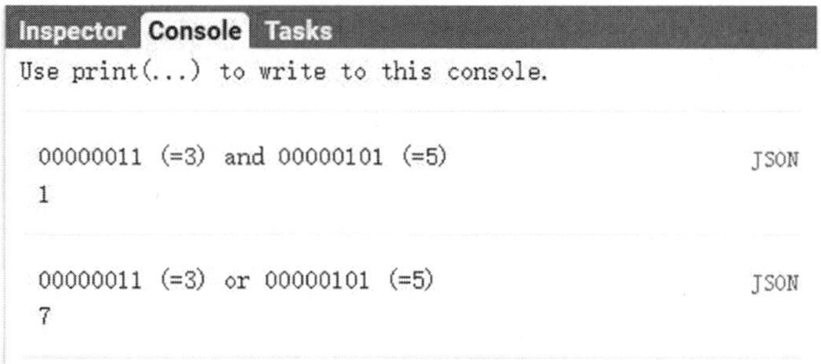

图 4.16　数字的与或位运算

在这里需要注意的是，位运算就是将数字首先转换成二进制形式，然后对相应位置的两个数字进行比较。具体到这个例子，3 变成二进制的形式是 00000011（因为 3 是 int8 格式，所以转变成二进制后一共是 8 位），5 变成二进制形式是 00000101，把两个二进制形式的数字的对应位置进行 and 操作，就是把 00000011 中上下两个对应位置进行 and 比较，最终 00000101 得到的二进制结果是 00000001，转换成十进制数字就是 1，所以输出结果是 1。类似地，对上下两个位置进行 or 操作，最终得到的二进制结果是 00000111，转换成十进制数字就是 7，所以输出的结果是 7。

另外，GEE 中类似的位运算命令如下：

bitwise. And/Or/Xor/Not	=	bitwise_and/_or/_xor/_not
与/或/异或/非		与/或/异或/非

下面介绍位运算的移位操作，具体代码如下，运行效果如图 4.17 所示。

```
var number = ee.Number( 6 );
var number_left = number.leftShift( 2 );
var number_right = number.rightShift( 1 );

print( '00000110 to 00011000', number_left );
print( '00000110 to 00000011', number_right );
```

移位位运算的功能是将数字变成二进制后，将二进制中所有的数字向左或者向右移动一定的距离，产生的空档用 0 补充。本例中 6 的二进制形式是 00000110，向左移动两个位置后得到新的二进制数字是 00011000，其对应的十进制数字是 24。这里指出，二进制数字向左移动一位，相当于原十进制数字乘以 2，移动两位相当于原十进制数字乘以 2 后再乘以 2，大家可以思考一下为什么会这样。同样地，向右移动相当于除以 2，但本例中的原十进制数字 6 向右移动一位以后却变成了 3，建议大家自己画一下，尝试解释出现这种现象的原因。

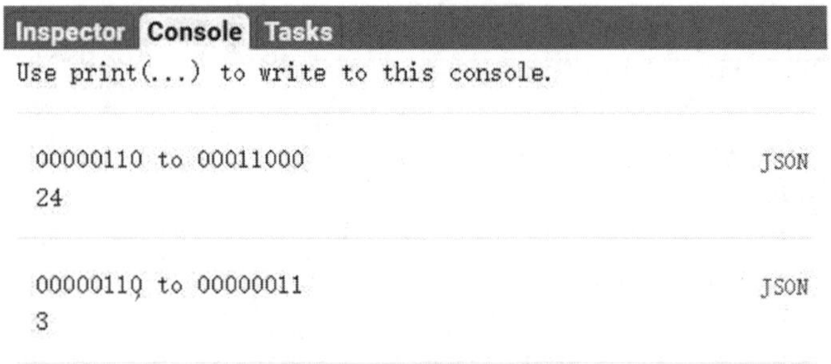

图 4.17　数字的移位位运算

下面是本节有关 Number 的主要命令，大家尝试一下，能否看到命令就回想到相应的格式与功能。

```
ee.Number()  number.uint8()  number.toUint8()  number.int8()
number.toInt8()
    number.eq()  number.neq()  number.and()  number.or()
ee.Algorithms.IsEqua()
    number.abs()  number.round()  number.pow()  number.bitwise_and()
    number.bitwise_or()  number.leftShift()  number.right_shift()
```

4.2　文本和数字类型

文本和数字的功能是进行描述和数据储存，而 Dictionary，List 和 Array 可以看作文本和数字间通过不同结合形式而形成的新的数据类型。简单地说，Dictionary，List 和 Array 是拥有了一定"格式"的文本或数字。通过本节的学习，我们将初步体会这三种数据形式在 GEE 中的语法和功能，以及从概念上了解为什么它们必须遵守一定的格式要求。

4.2.1　Dictionary

Dictionary 的中文含义是"字典"。直觉上，字典给人的印象是通过 A~Z 的排序规则将一系列词汇进行整理的文本集合，而且每个词汇都有对应的含义解释。字典的这种特征也反映在 GEE 的 Dictionary 上，但 GEE 的 Dictionary 并不将内容限定为词汇（文本），而是包含了数字、词汇和符号。我们通过下面的学习来理解 Dictionary 的格式和用途。

下面介绍 Dictionary 变量的创建，代码如下，执行效果如图 4.18 所示。

```
var Dictionary_Profile = ee.Dictionary( {
  Name: 'San Zhang',
  Gender: 'Male',
  Age: '18',
  Location: 'Beijing'
} );
```

```
print( Dictionary_Profile );
```

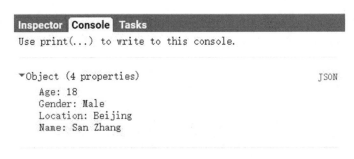

图 4.18　字典的创建

本例中，字典的创建格式与前述是相同的，在具体命令上，通过 ee. Dictionary （ {} ）命令来告诉 GEE 这个变量是字典形式的。这里需要指出两点，第一，创建命令里为什么会出现大括号？第二，字典的"对应关系"是怎么体现的？答案是 GEE 中还存在 List 和 Array 格式的数据形式，如果没有大括号 {}，GEE 在执行命令的时候就会分不清小括号里面到底是哪种数据格式，然后就会报错。所以当声明字典格式的数据时，普遍采用的方法就是在字典两边加上大括号 {}。针对第二点，对应关系是通过冒号":"来实现的，冒号左边是关键词（Key），冒号右边是关键词对应的内容（Content）。应该指出，关键词相当于变量名，因此即使是文本也不需要加引号，而内容作为数据，应该遵守数据格式的规范，即文本要加引号，数字不用加引号等。

下面介绍字典的合并命令，具体代码如下，执行效果如图 4.19 所示。

```
var Dict_1 = ee.Dictionary( { Weight:'51kg', Hight:'162cm' } );
var Dict_2 = ee.Dictionary( { Weight:'65kg', Age:23 } );
var Dict_Combine = Dict_2.combine( Dict_1, true );
print( Dict_Combine );
```

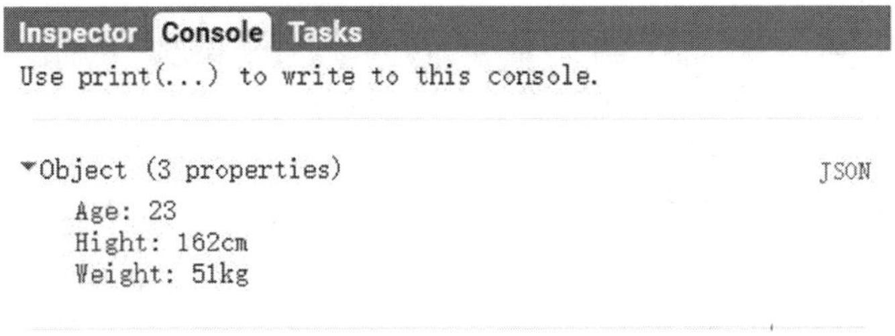

图 4.19　字典的合并 1

在本例中，两个例子在合并时遇到了关键词相同的情况，此时如果在 . combine（ , ）命令中指定第二个参数为 true，那么这时在合并的字典中就会将重复的内容保留为第二个变量的值。相反，如果将第二个参数指定为 false，那么合并字典中的重复内容就是第一个字典的值。这种情况的具体代码如下，执行效果如图4.20所示。

```
var Dict_1 = ee.Dictionary( { Weight:'51kg', Hight:'162cm' } );
var Dict_2 = ee.Dictionary( { Weight:'65kg', Age: 23 } );
var Dict_Combine = Dict_2.combine( Dict_1, false );

print( Dict_Combine );
```

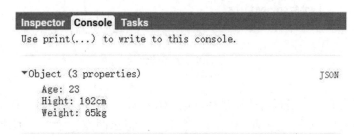

图4.20　字典的合并2

下面介绍字典内容的更改命令，具体代码如下，执行效果如图4.21所示。

```
var Dict_set = ee.Dictionary( {
  Name:'San Zhang',
  Gender:'Male',
  Age:'18',
  Location:'Beijing'
} );
var Dict_Change = Dict_set.set( 'Location', 'Chengdu' );

print( Dict_Change );
```

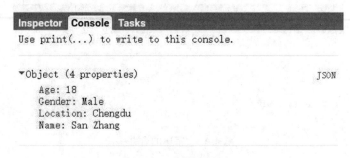

图4.21　字典的更改

本例中，.set（，）有两个参数，第一个参数是要更改内容的关键词，第二个参数是将要新写入的内容。

下面介绍字典关键词（Key）陈列命令，具体代码如下，操作效果如图 4.22 所示。

```
var Dict_set = ee.Dictionary( {
  Name: 'San Zhang',
  Gender: 'Male',
  Age: '18',
  Location: 'Beijing'
} );
var List_Keys = Dict_set.keys( );

print( List_Keys );
```

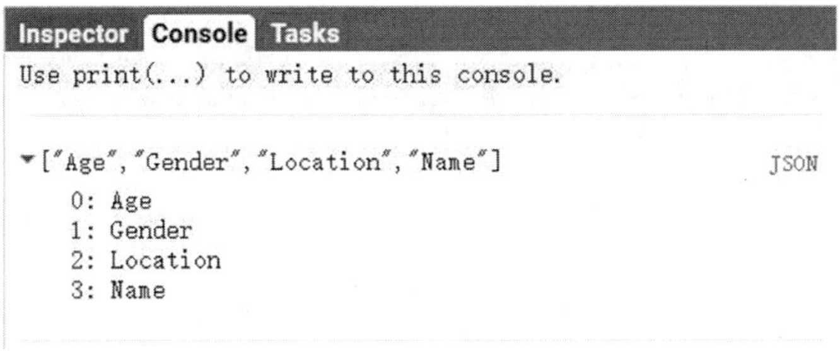

图 4.22　字典的关键词陈列

下面介绍字典的内容读取命令，代码如下，执行效果如图 4.23 所示。

```
var Dict_set = ee.Dictionary( {
  Name: 'San Zhang',
  Gender: 'Male',
  Age: '18',
  Location: 'Beijing'
} );
var The_Location = Dict_set.get( 'Location' );

print( The_Location );
```

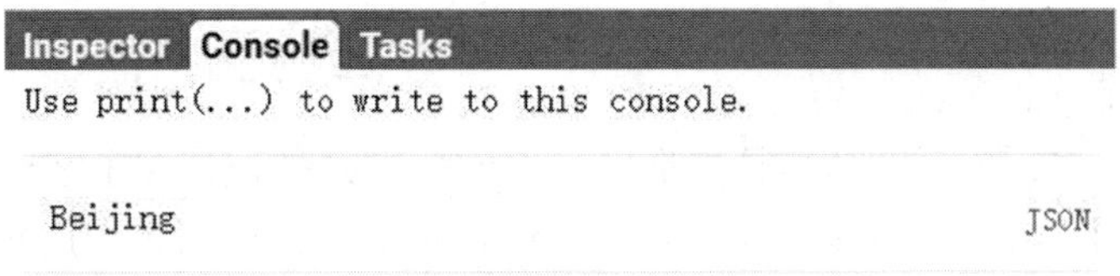

图 4.23　字典的内容读取

本例中，通过在 . get（ ）中输入关键词，就可以获得相应关键词中的内容。

下面介绍字典的多内容查询，代码如下，执行效果如图 4. 24 所示。

```
var Dict_set = ee.Dictionary( {
  Name: 'San Zhang',
  Gender: 'Male',
  Age:'18',
  Location: 'Beijing'
} );
var The_Values = Dict_set.values( ['Name', 'Age'] );

print( The_Values );
```

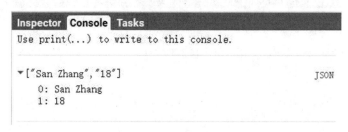

图 4. 24　字典的多内容读取

本例中，利用一个方括号，我们可以输入多个关键词，进而获得多个内容。方括号 [ ] 所表明的数据格式是 List，具体细节将在下一小节讲解，这里可以将它理解为"放数据的篮子"。

下面介绍字典的关键词存否命令，代码如下：

```
var Dict_set = ee.Dictionary( {
  Name: 'San Zhang',
  Gender: 'Male',
  Age: '18',
  Location: 'Beijing'
} );
var Dict_Contain = Dict_set.contains( 'Weight' );

print(Dict_Contain );
```

本例中，. contains（ ）的功能是查询括号内的关键词是否存在于字典中。需要注意的是，因为字典中的关键词是变量，所以不用在两边加引号，但当查询这些关键词是否存在时，由于查询的是"词"是否存在，因此需要用文本格式，即在查询内容两边加上引号。

下面介绍字典的尺寸查询命令，代码如下，执行效果如图 4. 25 所示。

```
var Dict_1 = ee.Dictionary( {
```

```
  Name: 'San Zhang',
  Gender: 'Male',
  Age: '18',
  Location: 'Beijing'
} );
var The_Size = Dict_1.size();

print( The_Size );
```

图 4.25　字典的尺寸查询

关于字典的常用命令已经介绍完毕，下面给出本节所用到的字典命令，尝试回忆其格式及用法。

ee.Dictionary() dictionary.combine() dictionary.set()
dictionary.keys()

dictionary.get() dictionary.values() dictionary.contains()
dictionary.size()

4.2.2　List

List 的中文含义是"单子，字条"，在 GEE 的语境下，List 主要用来存储一系列数据，这些数据可以由不同的格式（比如数字、文本、字典等）组成。我们可以把 List 理解为"文件夹"，用来在 GEE 的代码中存储各种数据。

下面介绍 List 的创建命令，代码如下：

```
var List_Example = ee.List(['Apple', 'Grape', 'Peach', 1, 2, 3,
  ['One', 'Two', 'Three']]);
print( List_Example );
```

本例中，需要注意两点：第一点是 List 区别于其他数据格式的标志是两端的方括号，即 [ ]。采用方括号的原因与之前文本的引号和 Dictionary 的大括号是一致的，即都是为了区分这种独特的数据格式；第二点是 List 内部通过逗号来分割空间，同时其中的每一个空间都可以用来存储任意数据格式（包括遥感图像和矢量文件）的数据。

本例中，List 的第 7 个位置（代码语境中编号从 0 开始，因此编号为 6 的位置是第 7 位）是另一个 List，因此这个 List 还可以进一步展开。代码的执行效果如图 4.26 所示。

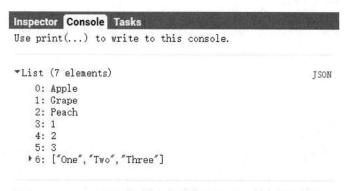

图 4.26　List 的创建

下面介绍 List 的重复创建命令，代码如下，执行效果如图 4.27 所示。

```
var List_Repeat = ee.List.repeat('Good!', 3 );

print( List_Repeat );
```

图 4.27　List 的重复创建

下面介绍 List 的等差创建命令，代码如下，执行效果如图 4.28 所示。

```
var List_Sequence = ee.List.sequence( 0, 20, 2, null );

print( List_Sequence );
```

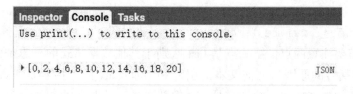

图 4.28　List 的等差创建 1

本例是一个多参数命令。虽然之前介绍的命令多数是单参数的，但事实上在 GEE 中多数命令是多参数的。对于多参数命令，我们必须熟悉每一个参数代表的含义及控制的功能，以上述代码为例，ee. List. sequence（，，，）一共有四个参数，它们分别代表等差数列的首部数字、尾部数字、公差和项数，其中，公差和项数只能存在一个。那么该如何学习多参数命令呢？答案是在"代码及个人文件"的子栏目"Docs"中输入要查询的命令，就可以查看这个命令的参数个数及功能。

将 ee. List. sequence 输入 Docs 的查询栏中，得到如图 4.29 所示的解释。

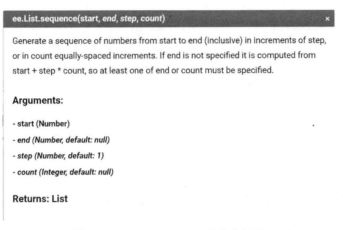

图 4.29　ee. List. sequence 的命令解释

需要强调的是，在 ee. List. sequence（0，20，2，null）中，start = 0，end = 20，step = 2，count = null（空），即参数位置决定参数类型，因此必须十分注意参数位置。同样地，如果我们想创建一个 0 到 20 之间由五个数字构成的等差数列，命令必须是 ee. List. sequence（0，20，null，5），即使其中第三个位置不存在参数，也必须以 null 进行填位，进而保证第四个参数的准确。

另外，可不可以不用位置确定参数类型呢？答案是可以的。以 ee. List. sequence（0，20，null，5）为例，具体代码如下，执行效果如图 4.30 所示。因为位置信息的缺失，所以原来的参数变成了一个 Dictionary，通过字典的数据结构将参数名和参数联系在一起。

```
var List_Sequence = ee.List.sequence( { start：0, end：20, count：5 } );
print( List_Sequence );
```

图 4.30　List 的等差创建 2

下面介绍 List 的改写命令，代码如下，执行效果如图 4.31 所示。

```
var List_1 = ee.List( [2021, 7, 'string']);
var List_2 = List_1.set( 1, 13 );
var List_3 = List_1.set( -1, 'second string' );

print( List_1, List_2, List_3 );
```

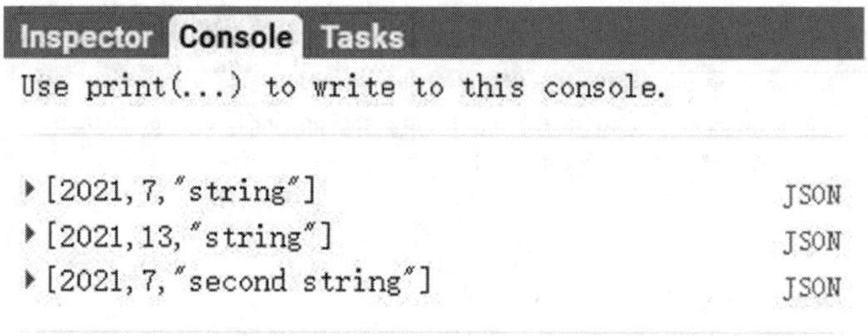

图 4.31　List 的改写

通过本例可以看出，List 改写命令的两个参数分别表示改写位置和改写内容。当改写位置的值为负数时，代表从右往左方向的位置。

下面介绍 List 的替换命令，代码如下，执行效果如图 4.32 所示。

```
var List_1 = ee.List( [2017, 'blue', 'String', 2021, 'blue', 'Second String']);
var List_2 = List_1.replace( 2017, 2020 );
var List_3 = List_1.replaceAll( 'blue', 'pink' );

print( List_1, List_2, List_3 );
```

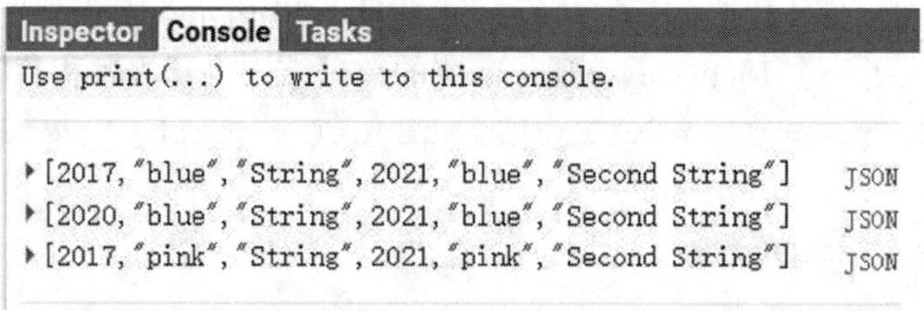

图 4.32　List 的替换

下面介绍 List 的添加和插入命令，代码如下，执行效果如图 4.33 所示。

```
var List_1 = ee.List( [1992, 01, 20, 'No.1']);
var List_2 = List_1.add( 'Male' );
var List_3 = List_1.insert( 3, 'Chongqing' );
```

```
print( List_1, List_2, List_3 );
```

```
Inspector  Console  Tasks
Use print(...) to write to this console.

▸ [2021, 7, 20, "String"]                                    JSON
▸ [2021, 7, 20, "String", "Second String"]                   JSON
▸ [2021, 7, 20, "Note", "String"]                            JSON
```

图 4.33　List 的添加和插入

下面介绍 List 的打包命令，代码如下，执行效果如图 4.34 所示。

```
var List_1 = ee.List( [2021, 7, 'Note'] );
var List_2 = List_1.zip( ['Year', 'Month', 'String'] );

print( List_1, List_2 );
```

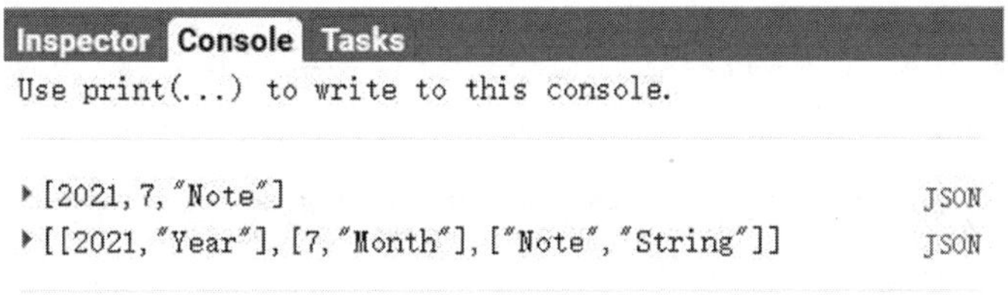

```
Inspector  Console  Tasks
Use print(...) to write to this console.

▸ [2021, 7, "Note"]                                          JSON
▸ [[2021, "Year"], [7, "Month"], ["Note", "String"]]         JSON
```

图 4.34　List 的打包

下面介绍 List 的倒置和转置功能，代码如下，执行效果如图 4.35 所示。

```
var List_1 = ee.List( [ 'A', 'B', 'C', 'D', 'E', 1, 2, 3, 4, 5 ] );
var List_Reverse = List_1.reverse( );
var List_Rotate = List_1.rotate( 5 );

print( List_Reverse, List_Rotate );
```

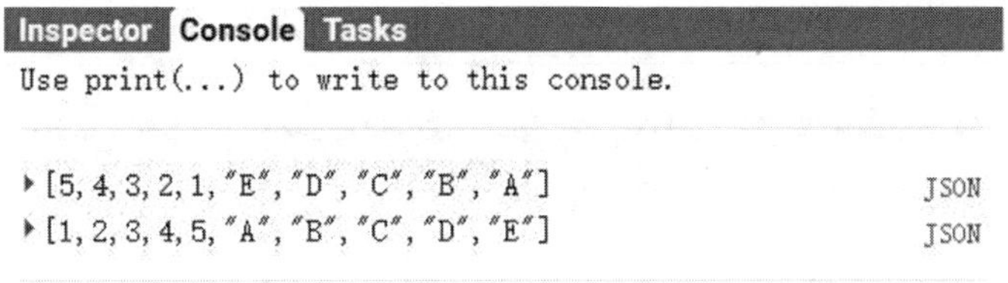

```
Inspector  Console  Tasks
Use print(...) to write to this console.

▸ [5, 4, 3, 2, 1, "E", "D", "C", "B", "A"]                   JSON
▸ [1, 2, 3, 4, 5, "A", "B", "C", "D", "E"]                   JSON
```

图 4.35　List 的倒置和转置

下面介绍 List 的排序命令，代码如下，执行效果如图 4.36 所示。

```
var List_1 = ee.List( ['Pear', 'Grape', 'Apple', 'Mango', 'Banana']);
var List_Sort = List_1.sort();

print( List_1, List_Sort );
```

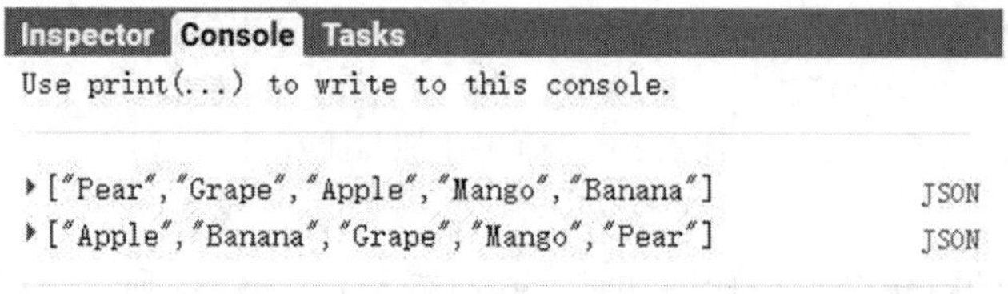

图 4.36 List 的排序

下面介绍 List 的位置互换命令，代码如下，执行效果如图 4.37 所示。

```
var List_1 = ee.List( ['A', 'B', 'C', 'D', 'E', 'F', 'G', 'H']);
var List_2 = List_1.swap(3, 5 );

print( List_1, List_2 )
```

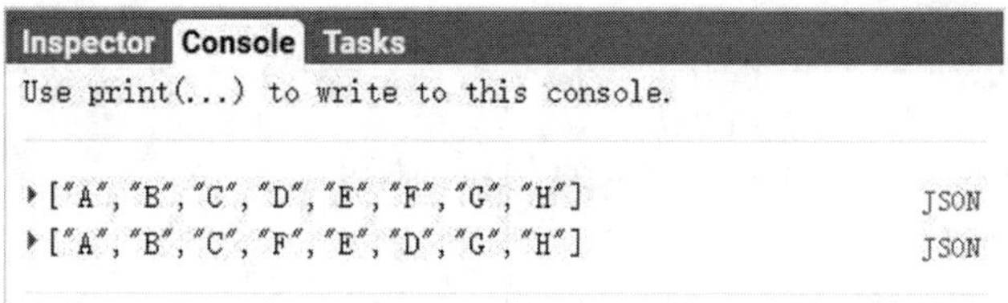

图 4.37 List 的位置互换

下面介绍 List 的一维化命令，代码如下，执行效果如图 4.38 所示。

```
var List_1 = ee.List( [[[23, 47], [12, 56]],[36, 15], [84, 63]]);
var List_2 = List_1.flatten();

print( List_1, List_2 );
```

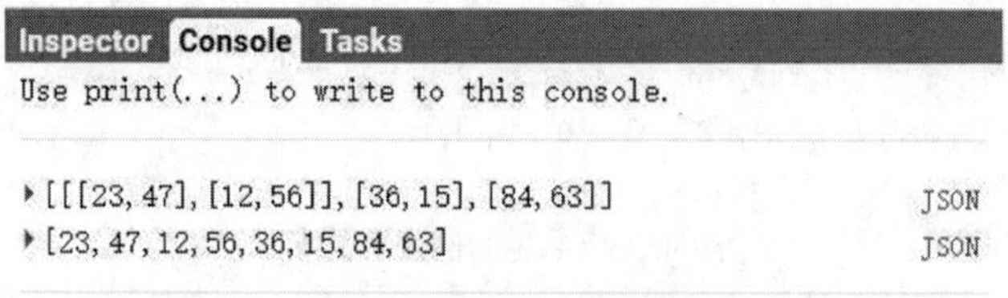

图 4.38 List 的一维化

下面介绍 List 的查询和删除命令，代码如下，执行效果如图 4.39 所示。

```
var List_1 = ee.List( [0, 1, 2, 3, 4, 5, 6, 7, 8, 9]);
var List_2 = List_1.get( 5 );
var List_3 = List_1.remove( 6 );
var List_4 = List_1.removeAll( [2, 4]);

print( List_1, List_2, List_3, List_4 );
```

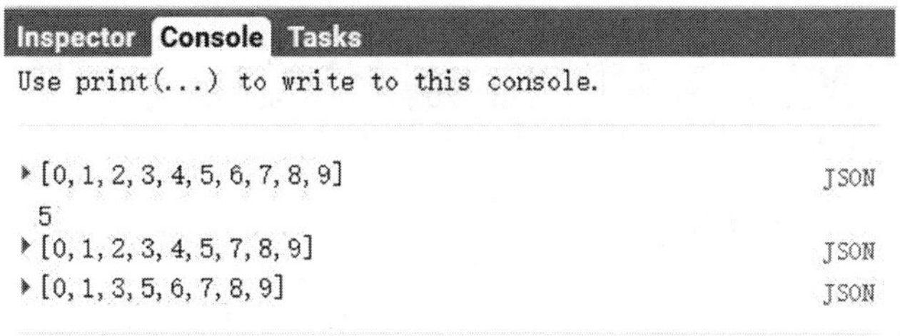

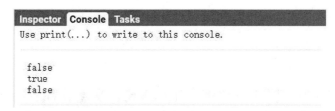

图 4.39　List 的查询和删除

下面介绍 List 的是否等于以及是否包含命令，代码如下，执行效果如图 4.40 所示。

```
var List_1 = ee.List( ['One', 'Two', 'Three', 'Four']);
var List_2 = ee.List( ['One', 'Two', 'Four', 'Six']);
var List_3 = ee.List( ['One', 'Two', 'Six']);
var True_False_1 = List_1.equals( List_2 );
var True_False_2 = List_1.contains( 'Two' );
var True_False_3 = List_1.containsAll( List_3 );

print( True_False_1, True_False_2, True_False_3 );
```

图 4.40　List 的是否等于与是否包含

下面介绍 List 的内容位置和频率查询命令，代码如下，执行效果如图 4.41 所示。

```
var List_Number = ee.List( [1, 2, 3, 4, 5, 6, 7, 8, 9, 1, 2, 3]);
var Index_Number = List_Number.indexOf(7 );
var Index_Sub = List_Number.indexOfSublist( [1, 2, 3]);
```

```
var Index_Last_Sub = List_Number.lastIndexOfSubList( [1, 2, 3] );
var Frequency_Number = List_Number.frequency( 2 );

print( List_Number );
print( Index_Number );
print( Index_Sub );
print( Index_Last_Sub );
print( Frequency_Number );
```

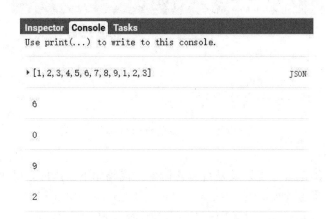

图 4.41　List 的内容位置和频率查询

下面介绍 List 的 .map 命令，代码如下，执行效果如图 4.42 所示。

```
var List_1 = ee.List( ['Red', 'Blue', 'Green', 'Pink', 'Black'] );
function Do ( Color ) {
  return ee.List.repeat( Color, 4 );
  }
var List_2 = List_1.map( Do );

print( List_1, List_2 );
```

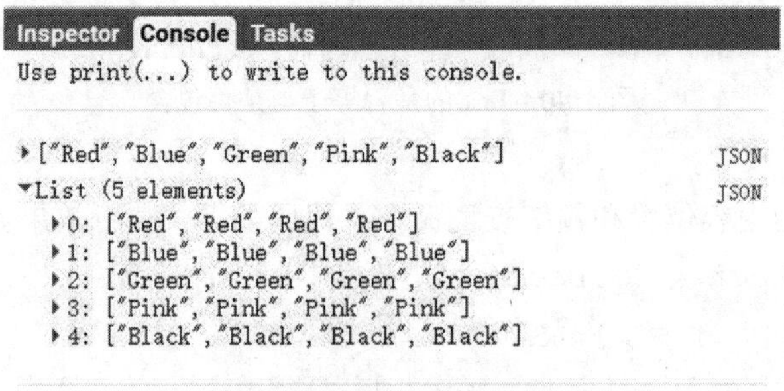

图 4.42　List 的 .map 命令

本例中，我们只需要理解 .map 命令的作用是对 List 中的每一个对象（Object）都执行了某种相同的操作，这种相同的操作由 function 命令进行编写。总体上，.map 命令的价值在于减少重复工作，提高工作效率。

下面介绍 List 的循环命令，代码如下，执行效果如图 4.43 所示。

```
var List_1 = ee.List.sequence( 1, 101, 2 );
function Do ( Number_1, Number_2 ){
    return ee.Number( Number_1 ).add( Number_2 )
    }
var List_2 = List_1.iterate( Do, 0 );

print( List_1, List_2 );
```

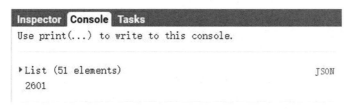

图 4.43　List 的循环命令

本例中的目的是求取 1~101 这 101 个自然数中奇数的和。现阶段，我们只需要理解 .iterate（）命令有两个参数，第一个参数是执行循环要执行的参数方程，第二个是循环的初始量。

下面介绍 List 的尺寸计算命令，执行效果如图 4.44 所示，代码如下。

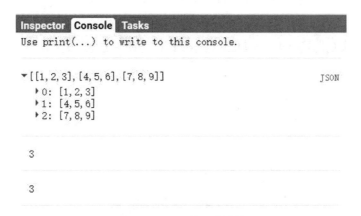

图 4.44　List 的尺寸计算

```
var List_1 = ee.List( [[1, 2, 3], [4, 5, 6], [7, 8, 9]]);
var Length_Number_1 = List_1.size();
```

```
var Length_Number_2 = List_1.length();

print( List_1 );
print( Length_Number_1 );
print( Length_Number_2 );
```

可以看出，.size（）和 .length（）指令具有相同的效果。

下边整理了本节介绍的常用 List 命令：

```
ee.List() list.repeat() list.sequence() list.set()
list.replaceAll()
    ist.add() list.insert() list.zip()
    list.reverse() list.rotate() list.sort() list.swap()
list.flatten()
    list.get() list.remove() list.removeAll()
    list.equals() list.contains() list.containsALL()
list.indexOfSubList()
    list.indexOf() list.frequency() list.lastIndexOfSubList()
    list.map() list.iterate() list.length() list.size()
```

4.2.3 Array

在上述数据格式中，Dictionary 可以说是变量与内容间的"对应关系"，List 可以说是存储变量的"容器"，那么 Array 应该怎么理解呢？ Array 的中文含义是"数组，阵列，矩阵"，其本质上仍属于 List 的范畴。作为高阶遥感分析中的核心数据格式，我们可以这样理解 Array："带有方向的 List"，同时应该注意这种 List 只能由数字构成。

下面介绍矩阵的构建，执行效果如图 4.45 所示，代码如下。

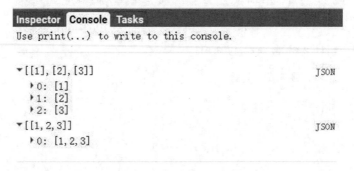

图 4.45 矩阵的创建

```
//3*1 矩阵
var arr_1 = ee.Array( [[1], [2], [3]]);
//1*3 矩阵
```

```
var arr_2 = ee.Array( [[1, 2, 3]] );
```

```
print(arr_1, arr_2 );
```

本例中分别创建了一个 3×1 和 3×1 的 Array。那么如何理解 Array 中的方向呢？以 ee. Array（［［1］,［2］,［3］］）为例，可以把括号内的逗号想象成进行 Word 编辑时的回车键，因为其中的 List 间有两个逗号，因此相当于换了两次行，而每一个的内容只有一个数字，因此这是一个 3 行 1 列的矩阵。对于 ee. Array（［［1, 2, 3］］），因为 List 间没有逗号，所以整个 "文档" 里只有一行，而对于这一行来说，存在 3 个数字，因此这是一个 1 行 3 列的矩阵。

下面介绍单位矩阵的构建，代码如下，执行效果如图 4.46 所示。

```
vararr = ee.Array.identity( 4 );
print(arr );
```

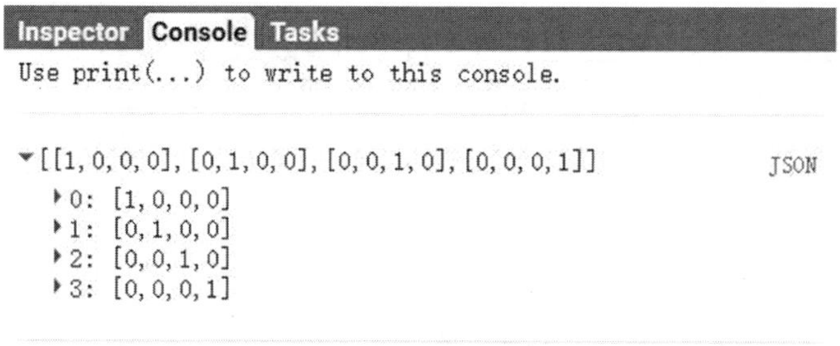

图 4.46　单位矩阵的创建

下面介绍矩阵的重复命令，执行效果如图 4.47 所示，代码如下。

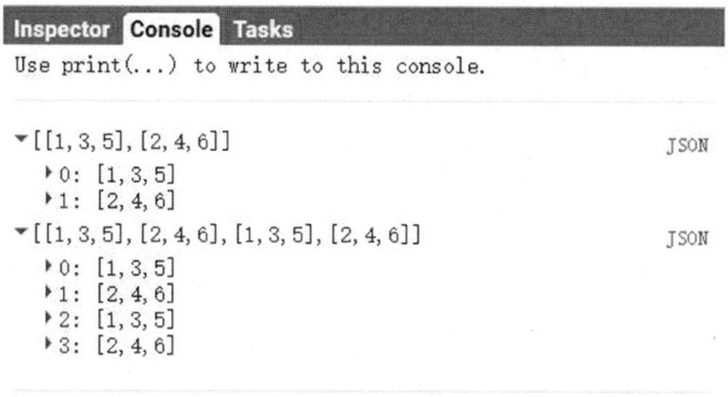

图 4.47　矩阵的重复

```
var arr_1 = ee.Array( [[1, 3, 5 ], [2, 4, 6]] );
var arr_2 = arr_1.repeat( 0, 2 );
```

```
print(arr_1, arr_2 );
```

在本例中，.repeat（，）的作用是将原矩阵沿着某个方向重复若干次，其中第一个参数是重复方向，第二个参数是拷贝个数。这个操作的示意图如图4.48所示。

1
0
1 3 5
2 4 6
1 3 5
2 4 6
1 3 5
2 4 6

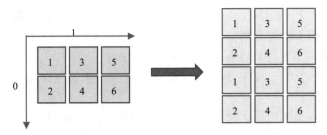

图4.48 矩阵的重复命令示意图

下面介绍矩阵的掩膜命令，代码如下，执行效果如图4.49所示。

```
var arr_1 = ee.Array( [[1, 1, 1], [2, 3, 4], [5, 6, 7], [1, 1, 1]]);
var arr_2 = ee.Array( [[1], [0], [1], [0]]);
var arr_3 = arr_1.mask( arr_2 );

print(arr_1, arr_2, arr_3 );
```

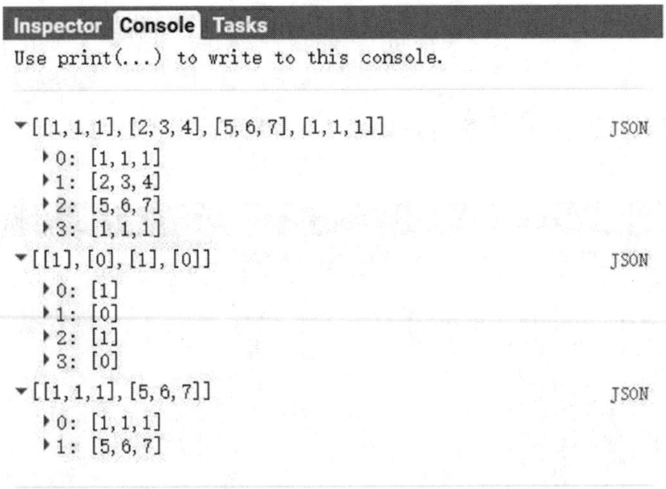

Inspector Console Tasks
Use print(...) to write to this console.
[[1,1,1],[2,3,4],[5,6,7],[1,1,1]] JSON
0: [1,1,1]
1: [2,3,4]
2: [5,6,7]
3: [1,1,1]
[[1],[0],[1],[0]] JSON
0: [1]
1: [0]
2: [1]
3: [0]
[[1,1,1],[5,6,7]] JSON
0: [1,1,1]
1: [5,6,7]

图4.49 矩阵的掩膜

下面介绍矩阵的倒置命令，代码如下，执行效果如图4.50所示。

```
var arr_1 = ee.Array( [[1, 2], [3, 4], [5, 6]]);
var arr_2 = arr_1.transpose();
var arr_3 = arr_2.transpose();
```

```
print( arr_1, arr_2, arr_3 );
```

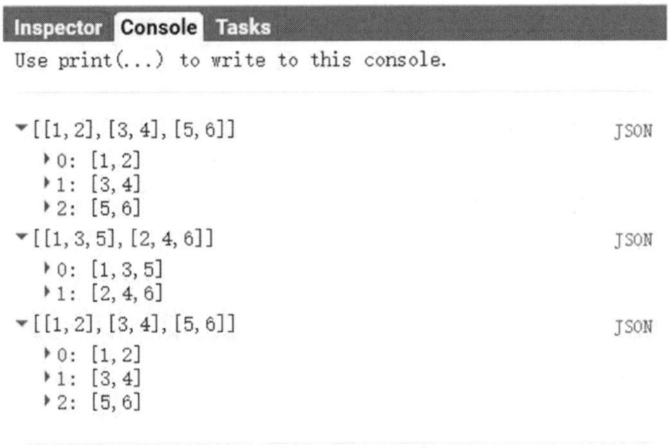

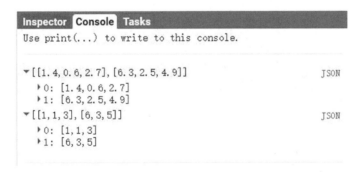

图 4.50　矩阵的倒置

下面介绍矩阵的数据转换命令，代码如下，执行效果如图 4.51 所示。

```
var arr_1 = ee.Array( [[1.4, 0.6, 2.7], [6.3, 2.5, 4.9]]);
var arr_2 = arr_1.uint8();

print( arr_1, arr_2 );
```

图 4.51　矩阵的数据转换

下面介绍矩阵的比较命令，代码如下，执行效果如图 4.52 所示，类似的命令参照 Number 部分。

```
var arr_1 = ee.Array( [[1, 3, 5], [2, 4, 6], [7, 8, 9]]);
var arr_2 = ee.Array( [[1, 2, 3], [3, 4, 6], [7, 4, 9]]);
var arr_3 = arr_1.eq( arr_2 );

print( arr_1, arr_2, arr_3 );
```

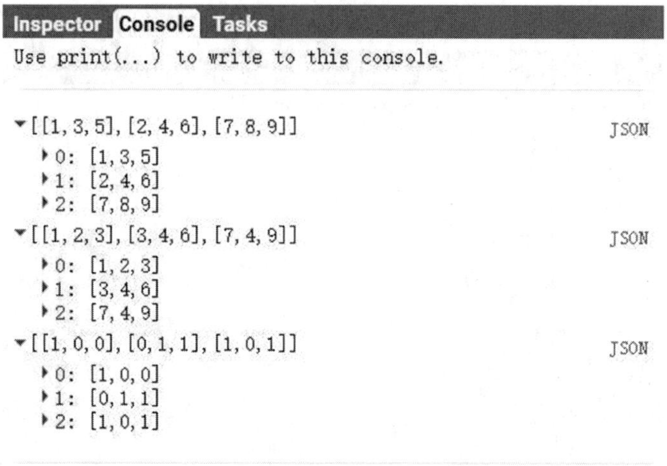

图 4.52 矩阵的比较

下面介绍矩阵的交并命令，代码如下，执行效果如图 4.53 所示，类似的命令参照 Number 部分。

```
var arr_1 = ee.Array( [[1, 0, 1], [0, 0, 1.1], [1, 1, 1]]);
var arr_2 = ee.Array( [[1, 2, 0], [0, 0, 1], [3, 0, 4]]);
var arr_and = arr_1.and( arr_2 );
var arr_or = arr_1.or( arr_2 );

print(arr_1, arr_2, arr_and, arr_or );
```

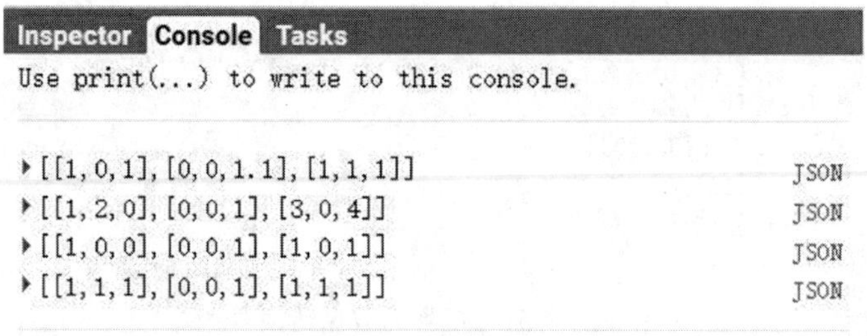

图 4.53 矩阵的交并

下面介绍矩阵的函数命令，代码如下，执行效果如图 4.54 所示，类似的命令参照 Number 部分。

```
var arr_1 = ee.Array( [1.73, -1, 3.14]);
var arr_2 = arr_1.ceil().abs();

print (arr_2 );
```

Inspector Console Tasks
Use print(...) to write to this console.
[2, 1, 4]
JSON

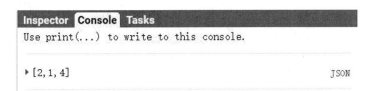

图 4.54　矩阵的函数运算

下面介绍矩阵的数学命令，代码如下，执行效果如图 4.55 所示，类似的命令参照 Number 部分。

```
var arr_1 = ee.Array( [[1, 3, 5, 7]]);
var arr_2 = ee.Array( [[2, 4, 6, 8]]);
var Result_arr = arr_1.add( arr_2 );
print ( arr_1, arr_2, Result_arr );
```

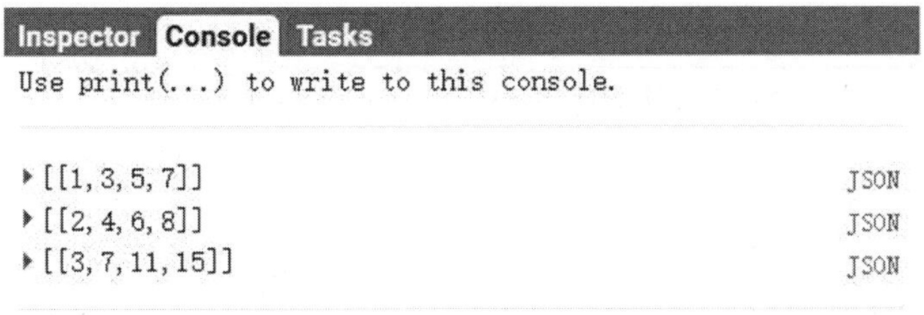

Inspector Console Tasks
Use print(...) to write to this console.
[[1, 3, 5, 7]]
JSON
[[2, 4, 6, 8]]
JSON
[[3, 7, 11, 15]]
JSON

图 4.55　矩阵的数学运算

下面介绍矩阵的位运算命令，代码如下，执行效果如图 4.56 所示，类似的命令参照 Number 部分。

```
var Array_1 = ee.Array( [2, 4]);
var Array_2 = ee.Array( [3, 5]);
var Array_Bit_And = Array_1.bitwiseAnd( Array_2 );
var Array_Bit_or = Array_1.bitwise_or( Array_2 );
var Array_3 = ee.Array( [5, 6]);
var Array_Left = Array_3.leftShift( [1, 1]);
var Array_Right = Array_3.rightShift( [2, 2]);

print ( 'Bitwise [10, 100]and [11, 101] =', Array_Bit_And );
print ( 'Bitwise [10, 100]or [11, 101] =', Array_Bit_or );
print ( Array_Left );
print ( Array_Right );
```

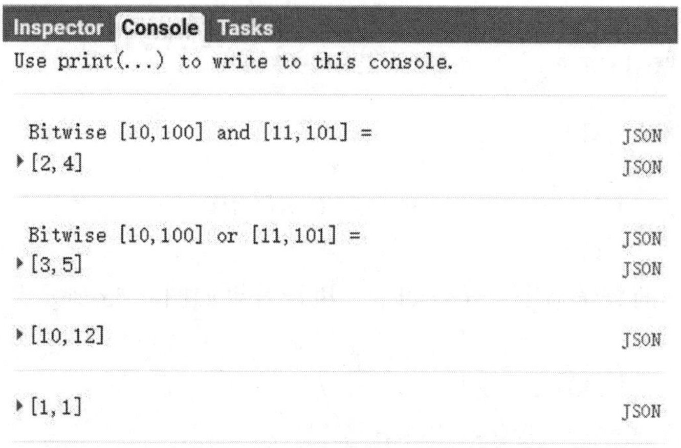

图 4.56 矩阵的位运算

本节有关矩阵的常用命令整理如下：

```
ee.Aray()  ee.Aray.identity()  ee.Array.repeat()
array.mask()  array.transpose()  array.uint8()
array.eq()  array.and()  array.or()  array.round()
array.bitwiseAnd()  array.leftShift()
```

4.3 矢量数据类型

本节介绍 GEE 中的矢量信息。总体上 Geometry 可以看作"形状"，Feature 可以看作"带属性的形状"，而 Feature Collection 则是"一个或多个 Feature 的集合"。有关矢量的操作整体上可以分为两类：一类是涉及形状的操作，另一类是关于属性的操作。通过本节的介绍，我们将掌握矢量数据的创建、结构调整、形状调整和属性调整。

4.3.1 Geometry

Geometry 由点、线和面组成。因为线和面本质都是由点构成的，因此可以认为有关 Geometry 的操作都是在确定其组成点的坐标。

下面介绍单点和多点的创建，代码如下，操作效果如图 4.57 所示。

```
var Temple_of_Heaven = ee.Geometry.Point( 116.41065, 39.88156 );
Map.centerObject( Temple_of_Heaven, 15 );

print( Temple_of_Heaven );
Map.addLayer( Temple_of_Heaven );

var Temple_of_Heaven = ee.Geometry.MultiPoint(
```

```
[[116.40082,39.88536], [116.41921,39.88680],
[116.41027,39.88811], [116.40120,39.88066],
[116.40562,39.88066], [116.40692,39.87494],
[116.41797,39.87523], [116.41746,39.88361],
[116.42045,39.88417]]);

Map.centerObject( Temple_of_Heaven, 15 );
print( Temple_of_Heaven );
Map.addLayer( Temple_of_Heaven );
```

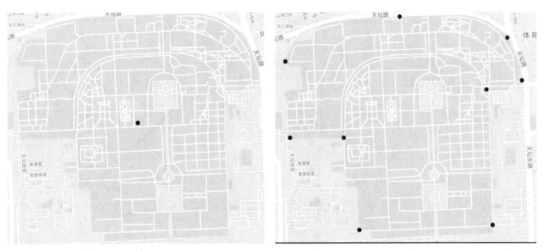

图 4.57　点的创建

　　这里需要注意两点：第一，利用代码创建 Geometry（点、线和面）的效率很低，在实际操作中通常利用 🚩🔺〰️▽▢（手绘工具）进行操作。对于本例来说，对应的操作是：首先点击 🚩，等光标变成十字形后，再点击例子中的点所在位置，最后在代码区上部的 Imports 部分会出现 ▸ **var** geometry: Point (116.41, 39.88) ⚙️ ▣ ，点击 geometry 并重命名为"Temple _of_Heaven"即可。利用手绘工具进行的操作与代码方式引入的点是完全等效的。其次，代码中的 Map. centerObject（，）命令的功能是将底图中心设置为选定位置，该命令的第一个参数是"位置对象"，第二个参数是缩放级别。另外，Map. addLayer（）的功能是将图像数据加载到底图上。最后，在没有特别指明的情况下，利用代码创建 Geometry 的方式均可以由手绘工具通过点击实现，并且在实际操作中推荐利用手绘工具创建 Geometry 以提高效率。

　　下面介绍线段和多线的创建，代码如下，操作效果如图 4.58 所示。

```
var Temple_of_Heaven = ee.Geometry.LineString(
  [[116.40863,39.88703], [116.40932,39.87504],
  [116.41799,39.87527], [116.41743,39.88723]]);
```

```
Map.centerObject( Temple_of_Heaven, 15 );
print( Temple_of_Heaven );
Map.addLayer( Temple_of_Heaven );

var Temple_of_Heaven = ee.Geometry.MultiLineString(
    [[[116.40767, 39.88519], [116.41282, 39.88144]],
     [[116.40995, 39.87982], [116.41660, 39.88134]],
     [[116.41184, 39.88480], [116.41694, 39.88658]]]);
Map.centerObject( Temple_of_Heaven );
print( Temple_of_Heaven );
Map.addLayer( Temple_of_Heaven );
```

图 4.58   线段和多线的创建

下面介绍单线环和多线环的创建，代码如下，操作效果如图 4.59 所示。

```
var Temple_of_Heaven = ee.Geometry.LinearRing(
    [[116.40863, 39.88703], [116.41743, 39.88723],
     [116.41799, 39.87527], [116.40932, 39.87504],
     [116.40863, 39.88703]]);

Map.centerObject( Temple_of_Heaven );
print( Temple_of_Heaven );
Map.addLayer( Temple_of_Heaven );

var Temple_of_Heaven =ee.Geometry.MultiLineString([
    [[116.41022, 39.88331], [116.41039, 39.88130],
```

```
      [116.41417, 39.88146], [116.41408, 39.88341],
      [116.41022, 39.88331]],

     [[116.41275, 39.87995], [116.41022, 39.87817],
      [116.41297, 39.87587], [116.41309, 39.87797],
      [116.41636, 39.87876], [116.41275, 39.87995]]]);

Map.centerObject( Temple_of_Heaven );
print( Temple_of_Heaven );
Map.addLayer( Temple_of_Heaven );
```

图 4.59　单线环和多线环的创建

下面介绍面和正方形的创建，代码如下，操作效果如图 4.60 所示。

```
var Temple_of_Heaven = ee.Geometry.Polygon( [
   [[116.40863, 39.88703], [116.41743, 39.88723],
    [116.41799, 39.87527], [116.40932, 39.87504]],

    [[116.41022, 39.88331], [116.41039, 39.88130],
     [116.41417, 39.88146], [116.41408, 39.88341]]]);

Map.centerObject( Temple_of_Heaven, 15 );
print( Temple_of_Heaven );
Map.addLayer( Temple_of_Heaven );

var Temple_of_Heaven = ee.Geometry.Rectangle(
```

```
    116.40863, 39.88703, 116.41799, 39.87527 );

Map.centerObject( Temple_of_Heaven );
print( Temple_of_Heaven );
Map.addLayer( Temple_of_Heaven );
```

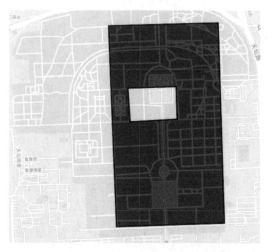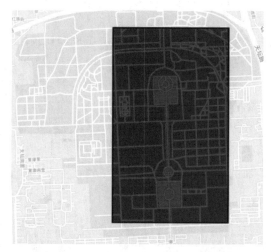

图 4.60　面和正方形的创建

下面介绍 Geometry 的坐标系转换与显示效果，代码如下，执行效果如图 4.61 所示。

```
var Polygon_Geo = ee.Geometry.Rectangle( 147.5, 32.5, 175.5, 18.3 );
var Polygon_Planr = ee.Geometry( Polygon_Geo, null, false );
var Polygon_EPSG = Polygon_Geo.transform(
    'EPSG:3857', ee.ErrorMargin( 100 ) );

Map.addLayer( Polygon_Geo, { color: 'E60000' }, 'geodesic polygon' );
Map.addLayer( Polygon_Planr, { color: '05CC00' }, 'planar polygon' );
Map.addLayer( Polygon_EPSG, { color: '0000CD' }, 'EPSG polygon' );
```

（a）geodesic polygon　　　　（b）planar polygon　　　　（c）EPSG polygon

图 4.61　坐标系转换与不同坐标系的显示效果

本例中，.transform（'EPSG：3857'，ee.ErrorMargin（100））的功能是将原来 Geometry 的坐标系转换成指定坐标系，该命令中有两个参数，第一个参数是要转换的目标坐标系，第二个参数是转换后的允许误差。另外，ee.Geometry（Polygon_Geo，null，false）的三个参数分别为矢量文件、坐标系和显示方式，默认情况下第三个参数是 true，代表用地理坐标系来显示文件。本例中此处改为 false，这意味着将用投影坐标系来显示文件。

更进一步讲，本例中 Polygon_Geo 虽然是一个矩形，但是在默认的地理坐标系显示下矩形的上下边是弯曲的；Polygon_Planr 与 Polygon_Geo 是同样的数据，但由于将显示坐标系改成了投影坐标系的方式，所以显示出正常的矩形；而 Polygon_EPSG 是经过.transform（）命令转换，并且转换为投影坐标系的系统（EPSG3857：WGS 84/Pseudo-Mercator-Spherical Mercator 系统，详情参见网址 https：//epsg.io），但在显示的时候仍然按照默认的地理坐标系进行显示。

下面介绍求取 Geometry 中心点的命令，代码如下，执行效果如图 4.62 所示。

```
var Polygon_Geo = ee.Geometry.Rectangle( 147.5, 32.5, 175.5, 18.3 );
var Polygon_Center = Polygon_Geo.centroid( );

Map.addLayer( Polygon_Geo, { color:'FF0000' }, 'geodesic polygon' );
Map.addLayer( Polygon_Center );
```

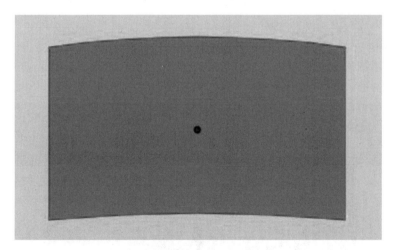

图 4.62　求取 Geometry 中心点

下面介绍求取 Geometry 的简化命令，代码如下：

```
var Polygon = ee.FeatureCollection( "users/liyalan/Beijing" )
.geometry();
var BJ_Simple = Polygon.simplify( 20000 );
```

```
Map.centerObject( Polygon );
Map.addLayer( Polygon );
Map.addLayer( BJ_Simple );
```

下面介绍求取 Geometry 四至和凸包的命令, 代码如下:

```
var Beijing = ee.FeatureCollection( "users/liyalan/Beijing" )
.geometry();
    var Beijing_Bound = Beijing. bounds();
    var Beijing_Hall = Beijing.convexHull();

    Map.centerObject( Beijing );
    Map.addLayer( Beijing);
    Map.addLayer( Beijing_Bound );
    Map.addLayer( Beijing_Hall );
```

下面介绍求取 Geometry 缓冲区的命令, 代码如下:

```
var Beijing = ee.FeatureCollection( "users/liyalan/Beijing" )
.geometry();
    var Beijing_Buffer = Beijing.buffer( 10000 );

    Map.centerObject( Beijing );
    Map.addLayer( Beijing );
    Map.addLayer( Beijing_Buffer );
```

下面介绍求取 Geometry 的并集操作, 执行效果如图 4.63 所示, 代码如下。

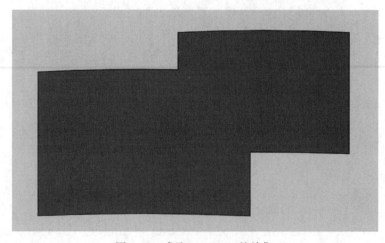

图 4.63 求取 Geometry 的并集

```
var Poly_1 = ee.Geometry.Polygon(
  [[[152.63736,23.89268],[164.54654,23.89268],
  [164.54654,30.83321],[152.63736,30.83321]]]);
var Poly_2 = ee.Geometry.Polygon(
  [[[160.50358,26.94833],[170.03971,26.94833],
  [170.03971,32.66417],[160.50358,32.66417]]]);
var Polygon_union = Poly_1.union( Poly_2 );

Map.centerObject( Polygon_union );
Map.addLayer( Poly_1 );
Map.addLayer( Poly_2 );
Map.addLayer( Polygon_union );
```

需要注意的是，GEE 中其他针对 Geometry 的空间关系操作如下：

. intersection（）	. symmetricDifference（）	. Difference（）
相交	对称求反	求反

下面介绍 Geometry 的要素分解命令，代码如下：

```
var Temple_of_Heaven = ee.Geometry.MultiPolygon([
  [[116.41022, 39.88331], [116.41039, 39.88130],
  [116.41417, 39.88146], [116.41408, 39.88341],
  [116.41022, 39.88331]],

  [[116.41275, 39.87995], [116.41022, 39.87817],
  [116.41297, 39.87587], [116.41309, 39.87797],
  [116.41636, 39.87876], [116.41275, 39.87995]]]);
var Geometry_List = Temple_of_Heaven.geometries();

Map.centerObject( Temple_of_Heaven );
Map.addLayer( Temple_of_Heaven );
print( Temple_of_Heaven );
```

本例中，Forbidden_City 由一个四边形和一个三角形组成，因此 . geometries（） 可以将这个 Geometry 集合展开为单独的形状要素，效果如图 4.64 所示。

```
Inspector Console Tasks
Use print(...) to write to this console.

▼MultiPolygon, 11 vertices                                JSON
   type: MultiPolygon
  ▼coordinates: List (1 element)
    ▼0: List (2 elements)
      ▼0: List (5 elements)
        ▸0: [116.41022,39.88331]
        ▸1: [116.41039,39.8813]
        ▸2: [116.41417,39.88146]
        ▸3: [116.41408,39.88341]
        ▸4: [116.41022,39.88331]
      ▼1: List (6 elements)
        ▸0: [116.41275,39.87995]
        ▸1: [116.41022,39.87817]
        ▸2: [116.41297,39.87587]
        ▸3: [116.41309,39.87797]
        ▸4: [116.41636,39.87876]
        ▸5: [116.41275,39.87995]
```

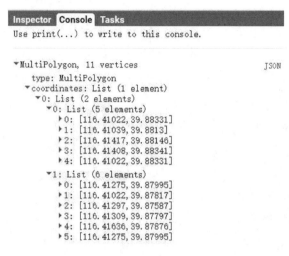

图 4.64 Geometry 的要素分解

下面介绍 Geometry 的面积和周长求取命令，执行效果如图 4.65、图 4.66 所示，代码如下。

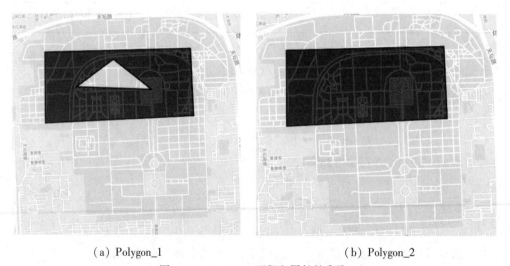

（a）Polygon_1　　（b）Polygon_2

图 4.65 Geometry 面积和周长的求取

```
Inspector Console Tasks
Use print(...) to write to this console.

531031.9714257892
592702.205569616
4627.28162458166
3328.833684959777
```

图 4.66 Geometry 面积和周长的求取结果

```
var Polygon_1 =ee.Geometry.Polygon(
  [ [ [116.40318, 39.88584], [116.40321, 39.88109],
  [116.41674 39.88156], [116.41644 39.88612]],
   [ [116.40943, 39.88535], [116.40606, 39.88351],
  [116.41283, 39.88335]]]);
var Polygon_2 =ee.Geometry.Polygon(
  [[[116.40318, 39.88584], [116.40321, 39.88109],
  [116.41674, 39.88156], [116.41644, 39.88612]]]);
var Area_1 = Polygon_1.area();
var Area_2 = Polygon_2.area();
var Perimeter_1 = Polygon_1.perimeter();
var Perimeter_2 = Polygon_2.perimeter();

print( Area_1, Area_2, Perimeter_1, Perimeter_2 );
Map.centerObject( Polygon_1, 15 );
Map.addLayer( Polygon_1 );
Map.addLayer( Polygon_2 );
```

下面介绍计算 Geometry 间的最短距离，执行效果如图 4.67 所示，代码如下。

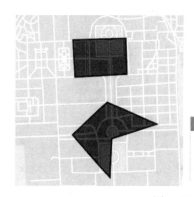

图 4.67　Geometry 间的最短距离

```
var polygon_1 = ee.Geometry.Polygon(
  [[[116.39419, 39.92131], [116.39359, 39.91887],
  [116.39668, 39.91871], [116.39720, 39.92101]]]),
polygon_2 = ee.Geometry.Polygon(
  [[[116.39891, 39.91812], [116.39578, 39.91706],
  [116.40123, 39.91647]]]);
var Distance =polygon_1.distance( polygon_2 );
```

```
print( Distance );
Map.centerObject( polygon_1 );
Map.addLayer( polygon_1 );
Map.addLayer( polygon_2 );
```

本节学习的 Geometry 常见命令如下，尝试回想其语法和功能：

```
ee.Geometry.Point()  ee.Geometry.Multipoint()  Geometry.transform()
geometry.centroid()  geometry.simplify()  geometry.bounds()
geometry.buffer()  geometry.union()  geometry.geometries()
geometry.length()  geometry.area()  geometry.perimeter()
geometry.distance()
```

4.3.2 Feature

Feature 是"带有属性的 Geometry"，因此对其除了能运用上节中的空间操作外，还可以根据其属性进行相关操作。

下面介绍 Feature 的创建，代码如下，操作效果如图 4.68 所示。

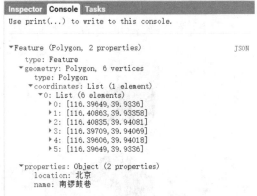

图 4.68　Feature 的创建

```
var Polygon_set =ee.Geometry.Polygon(
  [[[116.39649, 39.93360], [116.39606, 39.94018],
  [116.39709, 39.94069], [116.40835, 39.94081],
  [116.40863, 39.93358]]]);
var Feature_Polygon_set = ee.Feature(
  Polygon_set,
  {name:'南锣鼓巷', location:'北京'} );

Map.centerObject( Polygon_set );
```

```
print( Feature_Polygon_set );
Map.addLayer( Feature_Polygon_set );
```

在这里，ee. Feature （）一共有两个参数：第一个是 Feature 的 Geometry 数据，另一个是 Feature 的属性信息，属性信息要用 Dictionary 的结构来写入。值得一提的是，利用代码方式创建 Feature 的效率很低，因此与 Geometry 一样，我们可以通过"手绘工具"交互式地创建 Feature 并为其录入信息以提高效率，如图 4. 69 所示。

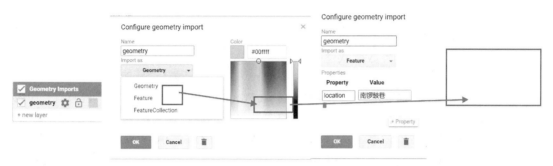

图 4.69 Feature 的手绘创建

下面介绍 Feature 的选择创建，操作效果如图 4. 70 所示，代码如下。

图 4.70 Feature 的选择创建

```
var Polygon_set = ee.Geometry.Polygon(
  [[116.39649, 39.93360], [116.39606, 39.94018],
  [116.39709, 39.94069], [116.40835, 39.94081],
```

```
    [116.40863,39.93358]]]);
var Feature_Polygon_set = ee.Feature(
  Polygon_set,
  {name:'南锣鼓巷', location:'北京'} );
var Feature_1 = Feature_Polygon_set.select( ['location']);
var Feature_2 = Feature_Polygon_set.select( ['location'], ['地
点']);

Map.centerObject( Polygon_set );
print( Feature_Polygon_set, Feature_1, Feature_2 );
Map.addLayer( Polygon_set );
```

Feature. select（）命令的功能是创建一个原 Feature 的"拷贝"，当括号内只有一个参数时，GEE 拷贝原 Feature 的 Geometry，并将参数对应的属性加入这个 Geometry 中形成新的 Feature；当括号内有两个参数时，GEE 在将参数加入 Geometry 的基础上，利用第二个参数对属性的关键词进行重命名。应该注意的是，这个命令要求所有参数必须是 List 的形式，即参数两端需要由方括号引导，并且参数的形式为文本。

下面介绍 Feature 的属性改写，操作效果如图 4.71 所示，代码如下。

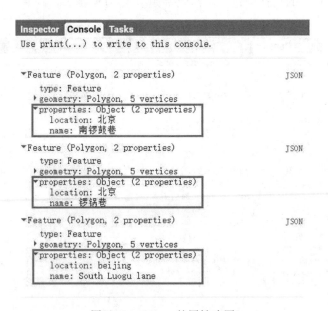

图 4.71 Feature 的属性改写

```
var Polygon_set = ee.Geometry.Rectangle(
  116.39617,39.94049,116.40866,39.93358 );
var Feature_Polygon_set = ee.Feature(
  Polygon_set,
```

```
  { name: '南锣鼓巷', location: '北京' } );
var Feature_Change_1 = Feature_Polygon_set.set(
  'name', '锣锅巷 ', 'location', '北京' );
var Feature_Change_2 = Feature_Polygon_set.setMulti(
  { 'name': 'South Luogu lane', 'location': 'beijing' } );

print( Feature_Polygon_set, Feature_Change_1, Feature_Change_2
);
Map.centerObject( Polygon_set );
Map.addLayer( Feature_Polygon_set );
```

下面介绍 Feature 的空间操作，代码如下：

```
var China _ Provinces = ee.FeatureCollection ( "users / liyalan /
China_Provinces" );
var Beijing = ee.Feature( China_Provinces.filterBounds(
  ee.Geometry.Point( [116.405, 39.905]) ).first() );
var BJ_Simple = Beijing.simplify( 100000 );
var BJ_Buffer = Beijing.buffer( 10000 );
var BJ_Hull = Beijing.convexHull();
var BJ_Centroid = Beijing.centroid();
var BJ_Bounds = Beijing.bounds();

Map.centerObject( Beijing );
Map.addLayer( Beijing );
Map.addLayer( BJ_Simple );
Map.addLayer( BJ_Buffer );
Map.addLayer( BJ_Hull );
Map.addLayer( BJ_Centroid );
Map.addLayer( BJ_Bounds );
```

下面介绍 Feature 的交并操作，代码如下，操作效果如图 4.72 所示。

```
var Feature_1 = ee.Feature( ee.Geometry.Polygon(
  [[[116.43261,39.87977], [116.42446,39.87378],
  [116.42836,39.87306], [116.42978,39.87536],
  [116.43536,39.87556], [116.43545,39.87378],
  [116.43712,39.87309], [116.43888,39.87665],
  [116.43261,39.87977]]]) );
var Feature_2 = ee.Feature( ee.Geometry.Polygon(
  [[[116.43708,39.88031], [116.43467,39.87789],
  [116.43391,39.87464], [116.43922,39.87335],
```

```
    [116.44459,39.87642], [116.44299,39.88031],
    [116.43708,39.88031]]]) );
var Union = Feature_1.union( Feature_2 );
var Intersect = Feature_1.intersection( Feature_2 );
var Difference = Feature_1.difference( Feature_2 );
var Symmetric _ Difference = Feature _ 1.symmetricDifference (
Feature_2 );

Map.centerObject( Feature_1 );
Map.addLayer( Union, { color:'9370DB' }, 'Union' );
Map.addLayer( Intersect, { color:'FF4500' }, 'Intersect' );
Map.addLayer( Difference, { color:'0047DD' }, 'Difference' );
Map.addLayer( Symmetric_Difference, { color:'FFFF00' },
'Symmetric_Difference' );
```

(a) Feature_1   (b) Feature_2

(c) Union   (d) Intersect   (e) Difference   (f) Symmetric_Difference

图 4.72 Feature 的交并操作

本例中运用到了 . filterBound（）和 . first（），它们的功能是利用地理位置进行筛选和取第一个数据。这些命令会在后面进行介绍。

下面介绍 Feature 的空间信息和属性信息的提取，代码如下：

```
var Beijing = ee.Feature( ee.FeatureCollection( "users/liyalan/
Beijing" ).first() );
var BJ_geometry =Beijing.geometry();
var BJ_get =Beijing.get( 'SHAPE_Leng' );

print( Beijing, BJ_geometry, BJ_get );
```

本例中，.geometry（）的功能相当于提取 Feature 的空间信息，而 get（'BOUNT_ID'）的功能是获取 Feature 属性中相应关键词的内容信息，该代码的执行效果如图 4.73 所示。

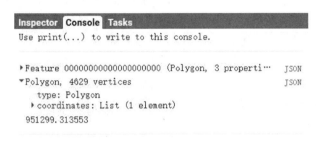

图 4.73　Feature 的空间信息和属性信息的提取

下面介绍 Feature 的面积和周长计算，代码如下，执行效果如图 4.74 所示。

```
varBeijing = ee.Feature( ee.FeatureCollection( "users/liyalan/
Beijing" ).first() );
var BJ_Area =Beijing.area();
var BJ_Perimeter =Beijing.perimeter();

print( BJ_Area, BJ_Perimeter );
```

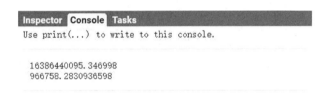

图 4.74　Feature 的面积和周长计算

可以看出，Geometry 与 Feature 在空间操作上的命令形式是一样的，可以统一记忆这些命令以提高学习效率。

下面是本节涉及的有关 Feature 的常见命令，尝试回忆其格式与功能：

```
ee.Feature()  Feature.select()  Feature.transform()
Feature.set/setMulti()
Feature.geometry()  Feature.get()  Feature.Length/Area/
Perimeter()
Feature.centroid/simplify/bounds/convexHull/buffer()
Feature.union/intersection/difference/symmetricDifference()
```

4.3.3 Feature Collection

Feature Collection 可以看作一个或多个 Feature 文件的集合。Feature 数据与 Geometry 数据相比多出了属性信息，Feature Collection 与 Feature 相比也多出了一定的"数据集"信息。比如，中国各省级行政边界都可以看作 Feature，都包含各自的"Name""Area"等信息，而当将这些 Feature 集合到一起时，就形成了一个"中国省边界"的 Feature Collection，这个 Collection 中可以包含数据来源、采集时间等属于数据集合的信息。

下面介绍 GEE 自带的 Feature Collection 数据（图 4.75）。在搜索栏中输入"Table"后观察弹出框的 TABLES 部分，点击"import"按钮即可将对应数据加载到代码中。

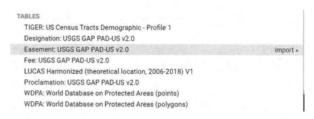

图 4.75 GEE 自带的 Feature Collection 数据

对于 GEE 找不到的数据，也可以通过上传的方式形成用户的个人数据。通常可以利用 ArcGIS 来进行 ESRI Shapefile（SHP）矢量格式文件的上传。具体操作如图 4.76 所示。

图 4.76 上传用户个人数据

其他引入 Feature Collection 的方式是利用谷歌公司的 Fusion Table 代码进行加载。值得一提的是,早期 GEE 不支持 SHP 矢量文件的直接上传,因此 Fusion Table 作为一种间接方式(用户先把 SHP 上传到 Fusion Table,再利用 ID 进行加载)得到了一定的应用,而目前谷歌公司已经决定在 2019 年 12 月 3 日的时候停止 Fusion Table 服务。因此,不建议 GEE 的学习者采用 Table 上传的方式处理个人数据。

下面介绍 Feature Collection 的创建。因为 Feature Collection 是由一系列 Feature 数据组成的,因此其创建的前提是首先拥有 Feature 数据。创建 Feature 数据后,将这些数据装在一个"数据篮"(List)中,然后利用命令告诉 GEE 这个篮子里都是 Feature 数据,就能生成相应的 Feature Collection 数据集。上述思路的代码如下,执行效果如图 4.77 所示。

```
var Polygon = ee.Geometry.Polygon(
  [[116.39649, 39.93360], [116.39606, 39.94018],
  [116.39709, 39.94069], [116.40835, 39.94081],
  [116.40863, 39.93358]]);
var MultiPoints = ee.Geometry.MultiPoint(
  [[116.40001, 39.93920], [116.40308, 39.93923],
  [116.40327, 39.93639], [116.40147, 39.93805]]);
var Lines = ee.Geometry.LineString(
  [[116.40559, 39.93965], [116.40754, 39.93791],
  [116.40544, 39.93684], [116.40735, 39.93501]]);
var Feature _ Collection = ee.FeatureCollection ( [ Polygon,
MultiPoints, Lines]);

Map.centerObject( Feature_Collection );
print( Feature_Collection );
Map.addLayer( Feature_Collection );
```

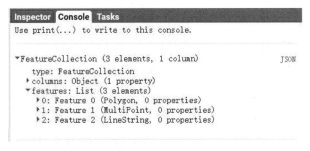

图 4.77　Feature Collection 的创建

下面介绍 Feature Collection 的随机点生成方式,代码如下,执行效果如图 4.78 所示。

```
var Polygon = ee.Geometry.Polygon(
  [[116.39649, 39.93360], [116.39606, 39.94018],
```

```
      [116.39709,39.94069], [116.40835,39.94081],
      [116.40863,39.93358]]);
    var R_Points = ee.FeatureCollection.randomPoints( Polygon, 25 );

    Map.centerObject( Polygon );
    Map.addLayer( Polygon );
    Map.addLayer( R_Points );
```

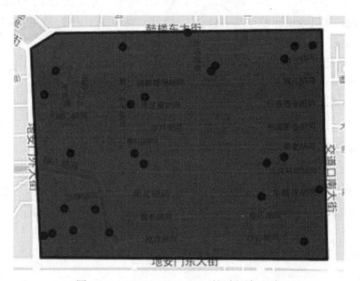

图 4.78　Feature Collection 的随机点生成

下面介绍 Feature Collection 的属性筛选，代码如下：

```
    var Area _ Set = ee.FeatureCollection ('users/liyalan/China _
Provinces');
    var Area_Xinjiang = Area_Set.filterMetadata( 'NAME', 'equals', '
Xinjiang');
    Map.centerObject( Area_Set );
    Map.addLayer( Area_Set );
    Map.addLayer( Area_Xinjiang,{ color:'FF0000'} );
```

这里需要注意两点。第一是加载的数据集是"中国行政区"，其中包含很多属性信息，"NAME"指的是行政区名称。第二是 .filterMetadata（）的功能是利用属性进行筛选，其三个参数分别是筛选字段、关系和筛选值，其中关系字段包括"equals" "less_than" "greater_than" "not_equals" "not_less_than" "not_greater_than" "starts_with" "ends_with" "not_starts_with" "not_ends_with" "contains" "not_contains"。

下面介绍 Feature Collection 的数量限制命令，代码及执行效果如下：

```
    var China_Provinces = ee.FeatureCollection( 'users/liyalan/China
```

_Provinces');

```
Map.addLayer( China_Provinces );
Map.addLayer( China_Provinces.limit( 7, 'Shape_Area', false ) );
```

数量限制命令.limit () 有三个参数, 分别是最大数量、限制字段和是否从小到大。其中, 限制字段和是否从小到大是非必须参数。数量限制命令常用来观察数据, 因为 GEE 存在某些 Feature 数量很多的 Feature Collection 数据, 而 GEE 只支持将一定数量的数据显示在 Console 栏中, 此时可以该命令来加载部分数据进而方便对数据进行观察。

下面介绍时间筛选命令, 由于带有时间属性的 Feature 数据很少, 这里用 Image Collection 代替 Feature Collection, 代码如下, 执行效果如图 4.79 所示。

```
var MODISdata = ee.ImageCollection( 'MODIS/006/MOD09GA' );
var MODISdata_FilterData = MODISdata.filterDate(
    '2021-01-01', '2021-01-31').limit( 30 );

print( MODISdata_FilterData );
```

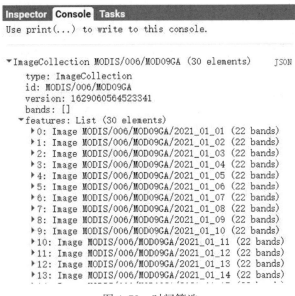

图 4.79　时间筛选

下面介绍 Feature Collection 的空间筛选命令, 代码如下:

```
var China_Provinces = ee.FeatureCollection( "users/liyalan/China
_Provinces" );
var Sichuan_Point = ee.Geometry.Point( [102.57583, 30.42556]);
var Sichuan = China_Provinces.filterBounds(Sichuan_Point );

Map.centerObject( China_Provinces, 4 );
```

```
Map.addLayer( China_Provinces );
Map.addLayer( Sichuan, { color: 'FFFF00' } );
Map.addLayer( Sichuan_Point );
```

下面介绍 Feature Collection 的选择复制命令，代码如下，执行效果如图 4.80 所示。

```
var China _ Provinces = ee.FeatureCollection ( "users / liyalan /
China_Provinces" );
var Select_Area = China_Provinces.select( ['NAME','Shape_Area']);
print( China_Provinces );
print( Select_Area );

Map.centerObject( China_Provinces, 4 );
Map.addLayer( China_Provinces );
Map.addLayer( Select_Area );
```

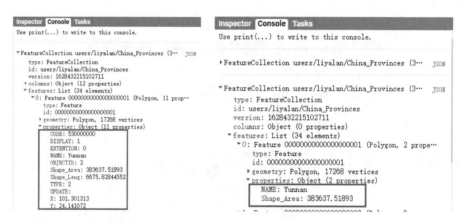

图 4.80　Feature Collection 的选择复制

下面介绍 Feature Collection 的去除重复命令，代码如下，执行效果如图 4.81 所示。

```
var China _ Provinces = ee.FeatureCollection ( "users / liyalan /
China_Provinces" );
var Area = China_Provinces.distinct( ['NAME']);

print( China_Provinces );
print( Area );

Map.centerObject( China_Provinces, 4 );
Map.addLayer( China_Provinces );
Map.addLayer( Area );
```

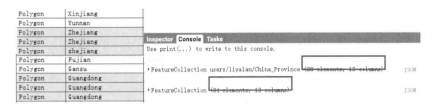

图 4.81　Feature Collection 的去除重复

去除重复命令 . distinct（）的作用是去除具有相同属性的 Feature。本例中，因为浙江省和广东省附近的小岛具有与陆地边界一样的 NAME，所以当执行 . distinct（）时，这些小岛就被去除了，因此可以看出 Feature Collection 由原来的 38 个元素变成 34 个。

下面介绍 Feature Collection 的联合和融合命令，联合的效果是形成一个单独的 Feature，并且抹去所有属性，融合是将两个 Collection 合并为一个，代码如下：

联合能够将多个 Feature 进行处理，其代码如下：

```
var China _ Provinces = ee.FeatureCollection（ "users / liyalan /
China_Provinces" );

var Provinces_Union = China_Provinces.union();

print( China_Provinces );
print( Provinces_Union );

Map.centerObject( China_Provinces, 4 );
Map.addLayer( China_Provinces );
Map.addLayer( Provinces_Union, { color:'FF0000'} );
```

融合只能对两个 FeatureCollection 进行处理，其代码如下：

```
var China _ Provinces = ee.FeatureCollection（ "users / liyalan /
China_Provinces" );
var Sichuan = China _ Provinces.filterMetadata（ 'NAME', 'equals',
'Sichuan' );
var Tibet = China _ Provinces.filterMetadata（ 'NAME', 'equals',
'Tibet' );
var Provinces_Merge = China_Provinces.merge( Tibet );

Map.centerObject( China_Provinces, 4 );
Map.addLayer( Sichuan, { color:'F00F00'} );
Map.addLayer( Tibet, { color:'000FF0'} );
Map.addLayer( Provinces_Merge, { color:'FF0000'} );
```

下面介绍 Feature Collection 的属性改写命令，命令代码如下，执行效果如图 4.82 所示。

```
var China _ Provinces = ee.FeatureCollection ( " users / liyalan /
China_Provinces" );
var Sichuan = China _ Provinces.filterMetadata ( 'NAME', 'equals',
'Sichuan' );
var Tibet = China _ Provinces.filterMetadata ( 'NAME', 'equals',
'Tibet' );

var Provinces_Merge = Sichuan.merge( Tibet );
var Merge_Set = Provinces_Merge.set( 'NAME', 'Chuan_Zang' );

print( Provinces_Merge );
print( Merge_Set );
```

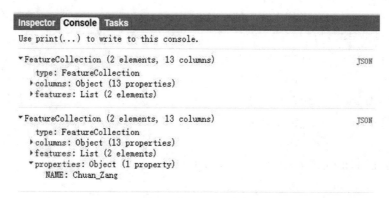

图 4.82　Feature Collection 的属性改写

本例通过 .set（）命令增加了属于 Feature Collection 的属性信息，同理也可以通过 .setMulti（）命令来改写属性，具体操作可以参考前述内容。

下面介绍 Feature Collection 的 Remap 命令，代码如下：

```
var China _ Provinces = ee.FeatureCollection ( " users / liyalan /
China_Provinces" );
var Old_Provinces_ID = ee.List( [1, 2, 3, 4, 5, 6, 7, 8, 9, 10, 11, 12,
    13, 14, 15,16, 17, 18, 19, 20, 21, 22, 23, 24, 25, 26, 27, 28, 29, 30,
    31, 32, 33, 34]);
var New_Provinces_ID = ee.List( [1, 1, 1, 2, 2, 2, 3, 3, 3, 4, 4, 4, 5,
    5, 5, 5,6,6, 6, 6, 7, 7, 7, 7, 8, 8, 8, 8, 9, 9, 9, 9, 10, 10, 10, 10]);
var China_Remap = China_Provinces.remap(
    Old_Provinces_ID, New_Provinces_ID, 'OBJECTID' );
```

```
var China_Provinces_Map = China_Provinces.reduceToImage(
    ['OBJECTID'], ee.Reducer.first() );
var China_Remap_Map = China_Provinces.reduceToImage(
    ['OBJECTID'], ee.Reducer.first() );

Map.centerObject( China_Provinces, 4 );
Map.addLayer( China_Provinces_Map,
    { min: 1, max: 40, palette: '16FF07, 2901FF' },
    'China_Provinces_Map' );
Map.addLayer( China_Remap_Map,
    { min: 1, max: 7, palette: 'FF7248, FBFF21, 09FFE8' },
    'China_Remap_Map' );
```

可以把 .remap（）命令理解为对 Feature 进行批量修改。该命令有三个参数，分别是修改前的值、修改后的值和要修改的关键词。本例的效果相当于将中国的省边界重新分为 7 类，代码中 .reduceToImage（）的功能是"矢量转栅格"，用在这里的目的是突出显示效果，该命令会在后面进行介绍。

下面介绍 Feature Collection 的排序命令，代码及执行效果如下：

```
var China_Provinces = ee.FeatureCollection( "users/liyalan/
China_Provinces" );
    var Provinces_Sort_Area = China_Provinces.sort( 'Shape_Area',
false );

Map.centerObject( China_Provinces, 4 );
Map.addLayer( Provinces_Sort_Area.limit( 6 ), { color: '4169E1' } );
```

排序命令 .sort（）共有两个参数，一个是排序字段，另一个是是否从小到大。本例中利用面积进行排序，并且排序方式为 false（从大到小），结合 .limit（）命令就筛选出中国面积大小排名靠前的前五个省。

下面介绍 Feature Collection 的 makeArray 命令，代码如下，执行效果如图 4.83 所示。

```
var China_Provinces = ee.FeatureCollection( "users/liyalan/
China_Provinces" )
    .limit( 2 );
varChina_Array = China_Provinces.makeArray(
    ['OBJECTID', 'Shape_Area', 'Shape_Leng'], 'An_Array' );

print( China_Provinces );
print( China_Array );
```

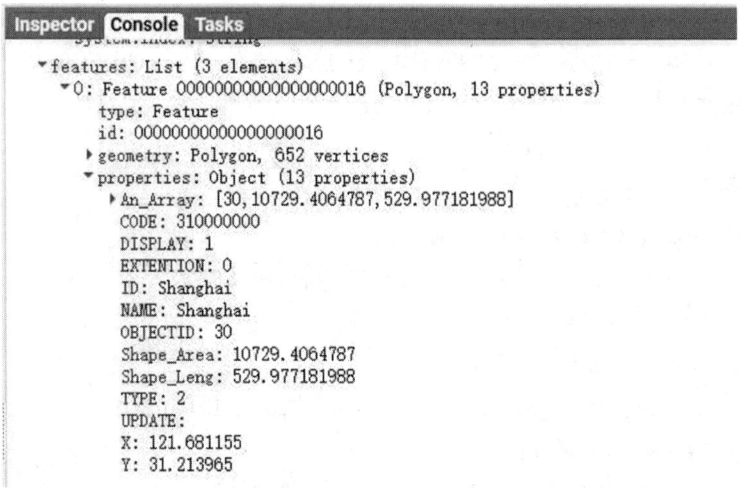

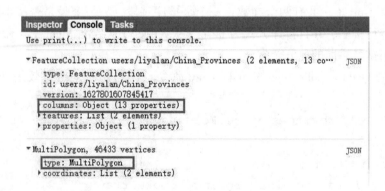

图 4.83　Feature Collection 的 makeArray 命令

下面介绍 Feature Collection 的提取 Geometry 命令，代码如下，执行效果如图 4.84 所示。

```
var China _ Provinces = ee.FeatureCollection（ "users／liyalan／
China_Provinces"）
    .limit( 2 );
var China_geometry = China_Provinces.geometry();

print( China_Provinces );
print( China_geometry );
```

图 4.84　Feature Collection 的提取 Geometry 命令

下面介绍 Feature Collection 的矢量转栅格命令，代码如下：
```
var China _ Provinces = ee.FeatureCollection（ "users／liyalan／
```

```
China_Provinces" );
    var Shp_to_Image = China_Provinces.reduceToImage(
      ['OBJECTID'], ee.Reducer.first() );

    Map.centerObject( China_Provinces, 4 );
    Map.addLayer( Shp_to_Image, { "min": 1, "max": 40,
    "palette": ["F4A460", "FFCC00", "66FF00"]} );
```

矢量转栅格 . reduceToImage () 共有两个参数, 第一个是依据字段, 第二个是数值处理。本例中我们利用 ee. Reducer. first () 的目的是不对数值进行任何处理。

下面介绍 Feature Collection 的取首个数据命令, 代码如下, 执行效果如图 4.85 所示。

```
    var China _ Provinces = ee.FeatureCollection ( "users / liyalan /
China_Provinces" );
    var China_Biggest_Province = ee.Feature(
      China_Provinces.sort( 'Shape_Area', false ).first() );
    print( China_Biggest_Provinces );

    Map.centerObject( China_Provinces, 4 );
    Map.addLayer( China_Biggest_Province );
```

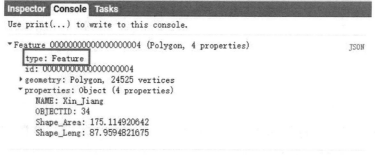

图 4.85 Feature Collection 的取首个数据命令

取首个 . first () 命令的常见目的是观察 Feature Collection 中数据的属性或者结构。

下面介绍 Feature Collection 的转 List 命令, 代码如下:

```
    var China _ Provinces = ee.FeatureCollection ( "users / liyalan /
China_Provinces" );
    var China_Listset = China_Provinces.sort( 'Shape_Area', false )
.toList( 10 );
    print( China_Listset );

    var Area_No_1 = ee.Feature( China_Listset.get( 0 ) );
```

```
var Area_No_4 = ee.Feature( China_Listset.get( 3 ) );
var Area_No_8 = ee.Feature( China_Listset.get( 7 ) );

Map.centerObject( China_Provinces, 4 );
Map.addLayer( Area_No_1 );
Map.addLayer( Area_No_4 );
Map.addLayer( Area_No_8 );
```

前文介绍过 List 是一个数据框。当 Feature Collection 转为 List 之后，我们就可以通过 .get () 命令获取指定位置的 Feature。本例对 Feature Collection 进行排序并转 List 之后，获取了中国面积大小排第 1、第 4 和第 8 的三个省。

下面介绍 Feature Collection 的属性统计命令，代码如下，执行效果如图 4.86 所示。

```
var China _ Provinces = ee.FeatureCollection ( "users/liyalan/
China_Provinces" );
var Area_of_No_1 = China_Provinces.sort(
   'Shape_Area', false ).aggregate_first( 'Shape_Area' );
var Area_of_Top_3 = China_Provinces.sort(
   'Shape_Area', false).limit( 3 ).aggregate_array( 'Shape_Area' );
varArea_Status = China_Provinces.aggregate_stats( 'Shape_Area' );
var Area_Histogram = China_Provinces.aggregate_histogram( 'Shape
_Area' );
print( Area_of_No_1 );
print( Area_of_Top_3 );
print( Area_Status );
print( Area_Histogram );
```

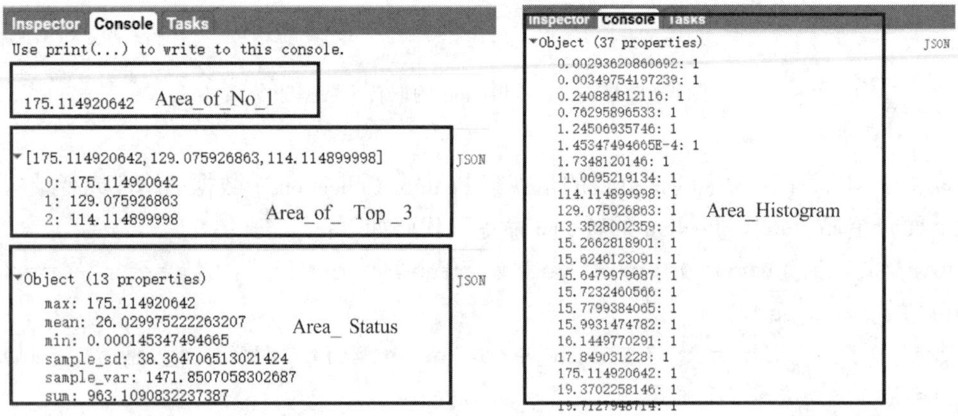

图 4.86 Feature Collection 的属性统计

86

GEE 中与 Feature Collection 相关的属性统计命令如图 4.87 所示。

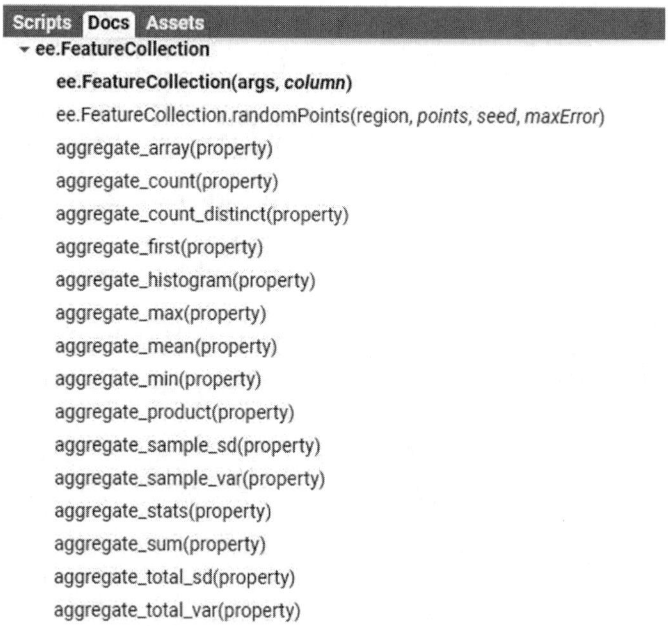

```
Scripts  Docs  Assets
▼ ee.FeatureCollection
    ee.FeatureCollection(args, column)
    ee.FeatureCollection.randomPoints(region, points, seed, maxError)
    aggregate_array(property)
    aggregate_count(property)
    aggregate_count_distinct(property)
    aggregate_first(property)
    aggregate_histogram(property)
    aggregate_max(property)
    aggregate_mean(property)
    aggregate_min(property)
    aggregate_product(property)
    aggregate_sample_sd(property)
    aggregate_sample_var(property)
    aggregate_stats(property)
    aggregate_sum(property)
    aggregate_total_sd(property)
    aggregate_total_var(property)
```

图 4.87　Feature Collection 的全部属性统计命令

下面介绍 Feature Collection 的 .map（）命令，代码如下：

```
var China _ Provinces = ee.FeatureCollection ( "users/liyalan/
China_Provinces" );
function Center_Point(feature){
  return feature.centroid()
}
var China_Center = China_Provinces.map( Center_Point );

print( China_Center );
Map.centerObject( China_Provinces, 4 );
Map.addLayer( China_Provinces );
Map.addLayer( China_Center, { color:'FFFF00' } );
```

Feature Collection 的 .map（）命令可以看作一种集合操作，本例的目的是对所有的 Feature 添加中心坐标，此时可以通过 function（）命令编写一个计算中心点的操作，然后利用 .map（）命令将这个操作应用于整体 Feature Collection 中。值得一提的是，GEE 在处理数据时是基于分布式计算原理的，因此，当对某数据集中的元素进行集合操作时，GEE 能够充分利用计算资源，提高计算效率。

下面是本节介绍过的全部常用 Feature Collection 命令，尝试回忆其语法和功能：

```
ee.FeatureCollection() .randomPoints() .filterMetadata()
.limit() .filterDate()
    .filterBounds() .filter() .select() .distinct() .union()
    .merge() .set() .remap() .sort() .makeArray() .geometry()
    .reduceToImage() .first() .toList() .aggregate_first()
.aggregate_array()
    .aggregate_stats/_histogram/_count/_count_distinct()
    .aggregate_max/_min/_sum/_mean/_product()
    .aggregate_sample_var/_total_var/_sample_sd/_total_sd/.map()
```

4.4 栅格数据类型

GEE 作为一个遥感大数据平台，栅格图像是其核心数据。在 GEE 的代码中，栅格图像以 Image 来表示。在本节中，我们将介绍 GEE 中有关栅格图像的常见命令。

4.4.1 Image

下面介绍 GEE 中常见的栅格图像数据。第一种是遥感图像，包括 Landsat，Sentinel 和 MODIS 系列卫星的所有图像数据。第二种是地形影像，主要是 90m 和 30m 精度的 SRTM 影像，以及局部地区的高精度地形影像。第三种则是其他影像，包括土地利用图像、气象图像等。如图 4.88 所示。

USGS Landsat 8 Collection 1 Tier 1
TOA Reflectance

MOD09A1.006 Terra Surface
Reflectance 8-Day Global 500m

GlobCover: Global Land Cover
Map

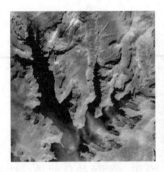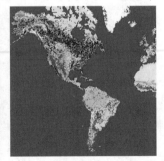

图 4.88　GEE 中的常见图像数据

用户还可以上传个人数据到 GEE 中，相应的步骤与矢量数据的上传类似，如图 4.89 所示。

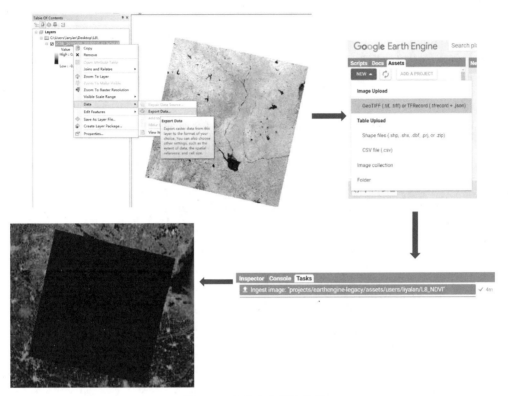

图 4.89　上传个人栅格数据

下面介绍栅格数据的创建命令,执行效果如图 4.90 所示,代码如下。

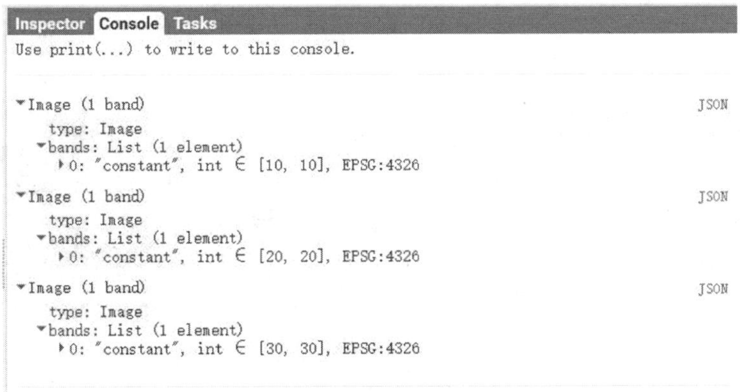

图 4.90　创建栅格数据

```
var Image_1 = ee.Image( 10 );
var Image_2 = ww.Image.constant( 20 );
```

```
var Image_3 = Image_1.add( Image_2 );

print( Image_1, Image_2, Image_3 );
```

此时创建的栅格数据没有"分辨率"的概念，或者说此时栅格的分辨率无限小，任意位置都是指定的常数。常数栅格的创建常常见于遥感图像的时序分析，被当作方程中的常量。

下面介绍栅格的掩膜分析命令，代码如下，执行效果如图 4.91 所示。

```
var Img_DEM = ee.Image( 'CGIAR/SRTM90_V4' );
varImg_Cover = ee.Image( "ESA/GLOBCOVER_L4_200901_200912_V2_3" )
    .select( 'landcover' ).eq( 11 );
var Img_Masked = Img_DEM.mask( Img_Cover );

print( Img_DEM, Img_Cover, Img_Masked );
Map.setCenter( 80.42, 43.05 );
Map.addLayer( Img_DEM,
    { "opacity": 1, "bands": ["elevation"],
    "min": 0, "max": 2000, "palette":
    ["2DFF07", "FFFB18", "FF0B0B"]}, 'Img_DEM' );
Map.addLayer( Img_Cover,
    { "opacity": 1, "bands": ["landcover"],
    "palette": ["FFFFFF", "FF0000"]}, 'Img_Cover' );
Map.addLayer( Img_Masked,
    { "opacity": 1, "bands": ["elevation"],
    "min": 0, "max": 2000, "palette": ["0D33FF", "FF0000"]}, 'Img_
Mask' );
```

(a) Img_DEM   (b) Img_Cover   (c) Img_Mask

图 4.91 栅格的掩膜分析

下面介绍栅格的裁剪命令，代码如下：

```
var Img_DEM = ee.Image( "USGS/SRTMGL1_003" );
var Beijing = ee.FeatureCollection ( " users/ liyalan/ China _
```

```
Provinces" )
      .filterBounds( ee.Geometry.Point( [116.405,39.905]) );
    var BJ_DEM = Img_DEM.clip( Beijing );

    Map.setCenter( 116.405,39.905 );
    Map.addLayer( BJ_DEM, {min: 0, max: 1000} );
```

需要指出的是，栅格图像的掩膜操作只是给 GEE 指出图像的哪些部分不参与运算，而栅格的裁剪则是直接将裁剪数据意外的部分删除。但在大多数情况下，两者可以互用。

下面介绍栅格的选择创建命令，代码如下，执行效果如图 4.92 所示。

```
var dataset = ee.Image( "COPERNICUS/Landcover/100m/Proba-V-C3/
Global/2019" )
    var landcover = dataset.select( 'discrete_classification' );
    var discrete_qa = dataset.select( 'discrete_classification-proba' )
    Map.setCenter( 97.74, 25.01, 1 );

    Map.addLayer( landcover, {}, 'Land Cover' );
    Map.addLayer( discrete_qa, {}, 'qa' );
```

(a) Land Cover　　　　　　　　　　　　　　　(b) qa

图 4.92　栅格的选择创建

这里需要说明的是，Copernicus_Global_Land_Cover 数据包含多个波段，这里用到的一个波段是 discrete_classification，用来说明土地利用类型；另一个用到的波段是 discrete_classification-proba，用来说明离散分类的质量指标（分类概率）。

下面介绍栅格的波段裁取创建命令，代码如下，执行效果如图 4.93 所示。

```
varImg_MYD09 = ee.ImageCollection( "MODIS/006/MYD09A1" );
    var MYD09_set = ee.Image( Img_MYD09.filterBounds(
      ee.Geometry.Point( 108.9, 34.5 ) ).first() );
    var MYD09_Slice = MYD09_set.slice( 1, 4 );
```

```
print( MYD09_set, MYD09_Slice );
```

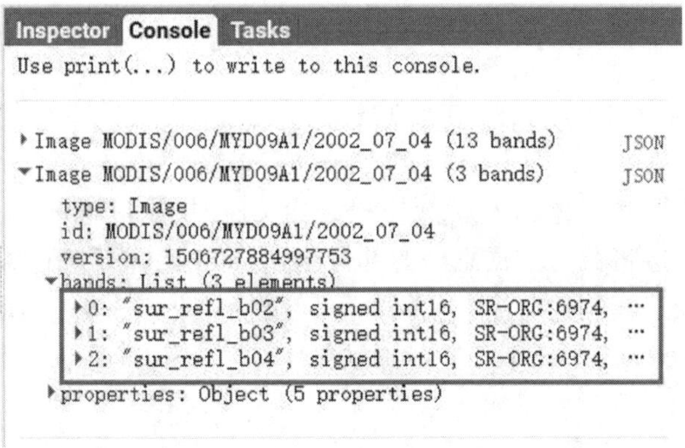

图 4.93 栅格的波段裁取

波段裁取命令的两个参数分别表示裁取的起始和结束位置，由于代码语言中是从 0 开始计数的，所以本例中的 1 和 4 分别表示第 2 和第 5 个位置。同时也可以看出，波段裁取只执行到结束位置的前一个位置。

下面介绍栅格的添加命令，代码如下，执行效果如图 4.94 所示。

```
varImg_MYD09 = ee.ImageCollection( "MODIS/006/MYD09A1" );
var MYD09_set = ee.Image( Img_MYD09.filterBounds(
  ee.Geometry.Point( 108.9, 34.5 ) ).first() )
var MYD09_B3 = MYD09_set.select( 'sur_refl_b03' );
var MYD09_B6 = MYD09_set.select( 'sur_refl_b06' );
var MYD09_B3_6 = MYD09_B3.addBands( MYD09_B6 );

print( MYD09_B3, MYD09_B6, MYD09_B3_6 );
```

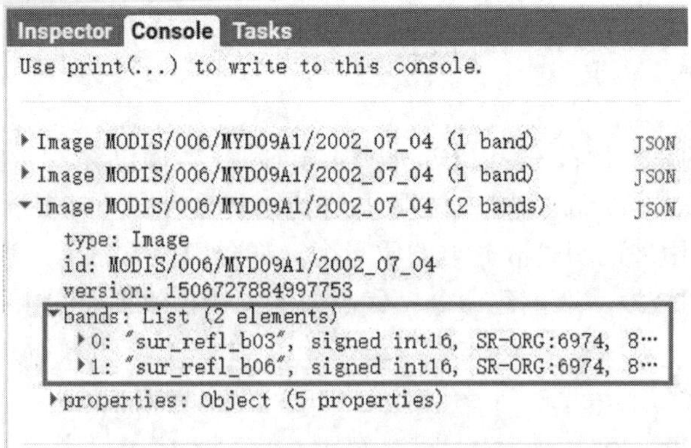

图 4.94 栅格的添加

下面介绍栅格的重投影命令，代码如下，执行效果如图4.95所示。

```
var Img_L8 = ee.ImageCollection( "LANDSAT/LC08/C01/T1_RT" );
var L8_set = ee.Image( Img_L8.filterBounds( ee.Geometry.Point
( 119.75, 32.30 ) ).first() );
var L8_Reproject = L8_set.reproject( 'EPSG:3857', null, 100 );

print ( L8 _ set.select ( 'B1' ) .projection ( ), L8 _ Reproject.
projection() );
Map.setCenter( 119.75, 32.30, 14 );
Map.addLayer( L8_set, { "bands": ["B5", "B4", "B3"],
"min": 10586, "max": 18154 } );
Map.addLayer( L8_Reproject, { "bands": ["B5", "B4", "B3"],
"min": 10586, "max": 18154 }, '100m' );
```

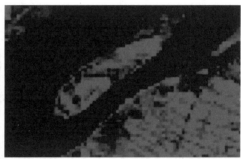

图4.95 栅格的重投影

这里需要注意，矢量的重投影命令是.transform，而栅格的重投影命令是.Reproject，两者的操作目的是相同的，但是是不可混用的两个命令。

下面介绍栅格的色彩转换命令，代码如下，执行效果如图4.96所示。

```
var L8 = ee.ImageCollection( "LANDSAT/LC08/C01/T1_RT" );
var L8_set = ee.Image( L8.filterBounds( ee.Geometry.Point
( 104.07, 30.66 ) )
  .first() ).slice( 2, 5 ).unitScale( 0, 32468 );
var L8_HSV = L8_set.rgbToHsv();
var L8_RGB = L8_HSV.hsvToRgb();

print( L8_set, L8_HSV, L8_RGB );
Map.setCenter( 104.07, 30.66, 9 );
Map.addLayer( L8_set, {}, 'Origin' );
Map.addLayer( L8_HSV, {}, 'HSV' );
```

```
Map.addLayer( L8_RGB, {}, 'RGB' );
```

```
Inspector  Console  Tasks
Use print(...) to write to this console.

▼ Image (3 bands)                                              JSON
    type: Image
  ▼ bands: List (3 elements)
    ▶ 0: "B3", float, EPSG:32648, 7581x7381 px
    ▶ 1: "B4", float, EPSG:32648, 7581x7381 px
    ▶ 2: "B5", float, EPSG:32648, 7581x7381 px
  ▶ properties: Object (1 property)
▼ Image (3 bands)                                              JSON
    type: Image
  ▼ bands: List (3 elements)
    ▶ 0: "hue", float ∈ [0, 1], EPSG:32648, 7581x7381 px
    ▶ 1: "saturation" float ∈ [0, 1], EPSG:32648, 7581…
    ▶ 2: "value", float ∈ [0, 1], EPSG:32648, 7581x7381…
  ▶ properties: Object (1 property)
▼ Image (3 bands)                                              JSON
    type: Image
  ▼ bands: List (3 elements)
    ▶ 0: "red", float ∈ [0, 1], EPSG:32648, 7581x7381 px
    ▶ 1: "green", float ∈ [0, 1], EPSG:32648, 7581…
    ▶ 2: "blue", float ∈ [0, 1], EPSG:32648, 7581x7381 px
  ▶ properties: Object (1 property)
```

(a) Origin&RGB   (b) HSV

图4.96 栅格的色彩转换

下面介绍栅格的数字格式转换命令，此处与前述例子相同，限于篇幅这里只给出命令代码，其中上下两行的对应命令是等效的：

```
.uint8   .uint16   .uint32   .uint64   .int8
.toUnit8  .toUint16  .toUint32  .toUint64  .toInt8
.int16   .int32   .int64   .long   .float   .double
.toInt16  .toInt32  .toInt64  .toLong  .toFloat  .toDouble
```

下面介绍栅格的波段数据格式定义，代码如下，执行效果如图4.97所示。

```
var Img_L8 = ee.ImageCollection( "LANDSAT/LC08/C01/T1_RT" );
var L8_set = ee.Image( Img_L8.filterBounds( ee.Geometry
  .Point( 116.405, 39.905 ) ).first() ).slice( 2, 5 ).unitScale( 0,
32468 );
```

```
var L8_Cast = L8_set.cast(
    {'B3': 'double', 'B4': 'long', 'B5': 'float'}, ['B3', 'B4', 'B5']);

print( L8_set, L8_Cast );
```

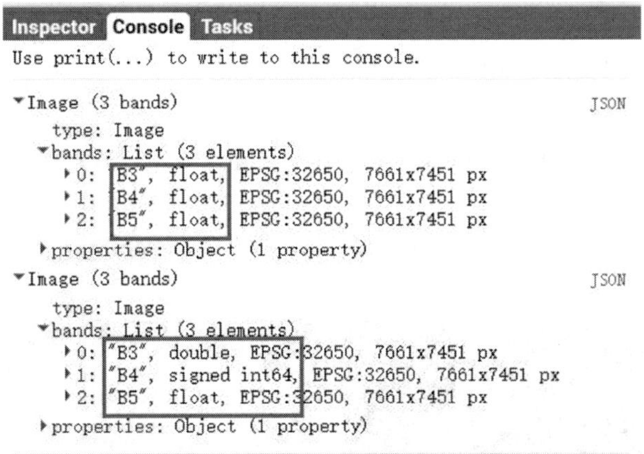

图 4.97　栅格的波段数据格式定义

下面介绍栅格的属性改写命令，代码如下，执行效果如图 4.98 所示。

```
var Img_S2 = ee.ImageCollection( "COPERNICUS/S2" );
var S2_set = Img_S2.first().set( 'note', "This image contain three
QA bands" )
    .setMulti( {'edit_date': '2021-08-06', 'location': 'Guangdong'} );

print( S2_set );
```

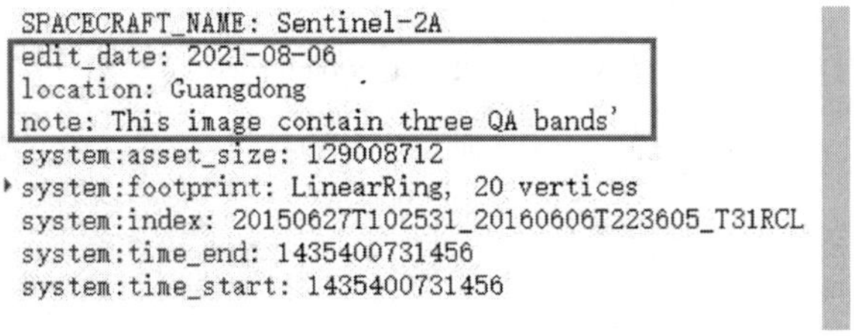

图 4.98　栅格的属性改写

下面介绍栅格的 Remap 命令，代码如下，执行效果如图 4.99 所示。

```
var Old_Id =ee.List( [11, 14, 20, 30, 40, 50, 60, 70, 90, 100, 110,
    120, 130, 140, 150, 160, 170, 180, 190, 200, 210, 220, 230]);
var New_Id =ee.List( [0, 0, 0, 0, 1, 1, 1, 1, 2, 2, 2, 2,
```

```
3,3,3,4,4,4,5,5,6,7,8]);
var Img_Landcover =ee.Image( "ESA/GLOBCOVER_L4_200901_200912_V2
_3")
    .select( 'landcover');
var Img_Remap =Img_Landcover.remap( Old_Id, New_Id, 8, 'landcover');

Map.setCenter( 102.26, 29.64, 6 );
Map.addLayer( Img_Landcover );
Map.addLayer( Img _ Remap, { "palette": [ " f1ff27", " 35ce48", "
00ffff",
    "f017ff", "e78845", "0000ff", "ffffff", "ffffff"]}, 'remaped');
```

图 4.99 栅格的 Remap 命令

需要指出的是，上述 Remap 命令相当于对栅格 value 值的"重分类"操作。通过 Remap 操作，原始土地利用分类图像被重新归纳成"耕、林、水、草、建等"9 种地类。具体的地类编码见表 4-1。

表 4-1   **GLOBCOVER_L4_2009 的 Remap**

旧代码	地　　类	新编码
11	Post-flooding or irrigated croplands	0
14	Rainfed croplands	0
20	Mosaic cropland（50%-70%）/ vegetation（grassland, shrubland, forest）（20%-50%）	0
30	Mosaic vegetation（grassland, shrubland, forest）（50%-70%）/ cropland（20%-50%）	0
40	Closed to open（>15%）broadleaved evergreen and/ or semi-deciduous forest（>5m）	1
50	Closed（>40%）broadleaved deciduous forest（>5m）	1
60	Open（15%-40%）broadleaved deciduous forest（>5m）	1
70	Closed（>40%）needleleaved evergreen forest（>5m）	1

旧代码	地　　类	新编码
90	Open（15%-40%）needleleaved deciduous or evergreen forest（>5m）	2
100	Closed to open（>15%）mixed broadleaved and needleleaved forest（>5m）	2
110	Mosaic forest-shrubland（50%-70%）/ grassland（20%-50%）	2
120	Mosaic grassland（50%-70%）/ forest-shrubland（20%-50%）	2
130	Closed to open（>15%）shrubland（<5m）	3
140	Closed to open（>15%）grassland	3
150	Sparse（>15%）vegetation（woody vegetation, shrubs, grassland）	3
160	Closed（>40%）broadleaved forest regularly flooded - Fresh water	4
170	Closed（>40%）broadleaved semi-deciduous and/ or evergreen forest regularly flooded-saline water5	4
180	Closed to op5en（> 15%）vegetation（grassland, shrubland, woody vegetation）on regularly flooded or waterlogged soil - fresh, brackish or saline water	4
190	Artificial surfaces and associated areas（urban areas >50%）GLOBCOVER 2009	5
200	Bare areas	5
210	Water bodies	6
220	Permanent snow and ice	7
230	Unclassified	8

下面介绍栅格的区间赋值命令，执行效果如图 4.100 所示，代码如下。

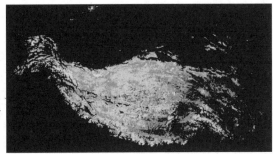

图 4.100　栅格的区间赋值

```
var Img_DEM = ee.Image( "USGS/SRTMGL1_003" );
var Img_Landcover = ee.Image( "ESA/GLOBCOVER_L4_200901_200912_V2
_3" )
```

```
         .select( 'landcover' );
var High_Land = Img_Landcover.where( Img_DEM.lt( 4500 ), 0 );

Map.setCenter( 88.96, 33.77, 5 );
Map.addLayer( Img_DEM.lt( 4500 ) );
Map.addLayer( High_Land );
```

下面介绍栅格的区间截取命令，代码如下，执行效果如图 4.101 所示。

```
var Img_DEM = ee.Image( "USGS/SRTMGL1_003" );
var DEM_Clamp = Img_DEM.clamp( 1000, 3000 );

Map.setCenter( 101.52, 26.95, 8 );
Map.addLayer( DEM_Clamp );
```

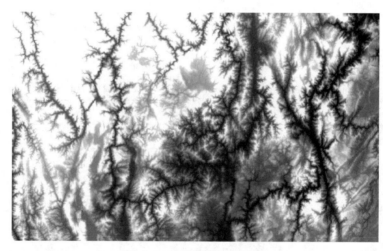

图 4.101　栅格的区间截取

　　这里需要注意区分区间赋值 .where（ ）和区间截取 .clamp（ ）的异同。.where（DEM.lt（4500），0）的含义是将高程小于 4500 的地区赋值为 0；而 .clamp（ ）的功能是截取某一段区间的值，大于或小于这个区间的值都以最大值或最小值处理，如 DEM.clamp（1000，3000）的作用就是将高程大于 3000m 的地区赋值为 3000，小于 1000m 的地区赋值为 1000。

　　下面介绍栅格的一值化命令，代码如下，执行效果如图 4.102 所示。

```
var L8_One = ee.Image(ee.ImageCollection( "LANDSAT/LC08/C01/T1_
RT" )
    .filterBounds(ee.Geometry.Point( 115.3, 35.7 )).first());
var L8_Unitscale = L8_One.unitScale( 0, 32767 );
```

```
print( L8_One,L8_Unitscale );
Map.addLayer( L8_One,{ "bands":["B5","B4","B3"], "max":30000 } );
Map.addLayer( L8_Unitscale,{ "bands":["B5","B4","B3"], "max":
0.9 } );
```

 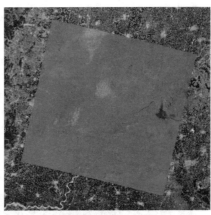

（a）L8_One　　　　　　　　　　（b）L8_Unitscale

图 4.102　栅格的一值化

　　从本例中可以看出，一值化的功能在于将给定区间内的数值范围转换到 0~1 的区间内。当对原图像进行一值化后，新图像显示范围最大值 0.92 与原图像显示范围最大值 30000 是相同的，因为 30000/32767=0.92。

　　下面介绍栅格的插值命令，代码如下：

```
var China_Provinces =ee.FeatureCollection( "users/liyalan/China_
Provinces" );
function Center_set (feature){
  return ee.Geometry( feature.centroid() )}
var Provinces_Centers =China_Provinces.map( Center_set );
var Center_Distance =Provinces_Centers.distance( 160000 );
var Distance_Interpolate =Center_Distance.interpolate(
  [0,40000,80000,120000,160000],
  [0,25,50,100,75],'extrapolate' );

Map.centerObject( Provinces_Centers,4 );
Map.addLayer( Center_Distance,{ min:0,max:160000 },'origin' );
Map.addLayer ( Distance _ Interpolate,{ min: 0, max: 100 },'
interpolated' );
Map.addLayer( Provinces_Centers,{ color:'ff0000' },'centers' );
```

这里注意插值方式为 extrapolate，这种插值的效果是按照 .interpolate（）的第二个参数值来确定插值大小，相当于分阶段的线性运算。

下面介绍栅格的比较筛选命令，代码如下，执行效果如图 4.103 所示。

```
var China_Provinces = ee.FeatureCollection( "users/liyalan/China_
Provinces" );
var Night_Lights = ee.Image(
   'NOAA/DMSP-OLS/NIGHTTIME_LIGHTS/F182013')
   .select( 'stable_lights' ).clip( China_Provinces );
var Urban_Lights = Night_Lights.gte( 20 );

Map.setCenter( 116.405, 39.905, 8 );
Map.addLayer( Urban_Lights, { "opacity": 0.33, "bands": [ "stable_
lights"],
   "palette": [ "404040", "ffff00"]}, 'Nighttime_Lights' );
```

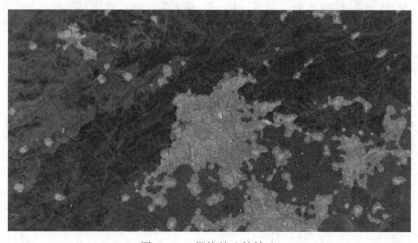

图 4.103 栅格的比较筛选

类似的比较筛选命令还有：

. eq	. neq	. gt	. gte	. lt	. lte
=	≠	>	≥	<	≤

下面介绍栅格的逻辑运算命令，代码如下：

```
var China = ee.FeatureCollection( "users/liyalan/China_Provinces" );
var Img_Night_Lights = ee.Image(
   'NOAA/DMSP-OLS/NIGHTTIME_LIGHTS/F182013')
   .select( 'stable_lights' ).clip( China );
```

```
var Urban = Img_Night_Lights.gte( 20 );
var Low_DEM = ee.Image( "USGS/SRTMGL1_003" ).lt( 200 ).clip( China );
var Low_Urban = Urban.and( Low_DEM );

print( Low_DEM, Urban );
Map.setCenter( 108.14, 34.79, 4 );
Map.addLayer( Img_Night_Lights );
Map.addLayer( Low_DEM );
Map.addLayer( Low_Urban );
```

下面介绍栅格的函数运算命令，代码如下：

```
var China_Provinces = ee.FeatureCollection( "users/liyalan/
China_Provinces" );
var Beijing = China_Provinces.filterMetadata( 'NAME', 'equals', '
Beijing' );
var BJ_Distance = BJ.distance( 15000 );
var Distance_mod = BJ_Distance.mod( 3000 );
Map.centerObject( BJ, 8 );
Map.addLayer( BJ_Distance, { "min": 0, "max": 15000,
   "palette": ["0000FF", "00BFFF", "66FF59", "00FF00",
   "FFFF00", "FFA500"]}, 'The Distance Effect' );
Map.addLayer( Distance_mod, { "min": 0, "max": 3000,
   "palette": ["0000FF", "00BFFF", "66FF59", "00FF00",
   "FFFF00", "FFA500"]}, 'The Distance.mod() Effect' );
```

下面介绍栅格的数学运算命令，执行效果如图 4.104 所示，代码如下。

图 4.104　栅格的数学运算

```
var Img_L8 = ee.ImageCollection( "LANDSAT/LC08/C01/T1_RT" )
    .filterBounds( ee.Geometry.Point( 104.076, 30.652 ) ).first();
var B5 = ee.Image( Img_L8.select( 'B5' ) );
var B4 = ee.Image( Img_L8.select( 'B4' ) );
var NDVI = B5.subtract( B4 ).divide( B5.add( B4 ) );

Map.centerObject( NDVI );
Map.addLayer( NDVI, { "min": -1, "max": 1,
    "palette": ["FEE85D", "429AFF", "FFF707", "11FF2E", "03AB4D"]} );
```

其他类似的数学运算命令如下,运算的具体操作可参考前述内容。

```
.add()  .subtract()  .multiply()  .divide()  .max()  .min()
.mod()  .pow()  .hypot()  .first()  .first_nonzero()
.sin()  .cos()  .tan()  .sinh()  .cosh()  .tanh()  .acos()
.asin()  .atan()
```

下面介绍栅格的表达式运算命令,执行效果如图4.105所示,代码如下。

图 4.105　栅格的表达式运算

```
var Img_L8 = ee.ImageCollection( "LANDSAT/LC08/C01/T1_RT" )
    .filterBounds( ee.Geometry.Point( 102.7, 25.04 ) ).first()
var EVI = Img_L8.expression(
    '2.5*(NIR-RED)/(NIR+6*RED-7.5*BLUE+1)',
```

```
      { 'NIR':Img_L8.select( 'B8' ),
        'RED':Img_L8.select( 'B4' ),
        'BLUE':Img_L8.select( 'B2' )
      } );

Map.centerObject( EVI );
Map.addLayer( EVI, { "min": -1, "max": 1,
    "palette": [ "FFD700", "FFFF00", "66FF00", "00FF00", "32CD32"]} );
```

表达式运算命令有两个参数，第一个参数以文本形式描绘出运算规则，第二个参数以字典形式制定运算规则中变量制定的具体波段。

下面介绍栅格的位运算命令，代码如下，执行效果如图 4.106 所示。

```
var Img_1 = ee.Image( 1 );
var Img_2 = ee.Image( 2 );
var Bit_And = Img_1.bitwiseAnd( Img_2 );
var Bit_Or = Img_1.bitwiseOr( Img_2 );

print( 'Image of bitwise 1 and 2 =', Bit_And );
print( 'Image of bitwise 1 or 2 =', Bit_Or );

Map.addLayer( Img_1,null, 'Image of 1s' );
Map.addLayer( Img_2,null, 'Image of 2s' );
Map.addLayer( Bit_And,null, 'Image of Bits from Both' );
Map.addLayer( Bit_Or, null, 'Image of Bits from Either' );
```

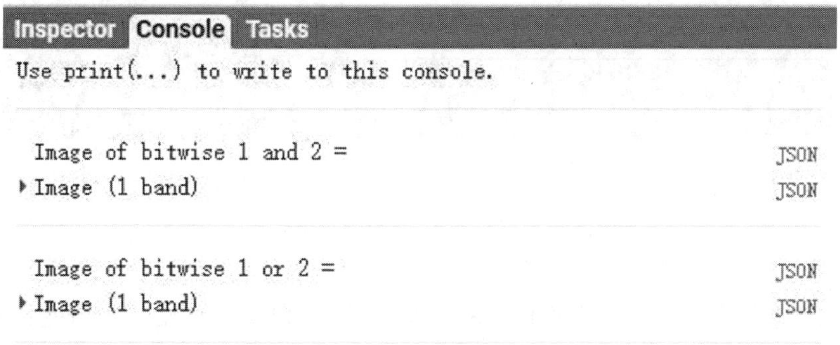

图 4.106　栅格的位运算

栅格图像的位运算在本质上与数字的位运算是相同的，即都是将十进制数字转换成二进制数字后，通过对相同位置的二进制数字进行逻辑对比得到最终结果。位运算在栅格中的主要作用是去云处理，其原理是（主要针对 Landsat 系列数据）遥感图像每个像素都存在类似"头文件"的十几个字节的数据，其中有若干字节的数据可以表示这个像素是否被云层覆盖（0 代表无云，1 代表有云），对部分数据进行位运算筛选，即可达到去云目的。

下面是其他类似的位运算命令，具体操作可参考前述数字的位运算介绍。

bitwiseAnd　　bitwiseOr　　bitwiseXor　　bitwiseNot　　leftShift
rightShift

bitwise_and　bitwise_or　bitwise_xor　bitwise_not　left_shift
right_shift

下面介绍栅格的微分操作命令，代码如下，执行效果如图 4.107 所示。

```
var OldData = ee.Image( 'CGIAR/SRTM90_V4' );
var NewData = OldData.derivative();

Map.setCenter( 103.3, 30.3, 10 );
Map.addLayer( NewData, { bands: ['elevation_x'], min: -90, max: 90 },
    'Slope from Left to Right' );
Map.addLayer( NewData, { bands: ['elevation_y'], min: -90, max: 90 },
    'Slope from Top to Bottom' );
```

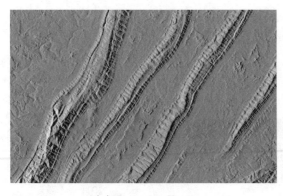 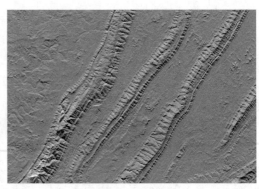

(a) Derivative_X　　　　　　　　　　　(b) Derivative_Y

图 4.107　栅格的微分运算

该命令的功能是计算图像像素值在 X（横）和 Y（纵）方向上的数值变化率。将两者进行 atan（ ）运算，并且求取运算后两值平方和的平方根就得到坡度。

下面介绍栅格的地形操作命令，代码如下，执行效果如图 4.108 所示。

```
varSRTM = ee.Image( 'CGIAR/SRTM90_V4' );
var Terrain = ee.Terrain.products( SRTM );
```

```
Map.setCenter( 107.88, 30.51, 10 );
Map.addLayer( SRTM, { min: 0, max: 5000,
   palette: '008000, B84000' }, 'Elevation' );
Map.addLayer( Terrain, { bands: ['slope'], min: 0, max: 90,
   palette: '000000, E60000' }, 'slope' );
Map.addLayer( Terrain, { bands: ['aspect'], min: 0, max: 90,
   palette: 'ccff00, 0000ff, 00ff00' }, 'aspect' );
Map.addLayer( Terrain, { bands: ['hillshade'], min: 0, max: 255 }, '
Hillshading' );
```

（a）Aspect　　　　　　　（b）Slope　　　　　　　（c）Hillshade

图 4.108　栅格的地形运算

下面介绍栅格的山体阴影操作命令，执行效果如图 4.109 所示，代码如下。

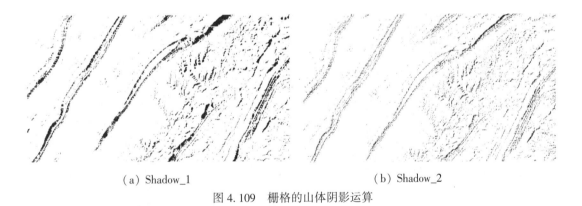

（a）Shadow_1　　　　　　　　　（b）Shadow_2

图 4.109　栅格的山体阴影运算

```
var SRTM = ee.Image( 'CGIAR/SRTM90_V4' );
var SRTM_Repro = SRTM.reproject( 'EPSG: 3857', null, 30 );
var Shadow_1 = ee.Terrain.hillShadow( SRTM_Repro, 315.0, 75.0, 0,
true );
var Shadow_2 = ee.Terrain.hillShadow( SRTM_Repro, 315.0, 65.0, 0,
false );
```

```
Map.setCenter( 107.88, 30.51, 10 );
Map.addLayer( SRTM, { min: 0, max: 1500, opacity: 0.7,
  palette:'00ff00, ff8c00'}, 'Elevation' );
Map.addLayer( Shadow_1, { min: 0, max: 1, opacity: 1 }, 'Longer
Shadow' );
Map.addLayer( Shadow_2, { min: 0, max: 1, opacity: 1 }, 'Shorter
Shadow' );
```

虽然上个例子也能求取山体阴影 Hillshade，但 ee.Terrain.hillShadow 能更加个性化地调整阴影状态，该命令一共有 5 个参数，分别是图像、天顶角、太阳高度角、邻域大小和是否磁滞。其中，"是否磁滞"如果输入为 true，会降低阴影的准确性，但是会提高阴影的显示效果。

下面介绍栅格的填注操作命令，代码如下，执行效果如图 4.110 所示。

```
var SRTM = ee.Image( 'CGIAR/SRTM90_V4' );
var DEM_Fill = ee.Terrain.fillMinima( SRTM, 0, 200 );

Map.setCenter( 108.03, 30.43, 12 );
Map.addLayer( SRTM, { min: 0, max: 1000, palette:
  [ "0d33ff", "66ff00", "ffff00", "ff8c00"]}, "Unfilled" );
Map.addLayer( DEM_Fill, { min: 0, max: 1000, palette:
  [ "0d33ff", "66ff00", "ffff00", "ff8c00"]}, "Filled" );
```

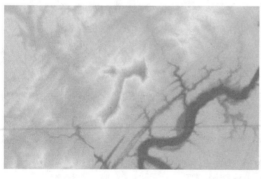 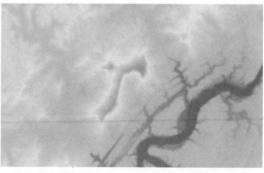

（a）Unfilled　　　　　　　　　（b）Filled

图 4.110　栅格的填注运算

下面介绍栅格的熵值操作命令，代码如下，执行效果如图 4.111 所示。

```
var Img_DEM = ee.Image( 'CGIAR/SRTM90_V4' );
var DEM_Entropy = Img_DEM.entropy( ee.Kernel.circle( 5, 'pixels',
true ) );
```

```
Map.setCenter( 107.88, 30.51, 10 );
Map.addLayer( Img_DEM, { min: 0, max: 1500, palette:
  ["0000FF", "E680FF", "00FF00", "CCFF00", "FF7300", "FF0000"]},
  'Original' );
Map.addLayer( DEM_Entropy, { min: 3.31, max: 4.55, palette:
  ["0000FF", "E680FF", "00FF00", "CCFF00", "FF7300", "FF0000"]},
  'Entropy' );
```

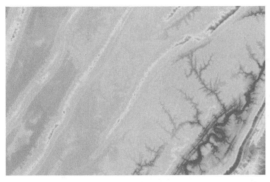 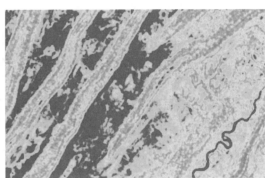

（a）Original　　　　　　　　　　　　　（b）Entropy

图 4.111　栅格的熵值操作

下面介绍栅格的 glcm 纹理操作命令，执行效果如图 4.112 所示，代码如下。

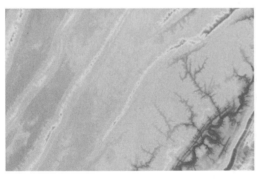 

（a）Original　　　　　　　　　　　　　（b）Texture

图 4.112　栅格的 glcm 纹理求取

```
var Img_DEM = ee.Image( 'CGIAR/SRTM90_V4' );
var GLCM = Img_DEM.glcmTexture( 5, ee.Kernel.circle( 5, 'pixels',
true ) );
var Texture = GLCM.select( 0 );
```

```
print( GLCM, Texture );
Map.setCenter( 107.88, 30.51, 10 );
Map.addLayer( Img_DEM, { min: 0, max: 1500, palette:
[ "0000FF", "E680FF", "00F00", "CCFF00", "FF7300", "FF0000"]}, '
Original' );
Map.addLayer( Texture, { min: 0.0067, max: 0.0115, palette:
[ "0000FF", "E680FF", "00FF00", "CCFF00", "FF7300", "FF0000"]}, '
Texture' );
```

下面介绍栅格的 zeroCrossing 操作命令，代码如下，执行效果如图 4.113 所示。

```
var Img_DEM = ee.Image( 'CGIAR/SRTM90_V4' ).subtract( 465 );
var Zero_Crossing = Img_DEM.zeroCrossing();

Map.setCenter( 110.03, 32.57, 9 );
Map.addLayer( Img_DEM, { min: 0, max: 1000, palette:
[ "0000FF", "1E90FF", "00FF00", "CCFF00", "FF7300", "FF0000"]}, '
DEM' );
Map.addLayer( Zero_Crossing, { palette: 'FFFFFF, FF0000' }, 'Zero
Crossing' );
```

 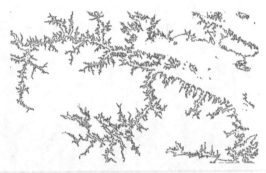

(a) DEM   (b) Zero Crossing

图 4.113　栅格的 zeroCrossing 纹理求取

下面介绍栅格的 CannyEdge 纹理操作命令，代码如下，执行效果如图 4.114 所示。

```
var Img_L8 = ee.ImageCollection( "LANDSAT/LC08/C01/T1_RT" );
  .filterBounds( ee.Geometry.Point( 103.97, 30.52 ) )
  .first().select( 'B7' );
var L8_Canny = ee.Algorithms.CannyEdgeDetector( Img_L8, 4000, 0 );

Map.setCenter( 103.97, 30.52, 13 );
Map.addLayer( Img_L8, { min: 0, max: 16000, gamma: 0.7 }, 'Original' );
```

```
Map.addLayer( L8_Canny, { opacity: 0.4, palette: 'FFFFFF, 003399' },
'Canny' );
```

（a）Original　　　　　　　　　　　（b）Canny

图 4.114　栅格的 CannyEdge 纹理求取

下面介绍栅格的距离操作命令，代码如下，执行效果如图 4.115 所示。

```
var Img_DEM = ee.Image( "USGS/SRTMGL1_003" );
var Img_Landcover = ee.Image( "ESA/GLOBCOVER_L4_200901_200912_V2
_3" )
    .select( 'landcover' );
var Landcover_set = Img_Landcover.where( Img_DEM.gt( 1000 ), 0 );
var Distance_set = Landcover_set.distance( ee.Kernel.euclidean
( 1000, 'meters' ) );

Map.setCenter( 108.62, 32.05, 10 );
Map.addLayer( Landcover_set, { max: 1 } );
Map.addLayer( Distance_set, { max: 1500 } );
```

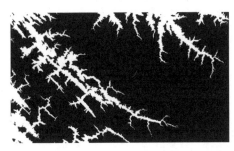 

图 4.115　栅格的距离求取

这里需要注意，栅格的距离命令的功能是求取图上任一点与最近的非零点的距离。下面介绍栅格的焦点操作命令，代码如下，执行效果如图 4.116 所示。

```
var OldDataset =ee.Image( 'MCD12Q1/MCD12Q1_005_2001_01_01' )
  .select( 'Land_Cover_Type_1' );
var MaxDataset = OldDataset.focal_max( 5, 'circle', 'pixels' );
var MinDataset = OldDataset.focal_min( 5, 'circle', 'pixels' );
var MedianDataset = OldDataset.focal_median( 5, 'circle', 'pixels' );
var ModeDataset = OldDataset.focal_mode( 5, 'circle', 'pixels' );

Map.setCenter( 116.3, 39.9, 10 );
Map.addLayer( OldDataset, { min: 0, max: 17,
  palette: '000000, FFFF00, FFFFFF' }, 'Original' );
Map.addLayer( MaxDataset, { min: 0, max: 17,
  palette: '000000, FFFF00, FFFFFF' }, 'Focal Maximum');
Map.addLayer( MinDataset, { min:0, max: 17,
  palette: '000000, FFFF00, FFFFFF' }, 'Focal Minimum');
Map.addLayer( MedianDataset, { min: 0, max: 17,
  palette: '000000, FFFF00, FFFFFF' }, 'Focal Median');
Map.addLayer( ModeDataset, { min: 0, max: 17,
  palette: '000000, FFFF00, FFFFFF' }, 'Focal Mode' );
```

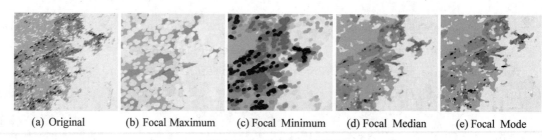

(a) Original   (b) Focal Maximum   (c) Focal Minimum   (d) Focal Median   (e) Focal Mode

图 4.116　栅格的焦点操作

下面介绍栅格的卷积操作命令，代码如下，执行效果如图 4.117 所示。

```
var Img_DEM = ee.Image( "USGS/SRTMGL1_003" );
var KERNEL_set = ee.Kernel.fixed( 7, 7,
  [[4, 0, 0, 0, 0, 0, 1],
  [0, 0, 0, 0, 0, 0, 0],
  [0, 0, 0, 0, 0, 0, 0],
  [0, 0, 0, 0, 0, 0, 0],
  [0, 0, 0, 0, 0, 0, 0],
  [0, 0, 0, 0, 0, 0, 0],
```

```
[1, 0, 0, 0, 0, 0, 3]]);
var Convelve_DEM = Img_DEM.convolve( KERNEL_set );

Map.setCenter( 107.88, 30.51, 9 );
Map.addLayer( Img_DEM, { min: 0, max: 2000 }, 'DEM' );
Map.addLayer( Convelve_DEM, { max: 12000 }, 'Convelve_DEM' );
```

(a) DEM　　　　　　　　　　　　　　　　(b) Convelve_DEM

图 4.117　栅格的卷积操作

下面介绍栅格的邻域缩减操作命令，代码如下，执行效果如图 4.118 所示。

```
var Img_DEM = ee.Image( "USGS/SRTMGL1_003" );
var DEM_ReduceNeighbor = Img_DEM.reduceNeighborhood
  ( ee.Reducer.mean(),ee.Kernel.circle( 5 ) );

Map.setCenter( 109.79, 31.33, 8 );
Map.addLayer( Img_DEM, { min: 0, max: 1500 }, 'DEM' );
Map.addLayer( DEM_ReduceNeighbor, { min: 0, max: 1500 },
  'DEM_ReduceNeighbor' );
```

(a) DEM　　　　　　　　　　　　　　　(b) DEM_ReduceNeighbor

图 4.118　栅格的邻域缩减操作

下面介绍栅格的转矢量操作命令，代码如下，执行效果如图 4. 119 所示。

```
var Img_Water = ee.Image( "ESA/GLOBCOVER_L4_200901_200912_V2_3" )
    .select( 'landcover' ).clamp( 209, 211 );
var geometry = ee.Geometry.Polygon(
    [[[105.55505, 29.12764], [105.59762, 28.76833],
    [106.25955, 28.78518], [106.26092, 29.16122]]]);
var Vecter_set = Img_Water.reduceToVectors(
    null, geometry, null, 'polygon', false );
var Water_Rectangle = Img_Water.reduceToVectors(
    null, geometry, null, 'bb', false );
var Water_Center_4 = Img_Water.reduceToVectors(
    null, geometry, null, 'centroid', false );
var Water_Center_8 = Img_Water.reduceToVectors(
    null, geometry, null, 'centroid', true );

Map.setCenter( 105.92, 29.15, 10 );
Map.addLayer( Img_Water, { "palette": [ "ffffff", "1707ff"]}, '
Water' );
Map.addLayer( Vecter_set, { color: 'e0ffff' }, 'The Polygons' );
Map.addLayer( Water_Rectangle, { color: 'afeeee' }, 'The Bounding
Boxes' );
Map.addLayer( Water_Center_4, { color: 'ff0000' }, '4-way Centroids' );
Map.addLayer( Water_Center_8, { color: 'ffffff' }, '8-way Centroids' );
```

图 4. 119　栅格转矢量

栅格转矢量共有 12 个参数，这里着重介绍第 4 个"矢量类型"和第 5 个"是否计算斜边"。矢量类型共有三种：polygon，bb 和 centroid，分别代表不规则面、矩形和点。是否计算斜边的功能是告诉 GEE 栅格转矢量的时候是否要把斜向相接（除了上、下、左、右之外的其他四个方向）的栅格算作矢量的一部分。

下面介绍栅格的转一维矩阵操作命令，代码如下，执行效果如图 4. 120 所示。

```
var Img_L8 = ee.Image( 'LANDSAT/LC08/C01/T1_RT/LC08_127040_
20130422' )
```

```
  .select( 'B[1-7]' );
var L8_Arrayset = Img_L8.toArray( 0 );
var L8_Flatten = L8_Array.arrayFlatten(
  [['Band 1', 'Band 2', 'Band 3', 'Band 4', 'Band 5', 'Band 6', 'Band 7']]);

Map.setCenter( 106.495, 29.458, 10 );
Map.addLayer( L8_Arrayset, {}, 'Array Image' );
Map.addLayer( L8_Flatten, {
  "bands": [ "Band 5", "Band 4", "Band 3" ], "max": 32000, "gamma":
0.9 } );
```

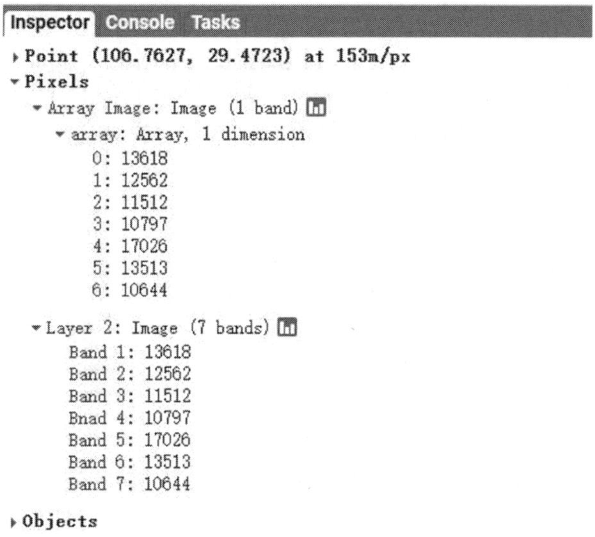

图 4.120　栅格的转一维矩阵操作

下面介绍栅格的区域统计操作命令，代码如下，执行效果如图 4.121 所示。

```
var Img_DEM =ee.Image( "USGS/SRTMGL1_003" );
var ROIset = ee.Geometry.Polygon(
  [[[107.54982, 32.54711], [107.54982, 32.24563],
  [108.29689, 32.28046], [108.34633, 32.63504]]]);
var ROI_Mean =Img_DEM.reduceRegion( ee.Reducer.mean(), ROIset );
var ROI_Histo = Img_DEM.reduceRegion( ee.Reducer.histogram(),
ROIset );

print( ROI_Mean, ROI_Histo );
Map.setCenter( 108.1, 32.4, 10 );
```

```
Map.addLayer( Img_DEM, { min: 0, max: 1500 }, 'DEM' );
Map.addLayer( ROIset );
```

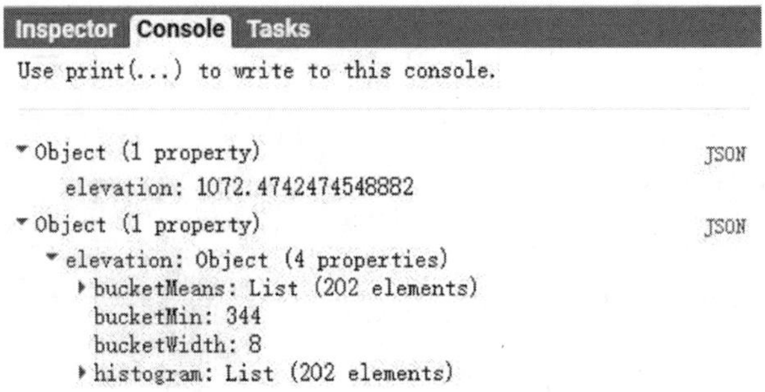

```
Inspector  Console  Tasks
Use print(...) to write to this console.

▼Object (1 property)                                    JSON
    elevation: 1072.4742474548882
▼Object (1 property)                                    JSON
  ▼elevation: Object (4 properties)
    ▶bucketMeans: List (202 elements)
      bucketMin: 344
      bucketWidth: 8
    ▶histogram: List (202 elements)
```

图 4.121　栅格的区域统计操作

下面介绍栅格的输出操作命令，代码如下，执行效果如图 4.122 所示。

```
var DEM = ee.Image( "USGS/SRTMGL1_003" );
var ROI =ee.Geometry.Polygon(
  [[[106.20651, 29.57034], [106.54159, 29.56556],
  [106.54159, 29.72549], [106.21612, 29.71953]]]);
var DEM_Clip =DEM.clip( ROI );

Export.image.toDrive( { image: DEM_Clip, region: ROI } );
```

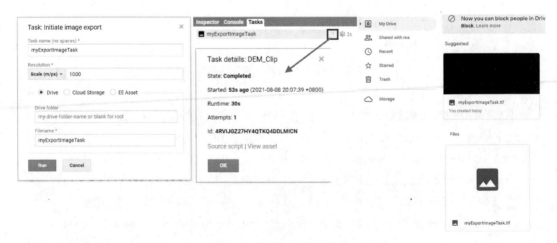

图 4.122　栅格的输出操作

这里需要注意，输出命令中建议指定的两个参数是 image 和 region，如果不指定 region，GEE 会默认将目前视野中的图像输出，造成输出数据的缺失。

　　下面是本节介绍的有关 Image 的常用命令，尝试回忆其语法与功能。

```
ee.image() ee.constant() .mask() .clip() .select() .slice()
addBands()
    .reproject() .rbgtohsv() .hsvtorbg() .unit8() .cast() .set()
.setMulti()
    .remap() .where() .metadata() .clamp() .unitScale()
.interpolate() .eq()
    .abs() .sin() .bitWiseAnd() .reduce() .derivative()
ee.Terrain .products()
    ee.Algorithm.Terrain() ee.Terrain.slope() ee.Terrain.aspect()
ee.Terrain.fillMinima()
    ee.Terrain.hillshade() ee.Terrain.hillshadow() ee.Algorithm.
Hillshadow() .entropy()
    .Texture() .zeroCrossing() .focal_max() .focal_min() .focal
_median()
    .focal_mode() .convolve() .reduceNeighborhood() .ToVector()
    .ToArray() .arrayFlatten() .CrossCorrelation() .distance()
Export.image()
    ee.Algorithms.CannyEdgeDetector() ee.Algorithms.HoughTransform()
```

4.4.2　Image Collection

　　GEE 作为一个遥感大数据平台，栅格图像是其核心数据。在 GEE 的代码中，Image Collection 与 Feature Collection 的命令有很多是重复的，因此可以将两者结合起来学习。另外，针对特定的 MODIS 等系列数据，GEE 也给出相应的命令以提高处理效率。最后 Confusion Matrix 常用于遥感分类图像的验证。

　　下面介绍 Image Collection 的创建命令，代码如下，执行效果如图 4.123 所示。

```
var Dataset = ee.ImageCollection('MODIS/006/MCD12Q1');
var image_1 = ee.Image(1);
var image_2 = ee.Image(2);
var image_3 = ee.Image(3);
var collection = ee.ImageCollection([image_1, image_2, image_
3]);

print(Dataset, collection);
Map.setCenter(107.54, 34.37, 4);
Map.addLayer(Dataset, {min: 1, max: 17, opacity: 0.6});
```

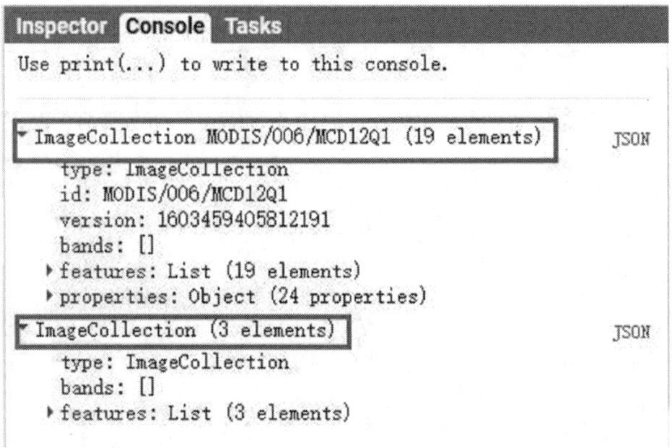

图 4.123　Image Collection 的创建

下面介绍 Image Collection 的筛选命令，代码如下：

```
var China =ee.FeatureCollection( "users/liyalan/China_Provinces" );
var Img_L8 =ee.ImageCollection( "LANDSAT/LC08/C01/T1_RT_TOA" )
    .filterBounds( China.geometry() )
    .filterDate( '2020-01-01', '2020-12-31' )
    .filterMetadata( 'CLOUD_COVER', 'less_than', 0.1 );

Map.setCenter( 105.64, 34.56, 4 );
Map.addLayer( Img_L8, { bands: 'B4,B3,B2', min: 0, max: 0.2 },
    'Original Images' );
```

应该指出的是，此处的筛选是"正常筛选"的简化模式，正常筛选参考下面的代码。

```
    .filterBounds ( China.geometry ( )) = ee.Filter.Bounds ( China.
geometry())
    .filterDate('2020-01-01','2020-12-31') = ee.Filter.Date('2020-01-
01','2020-12-31')
    .filterMetadata ('CLOUD COVER', 'less than', 0.1 ) = ee.Filter.
Metadata('CLOUD COVER','less than',0.1)
```

下面介绍 Image Collection 的限制筛选命令，代码如下，执行效果如图 4.124 所示。

```
var Img_L8 =ee.ImageCollection( "LANDSAT/LC08/C01/T1_RT_TOA" )
    .filterBounds( ee.Geometry.Point( 105.64, 34.56 ) )
    .filterDate( '2020-01-01', '2021-07-01' );
var L8_Limit =Img_L8.limit( 8 );

print(Img_L8, L8_Limit );
```

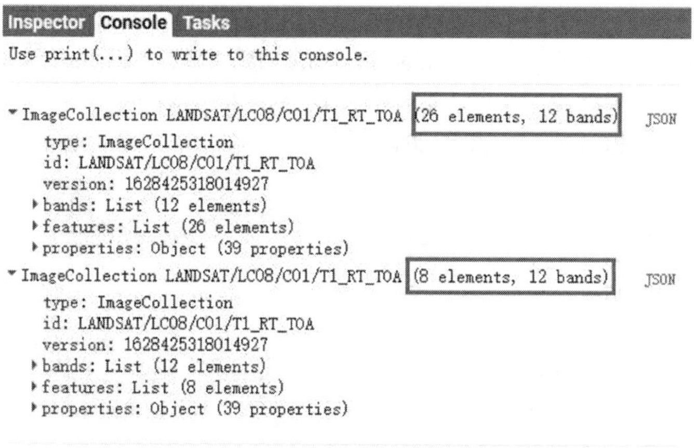

图 4.124　Image Collection 的限制筛选

下面介绍 Image Collection 的选择创建命令，执行效果如图 4.125 所示，代码如下。

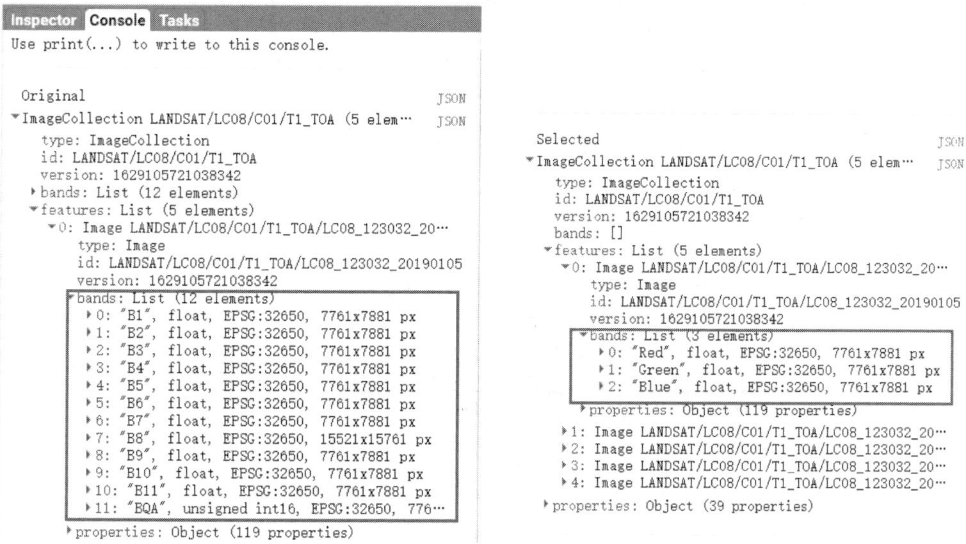

图 4.125　Image Collection 的选择创建

```
var Img_L8 = ee.ImageCollection( "LANDSAT/LC08/C01/T1_TOA" )
  .filterBounds( ee.Geometry.Point( 116.405, 39.905 ) )
  .filterDate( '2019-01-01', '2020-01-01' )
  .limit( 5 );
var L8_Select = Img_L8.select( ['B4','B3','B2'], ['Red','Green',
'Blue']);
```

```
print( 'Original', Img_L8 );
print( 'Selected', L8_Select );
```

值得注意的是，选择创建命令 .select( ) 的功能是创建基于源数据的"副本"，同时，通过指定第二个参数值，还可以对副本数据属性进行重命名。

下面介绍 Image Collection 的合并创建命令，代码如下，执行效果如图 4.126 所示。

```
var Dataset = ee.ImageCollection( "LANDSAT/LC08/C02/T1_L2" )
    .filterBounds( ee.Geometry.Point( 106.549 29.544) )
    .filterDate( '2021-05-01','2021-06-01' )
    .limit( 1 );
var Band_1 = Dataset.select( ['SR_B2'], ['blue']);
var Band_2 = Dataset.select( ['SR_B5'], ['near infrared']);
var Combine = Band_1.combine( Band_2 );

print( Band_1, Band_2, Combine );
```

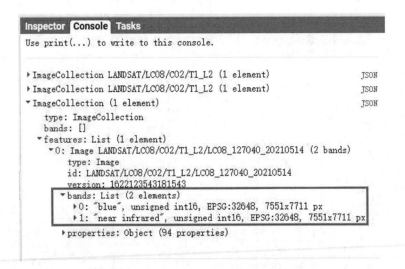

图 4.126　Image Collection 的合并创建

下面介绍 Image Collection 的数字格式转换，命令方式如下，具体操作可以参考前述例子。

```
.uint8( ) .uint16( ) .uint32( ) .uint64( ) .int8( ) .int16( )
.int32( ) .int64( ) .long( ) .float( ) .double( )
.toUnit8( ) .toUint16( ) .toUint32( ) .toUint64( ) .toInt8( )
.toInt16( ) .toInt32( ) .toInt64( ) .toLong( ) .toFloat( ) .toDouble( )
```

下面介绍 Image Collection 的属性改写命令，代码如下，执行效果如图 4.127 所示。

```
var MODIS_1 = ee.Image( 'MODIS/006/MOD09GA/2021_01_01' );
```

```
var MODIS_2 = ee.Image('MODIS/006/MOD09GA/2021_01_20');
var MODIS_3 = ee.Image('MODIS/006/MOD09GA/2021_04_20');
var MODIS_4 = ee.Image('MODIS/006/MOD09GA/2021_06_30');
var MODIS_Collection = ee.ImageCollection(
  [MODIS_1, MODIS_2, MODIS_3, MODIS_4]);
var Set_Property = MODIS_Collection.set('Creater','Yalan Li')
  .setMulti({'Date':'2021-08-08',
  'Location':'Guangdong'});

print(Set_Property);
```

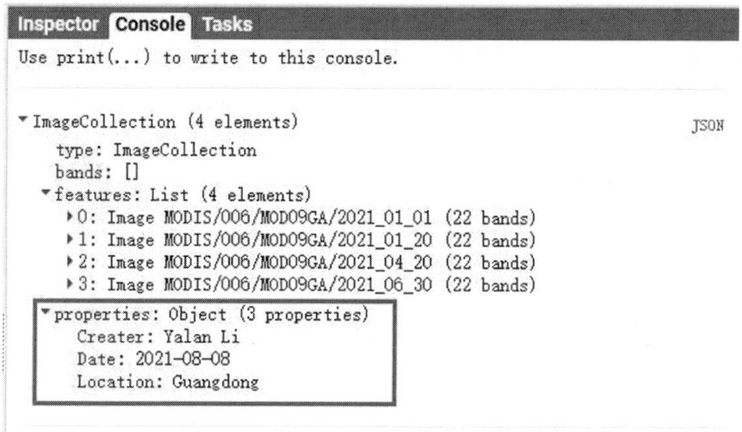

图 4.127 Image Collection 的属性改写

下面介绍 Image Collection 的拼接命令，代码如下，执行效果如图 4.128 所示。

```
var L8_1 = ee.Image('LANDSAT/LC08/C01/T1_TOA/LC08_127040_
20180303')
    .select('B5');
var L8_2 = ee.Image('LANDSAT/LC08/C01/T1_TOA/LC08_128039_
20130413')
    .select('B5');
var L8 = ee.ImageCollection([L8_1, L8_2]);
var L8_Mosaci = L8.mosaic();

print(L8_1, L8_2, L8_Mosaci);
Map.addLayer(L8_1);
Map.addLayer(L8_2);
Map.addLayer(L8_Mosaci);
```

```
Map.addLayer(L8_Mosaci );
```

图 4.128   Image Collection 的拼接

下面介绍 Image Collection 的与或操作命令，代码如下，执行效果如图 4.129 所示。

```
var Dataset = ee.ImageCollection ( 'NOAA/DMSP-OLS/NIGHTTIME_
LIGHTS')
    .select( 'stable_lights' );
var Light_Or = Dataset.or();
var Light_And = Dataset.and();

Map.setCenter( 86.76, 41.61, 4);
Map.addLayer ( Light _ Or, { min: 0, max: 1, palette: ['000000', '
FFFF4D']},
    'Sometimes Lit' );
Map.addLayer ( Light _ And, { min: 0, max: 1, palette: ['2F4F4F', '
FFFF00']},
    'Always Lit' );
```

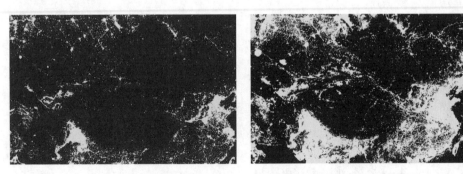

(a) Always Light   (b) Sometimes Light

图 4.129   Image Collection 的与或操作

下面介绍 Image Collection 的函数操作命令，代码如下，执行效果如图 4.130 所示。

```
var Dataset = ee.ImageCollection( "LANDSAT/LC08/C01/T1_TOA" )
  .filterBounds(ee.Geometry.Point( 116.405, 39.905 ) )
  .filterDate( '2020-01-01', '2020-12-31' )
  .select( 'B[2-4]' );
var L8_Sum = Dataset.sum( );
var L8_Product = Dataset.product( );
var L8_Max = Dataset.max( );
var L8_Min = Dataset.min( );
var L8_Mean = Dataset.mean( );


Map.addLayer( L8_Sum, {}, 'Sum' );
Map.addLayer( L8_Product, {}, 'Product' );
Map.addLayer( L8_Max, {}, 'Max' );
Map.addLayer( L8_Min, {}, 'Min' );
Map.addLayer( L8_Mean, {}, 'Mean' );
```

图 4.130　Image Collection 的函数操作

下面介绍 Image Collection 的取第一个操作命令，代码如下：

```
var Dataset = ee.ImageCollection( "LANDSAT/LC08/C01/T1_TOA" )
  .filterBounds( ee.Geometry.Point( 116.405, 39.905) )
```

```
    .filterDate( '2020-01-01', '2020-12-31' )
    .select( 'B[2-4]' )
    .sort( 'DATE_ACQUIRED' );
var Time_first =Dataset.first();

print( Time_first );
```

该操作的主要目的是观察 Image Collection 的结构。

下面介绍 Image Collection 的 toList 操作命令,代码如下,执行效果如图 4.131 所示。

```
var Dataset = ee.ImageCollection( "LANDSAT/LC08/C01/T1_TOA" )
    .filterBounds(ee.Geometry.Point( 116.405, 39.905 ) )
    .filterDate( '2020-01-01', '2020-12-31' )
    .select( 'B[2-4]' )
    .sort( 'DATE_ACQUIRED' );
var L8_List = Dataset.toList( 10 );
var Time_First = ee.Image( L8_List.get( 0 ) );
var Time_Third = ee.Image( L8_List.get( 2 ) );
var Time_Sixth = ee.Image( L8_List.get( 5 ) );

print( L8_List, Time_First, Time_Third, Time_Sixth );
```

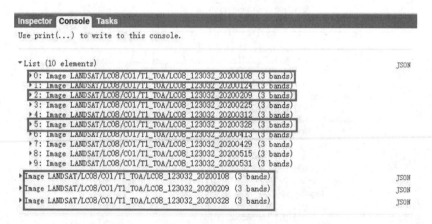

图 4.131　Image Collection 的 toList 操作

该操作的作用是将图像存储在"数据篮"(List)中,因此可以方便地提取需要的图像。

下面介绍 Image Collection 的 toArray 操作命令,代码如下,执行效果如图 4.132 所示。

```
var Dataset = ee.ImageCollection( "LANDSAT/LC08/C01/T1_TOA" )
    .filterBounds( ee.Geometry.Point( 116.405, 39.905 ) )
```

```
    .filterDate( '2020-01-01', '2020-12-31' )
    .select( 'B4' )
    .sort( 'DATE_ACQUIRED' );
var Img_L8 = ee.Image(Dataset.filterBounds(
    ee.Geometry.Point( 116.405, 39.905 ) )
    .first()
    .select( 'B4' ) );
var ArrayImage = Img_L8.toArray().toArray( 1 );

Map.addLayer( Dataset );
Map.addLayer( ArrayImage );
```

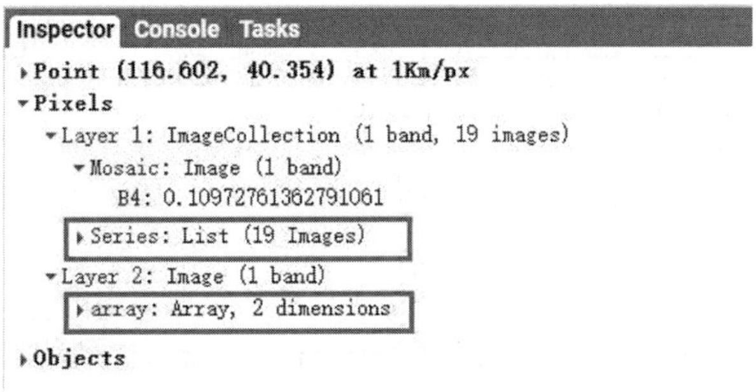

图 4.132　Image Collection 的 toArray 操作

　　Image Collection 的 toArray 和 toList 操作都是将原来的图像集转换成数据集命令，但 toArray 的操作在转换的过程中带给新数据 "方向" 的结构，因此使得转换后的数据更适合进行数学分析。

　　下面介绍 Image Collection 的 .map 操作命令，代码如下，执行效果如图 4.133 所示。

```
var Dataset = ee.ImageCollection( "LANDSAT/LC08/C01/T1_TOA" )
    .filterBounds( ee.Geometry.Point( 116.405, 39.905 ) )
    .filterDate( '2020-01-01', '2020-12-31')
    .select( 'B[4,5]' )
    .limit( 3 );

function add_NDVI ( image ){
    var NDVI = image.normalizedDifference( ['B5', 'B4'])
        return image.addBands( NDVI )
}
var L8_NDVI = Dataset.map( add_NDVI );
print( Dataset, L8_NDVI );
```

图 4.133　Image Collection 的 .map 操作

　　与前面的例子相同，.map 命令是对矢量或者栅格数据集中的每一个数据都进行同样的操作。本例中，通过 function 命令编辑了添加 NDVI 的命令，然后利用 .map 将这个命令统一运用到 Image Collection 里，达到给 Image Collection 里每个图像添加 NDVI 的目的。

　　下面是本节介绍的常用命令，尝试回忆其格式和功能。

```
ee.ImageCollection() .limit() .filterMetadata()
.filterDate() .filterBounds()
    .filter() .select() .distinct() .combine() .unit8() .set()
    .setMulti() .mosaic() .and/or() .sum/product/max/min/mean/
mode/median/count()
    .first() .toList() .toArray()
```

4.5　其他数据类型

4.5.1　Landsat Images

　　GEE 中内置了若干针对 Landsat 卫星的命令，对这些命令的合理使用能增加分析效率。下面介绍 qualityMosaic 命令，代码如下，执行效果如图 4.134 所示。

```
var Dataset = ee.ImageCollection( "LANDSAT/LC08/C01/T1_TOA" )
    .filterBounds( ee.Geometry.Point( 116.405, 39.905 ) )
    .filterDate( '2020-01-01', '2020-12-31' )
    .select( 'B[2-5]' );
```

```
function calc_NDVI ( image ){
  var NDVI = image.normalizedDifference( ['B5','B4'])
    return image.addBands( NDVI )
}
var L8_NDVI = Dataset.map( calc_NDVI );
var NDVI_Quality = L8_NDVI.qualityMosaic( 'nd' );

Map.setCenter( 116.405, 39.905, 8 );
Map.addLayer( NDVI_Quality, { "bands":["B5","B4","B3"],
"max": 0.5, "gamma": 1 }, 'NDVI qualified' );
```

图 4.134　qualityMosaic 操作

该命令的功能是选出最大值像素。具体来说,本例的 Image Collection 已经通过 .map 命令给其中的每个图像都增加了 NDVI(波段名为 nd)数据,当利用 qualityMosaic 命令并且选择 nd 波段为参数时,其结果就是将 Image Collection 的 NDVI 最大的像素挑选出来并组合成一幅图像。

下面介绍光谱分离命令,代码如下,执行效果如图 4.135 所示。

```
//加载"建设用地","水体"和"绿地"的 Geometry
var Dataset = ee.ImageCollection( "LANDSAT/LC08/C01/T1" );
China_provinces = ee.FeatureCollection( "users/liyalan/China_
Provinces" );
```

```
BJ_point = ee.Geometry.Point( [116.405, 39.905]);
var bare = ee.Geometry.Polygon(
    [[[116.37173142901621, 39.93611716870046],
    [116.36821237078867, 39.934998362444944],
    [116.37087312213144, 39.93299104655541],
    [116.37422051898203, 39.934471859054895]]]);
var water = ee.Geometry.Polygon(
    [[[116.1946648783157, 39.87746292562085],
    [116.19447175926663, 39.8760138150998],
    [116.19691793388822, 39.87500930006546],
    [116.19666044182279, 39.87654076792291]]]);
var veg =ee.Geometry.Polygon(
    [[[115.95308542214715, 40.12963182815618],
    [115.92424631081903, 40.11899972576623],
    [115.94295740090692, 40.102063685588575],
    [115.96698999368036, 40.11637425933104]]]);
//定义时间范围
var Beijing = China_provinces.filterBounds( BJ_point );
var start_date = '2020-01-01';
var end_date = '2020-12-31';
//合成无云图像
var filtered =Dataset.filterBounds( BJ_point ).filterDate( start
_date, end_date )
var composite = ee.Algorithms.Landsat.simpleComposite(
    { collection: filtered, asFloat: true } );
//确定运算波段
var unmixImage = composite.select( ['B2', 'B3', 'B4', 'B5', 'B6', '
B7']);
//获取解缠的"解"
var bareMean = unmixImage.reduceRegion( ee.Reducer.mean(), bare,
30). values();
var waterMean = unmixImage.reduceRegion(
    ee.Reducer.mean(), water, 30 ).values();
var vegMean = unmixImage.reduceRegion( ee.Reducer.mean(), veg,
30).values();
var endmembers = ee.Array.cat( [bareMean, vegMean, waterMean], 1 );
//获取解缠的"缠"
var arrayImage = unmixImage.toArray().toArray( 1 );
```

```
//进行解缠
var unmixed = ee.Image( endmembers ).matrixSolve( arrayImage );
var unmixedImage = unmixed.arrayProject( [0] )
  .arrayFlatten( [['bare', 'veg', 'water']]);
//把结果加载到底图上
Map.centerObject( BJ_point, 8 );
Map.addLayer( composite,
  { bands: ["B5", "B4", "B3"], max: 0.3 }, "Simple Composite" );
Map.addLayer( unmixedImage, {}, 'Unmixed' );
```

图 4.135　光谱解缠操作

光谱分离过程可以看作一个解方程的过程。简单来说，对于 30m×30m 的像素来说，其占地面积为 1.34 亩，在这样大的面积上，如果有一半的水和一半的绿地，那么理论上它的光谱里应该有一半来自水，一半来自绿地。对像素求取地物光谱的比例的过程就是光谱分离，其概念方程如下：

$$像素 × 比例 = 终端像元$$

其中，终端像元是已知的，像素在图像的不同位置有着不同的值，那么我们就可以求出不同位置上不同地物的光谱比例。本例中将地物分成建设用地、水体和绿地三类，那么就可以求出不同位置这三种地物的光谱比例。配合显色设置，图上越红的地区，建设用地的比例越大；越蓝的地区，水体的比例越大；越绿的地区，绿地的比例越大。

下面介绍标归一化差值的计算命令，代码如下：

```
var Dataset = ee.ImageCollection( "LANDSAT/LC08/C01/T1" );
var L8_set = Dataset.filterBounds( ee.Geometry.Point( 116.405,
39.905 ) )
  .filterDate( '2018-01-01', '2020-12-31' )
  .sort( 'CLOUD_COVER' ).first();
```

```
var NDVI_1 = L8_set.normalizedDifference( ['B5','B4'] );
var NDVI_2 = L8_set.expression( '(B4+B5)/(B4-B5)',
  { 'B5': L8_set.select( 'B5' ),
  'B4': L8_set.select( 'B4' )
});


print( NDVI_1, NDVI_2 );
Map.addLayer( NDVI_1, { "min": -0.1, "max": 0.4,
  "palette": ["0F0BFF", "FF3305", "FBFF1B", "0BFF1E"]} );
```

本例中, 通过将 .normalizedDifference（['B5','B4']）与 .expression（'(B4+B5)/(B4-B5)'）对比可以发现, 归一化差值计算本质上是将两个参数进行固定数学运算的命令模板, 即"（前+后）/（前-后）"。因此可以合理运用这个命令, 计算 NDVI 或者 NDWI 等归一化参数, 以提高效率。

本例代码的执行效果如图 4.136 所示。

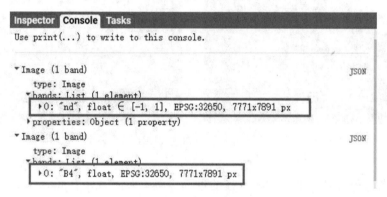

图 4.136 归一化差值计算

下面介绍标 Landsat 的云量指数计算命令, 代码如下, 运行效果如图 4.137 所示。

```
var Dataset = ee.ImageCollection( "LANDSAT/LC08/C01/T1_TOA" )
  .filterBounds(ee.Geometry.Point( 116.405, 39.905 ) )
  .first();
var L8 _ Cloud _ Rate = ee.Algorithms.Landsat.simpleCloudScore
( Dataset );


print( L8_Cloud_Rate );
Map.setCenter( 116.405, 39.905, 8 );
Map.addLayer( L8_Cloud_Rate, { bands: ['B5','B4','B3'], max: 0.5 } );
Map.addLayer( L8_Cloud_Rate.select( 'cloud' ) );
```

图 4.137　Landsat 的云量指数

下面介绍标 Landsat 的简单去云合成命令，代码如下，运行效果如图 4.138 所示。

```
var Dataset = ee.ImageCollection( "LANDSAT/LC08/C01/T1" )
  .filterBounds( ee.Geometry.Point( 116.405, 39.905 ) )
  .filterDate( '2020-01-01', '2020-12-31' );
var L8_Simple_Composite = ee.Algorithms.Landsat
  .simpleComposite( { collection: Dataset, asFloat: true } );

print( Dataset, L8_Simple_Composite );
Map.setCenter( 116.405, 39.905, 8 );
Map.addLayer( L8_Simple_Composite, { bands: ['B5', 'B4', 'B3'], max:
0.3 } );
```

图 4.138　Landsat 的简单去云合成

129

本节介绍的 Landsat 系列命令如下，尝试回忆其格式与功能。

```
LansatCollection.qualityMosaic()
LansatCollection.unmixing()
LansatCollection.normalizedDifference()
ee.Algorithms.Landsat.simpleCloudScore()
ee.Algorithms.Landsat.simpleComposite()
```

4.5.2 Confusion Matrix

混淆矩阵常用于分类图像的分类质量验证，本节以表 4-2 的矩阵为例对混淆矩阵进行介绍。

表 4-2　　　　　　　　　　　　　　　混淆矩阵举例

	0	1	2	3	4	5
0	2127	101	0	3	0	5
1	19	1030	4	0	3	0
2	12	26	197	29	49	0
3	3	3	56	340	0	0
4	7	0	2	3	597	2
5	15	0	0	0	29	2715

下面介绍混淆矩阵的创建命令，运行效果如图 4.139 所示，代码如下。

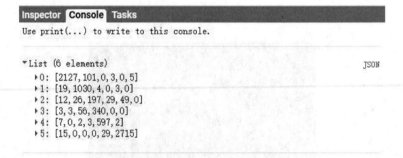

图 4.139　混淆矩阵的创建

```
var arr = ee.Array( [[2127, 101, 0, 3, 0, 5],
  [19, 1030, 4, 0, 3, 0],
  [12, 26, 197, 29, 49, 0],
  [3, 3, 56, 340, 0, 0],
  [7, 0, 2, 3, 597, 2],
  [15, 0, 0, 0, 29, 2715]]);
```

```
var Confusion_Matrix = ee.ConfusionMatrix( arr );

print( Confusion_Matrix );
```

下面介绍混淆矩阵的质量结果计算命令，代码如下，运行效果如图 4.140 所示。

```
var arr = ee.Array( [[2127, 101, 0, 3, 0, 5],
  [19, 1030, 4, 0, 3, 0],
  [12, 26, 197, 29, 49, 0],
  [3, 3, 56, 340, 0, 0],
  [7, 0, 2, 3, 597, 2],
  [15, 0, 0, 0, 29, 2715]]);
var Confusion_Matrix = ee.ConfusionMatrix( arr );
var Matrix_Kappa = Confusion_Matrix.kappa();
var Matrix_Accuracy = Confusion_Matrix.accuracy();
var Matrix _ ProducersAccuracy = Confusion _ Matrix.producers
Accuracy();
var Matrix _ ConsumersAccuracy = Confusion _ Matrix.consumers
Accuracy();
var Matrix_Order = Confusion_Matrix.order();

print( Matrix_Kappa );
print( Matrix_Accuracy );
print( Matrix_ProducersAccuracy );
print( Matrix_ConsumersAccuracy );
print( Matrix_Order );
```

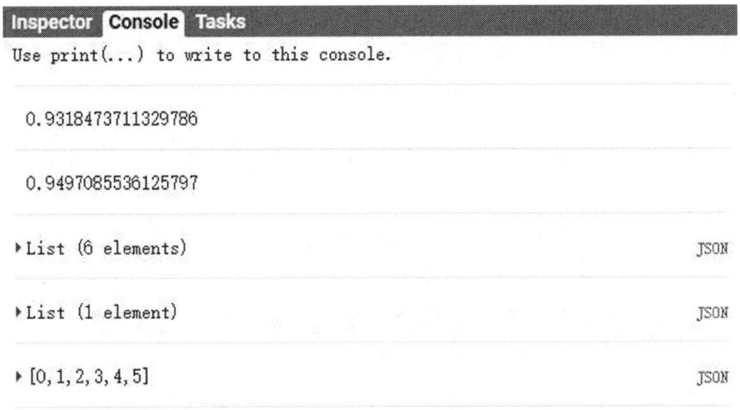

图 4.140　质量结果计算

对混淆矩阵的质量参数含义的理解还需要结合其数学含义进一步学习。

第 5 章　GEE 的参数类型

5.1　时间参数

时间是 GEE 栅格数据的重要参数。通过本节的学习，我们将掌握如何在 GEE 中构建、读取和调整时间参数。

5.1.1　Date

下面介绍时间的创建命令，代码如下，执行效果如图 5.1 所示。

```
var date_1 = ee.Date( '1970-01-01' );
var date_2 = ee.Date( 24 * 60 * 60 * 1000 );
print( date_1, date_2 );
```

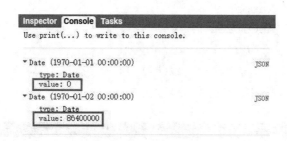

图 5.1　时间的创建

可以看出，GEE 中的时间是以 1970 年 1 月 1 日 0 时为起点，数值是距离目标时间的毫秒数。

下面介绍时间的格式创建命令，执行效果如图 5.2 所示，代码如下。

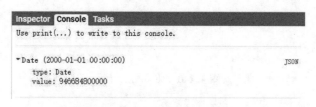

图 5.2　时间的格式创建

```
var Date_YMD = ee.Date.fromYMD( 2000, 01, 01 );

print( Date_YMD );
```
下面介绍时间的 Parse 创建命令，代码如下，执行效果如图 5.3 所示。
```
var Date_set = ee.Date.parse( 'yyyy-MM-dd-HH-mm-ss', '2021-08-01-
11-50-31' );

print( Date_set );
```

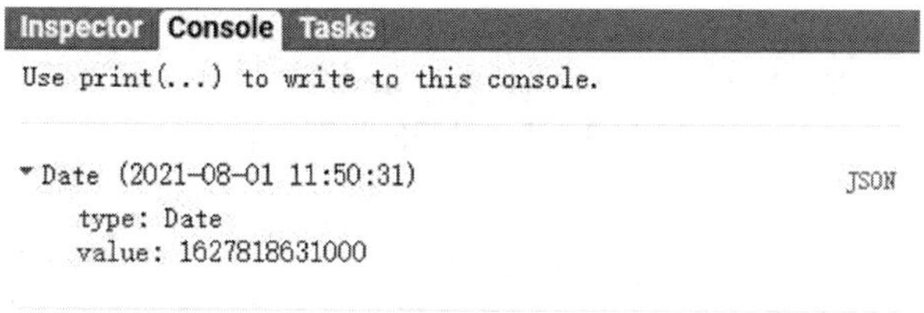

图 5.3　时间的 Parse 创建

下面介绍时间的单位增加命令，代码如下，执行效果如图 5.4 所示。
```
var Date_set = ee.Date( '2020-01-01' );
var Date_1 = Date_set.advance( 1, 'year' );
var Date_2 = Date_set.advance( 2, 'month' );
var Date_3 = Date_set.advance( 3, 'week' );
var Date_4 = Date_set.advance( 4, 'day' );
var Date_5 = Date_set.advance( 5, 'hour' );
var Date_6 = Date_set.advance( 6, 'minute' );
var Date_7 = Date_set.advance( 7, 'second' );

print( Date_1, Date_2, Date_3, Date_4, Date_5, Date_6, Date_7 );
```

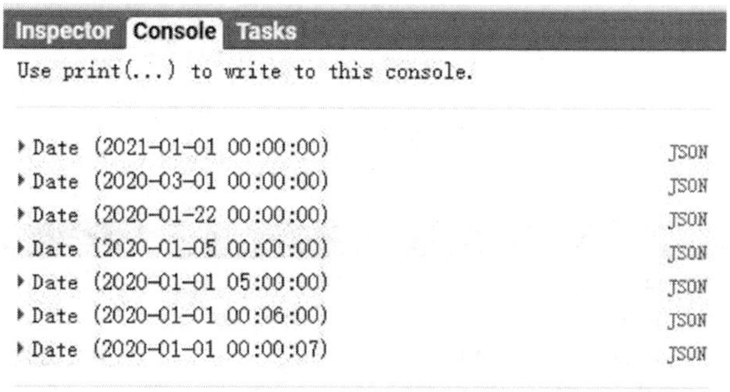

图 5.4　时间的单位增加

下面介绍时间的更新命令，代码如下，执行效果如图 5.5 所示。

```
var Date_original = ee.Date( '1978-12-31' );
var upDate = Date_original.update( 2021, 07, 14 );

print( Date_original, update );
```

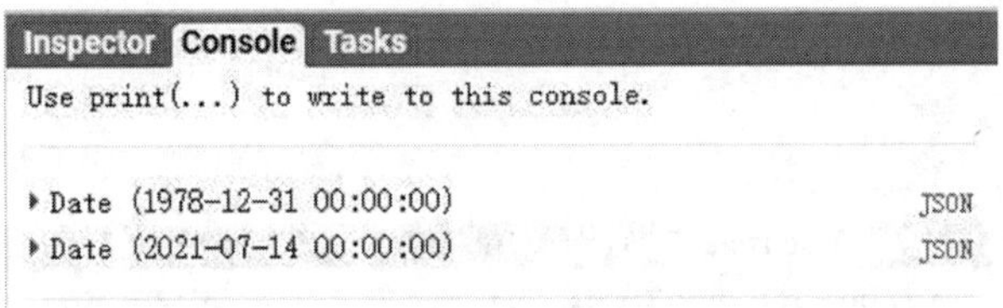

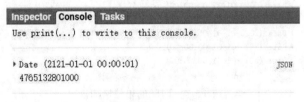

图 5.5 时间的更新

下面介绍时间的格式更改命令，代码如下，执行效果如图 5.6 所示。

```
var Date_set = ee.Date.fromYMD( 2021, 01, 01 );
var Date_FMT = Date_set.format( 'yyyy-MM-dd' );

print( Date_set, Date_FMT );
```

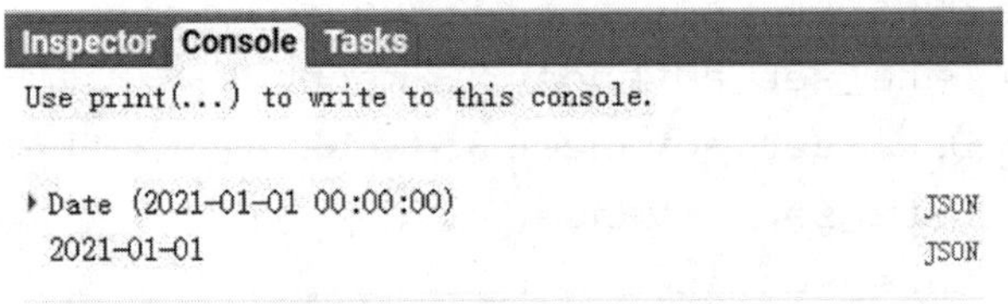

图 5.6 时间的格式更改

下面介绍时间的求毫秒值命令，代码如下，执行效果如图 5.7 所示。

```
var Date_set = ee.Date.parse( 'yyyy-MM-dd-HH-mm-ss', '2021-01-01-
00-00-01' );
var Time_Millis = Date_set.millis( );

print( Date_set, Time_Millis );
```

图 5.7 时间的求毫秒值

下面介绍时间的范围提取命令，代码如下，执行效果如图 5.8 所示。

```
var Date_set = ee.Date( '2021-03-28' );
var Date_Range = Date_set.getRange( 'month' );

print( Date_set, Date_Range );
```

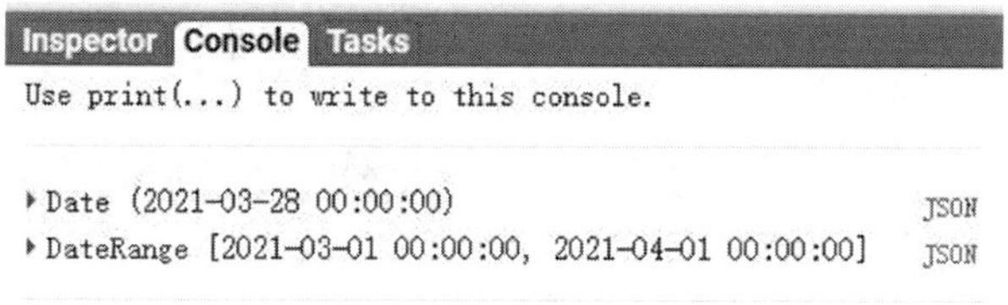

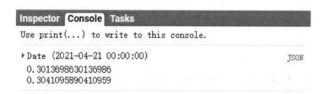

图 5.8　时间的范围提取

下面介绍时间单位值的提取命令，代码如下，执行效果如图 5.9 所示。

```
var Date_set = ee.Date( '2021-07-13' );
var Date_Get = Date_set.get( 'month' );

print( Date_set, Date_Get );
```

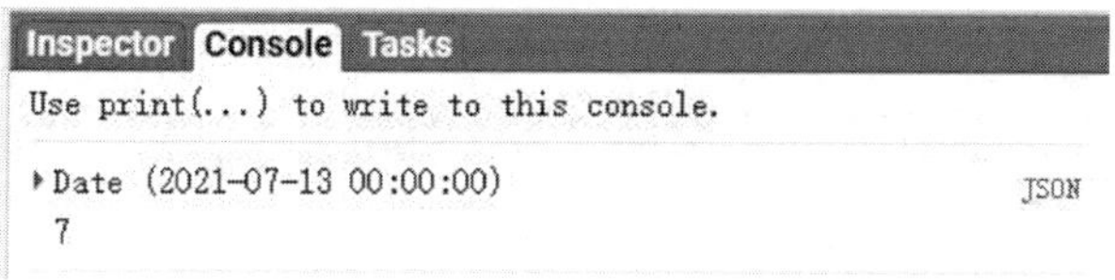

图 5.9　时间单位值的提取

下面介绍时间单位的比例求取命令，代码如下，执行效果如图 5.10 所示。

```
var Date_set = ee.Date( '2021-04-21' );
var Date_Fraction = Date_set.getFraction( 'year' );

print( Date_set, Date_Fraction, (3 * 30+21)/365 );
```

图 5.10　时间单位的比例求取

下面介绍逝去时间的求取命令，代码如下，执行效果如图 5.11 所示。

```
var Date_set = ee.Date( '2021-04-21' );
var Date_Rela_1 = Date_set.getRelative( 'day','month' );
var Date_Rela_2 = Date_set.getRelative( 'day','year' );
var Date_Rela_3 = Date_set.getRelative( 'month','year' );
var Date_Rela_4 = Date_set.getRelative( 'hour','year' );

print( Date_Rela_1, Date_Rela_2, Date_Rela_3, Date_Rela_4 );
```

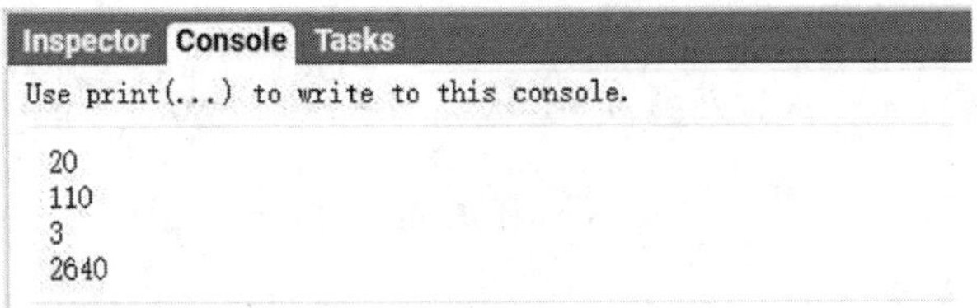

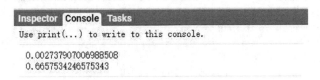

图 5.11　逝去时间的求取

下面介绍时间单位的比值求取命令，代码如下，执行效果如图 5.12 所示。

```
var Ratio = ee.Date.unitRatio( 'day','year' );

print( Ratio, 243/365 );
```

图 5.12　时间单位的比值求取

下面介绍时间差值的求取命令，代码如下，执行效果如图 5.13 所示。

```
var Date_begin = ee.Date( '2021-01-01' );
var Date_end = ee.Date( '2019-01-01' );
var Difference_Day = Date_begin.difference( Date_end,'day' );
var Difference_Year = Date_begin.difference( Date_end,'year' );

print( Difference_Day, Difference_Year );
```

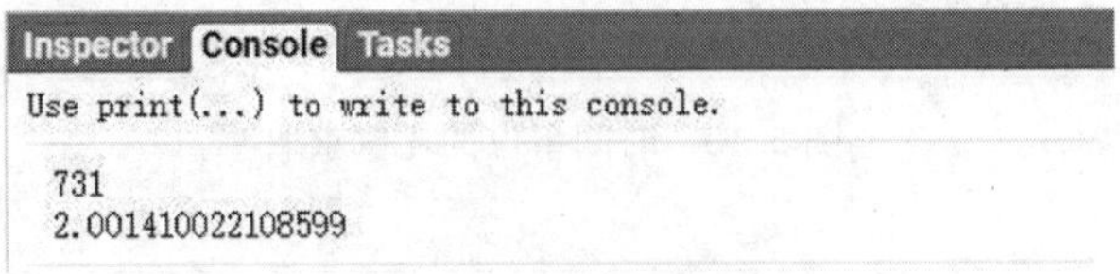

图 5.13　时间差值的求取

下面是本节介绍的常用时间函数，尝试回忆其语法和功能。

ee.Date（　）　　ee.Algorithms.Date（　）　　ee.Date.fromYMD（　）
ee.Date.parse()

Date.advance()　Date.update()

Date.format()　Date.millis()　Date.getRange()

Date.get()　Date.getFraction()　Date.unitRation()
Date.difference()

5.1.2　Date Range

时间段也是时间参数的重要组成部分，通常可以利用时间段对遥感图像进行筛选。
下面介绍时间段的创建命令，代码如下，执行效果如图 5.14 所示。

```
var Range_1 = ee.DateRange( '2008-01-01' );
var Range_2 = ee.DateRange( '2008-07-15', '2021-07-15' );

print( Range_1, Range_2 );
```

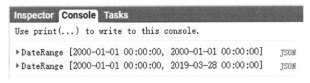

图 5.14　时间段的创建

下面介绍无限时间段的创建命令，代码如下，执行效果如图 5.15 所示。

```
var Range_set = ee.DateRange( '1999-01-01', '2021-01-01' );
var Rang_Unbound = ee.DateRange.unbounded();
var test = Rang_Unbound.contains( Range_set );

print( Range_set, Rang_Unbound, test );
```

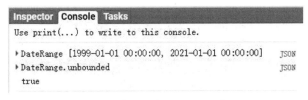

图 5.15　无限时间段的创建

下面介绍时间段的合并命令，代码如下，执行效果如图 5.16 所示。

```
var Range_1 = ee.DateRange( '2000-01-01', '2010-01-01' );
```

```
var Range_2 = ee.DateRange( '2010-01-01', '2021-08-01' );
var Range_Union = Range_1.union( Range_2 );

print( Range_1, Range_2, Range_Union );
```

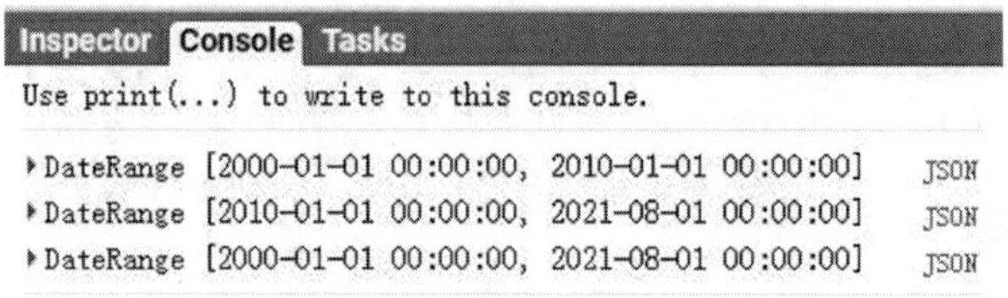

图 5.16　时间段的合并

下面介绍时间段的相交命令，代码如下，执行效果如图 5.17 所示。

```
var Range_1 = ee.DateRange( '2000-01-01', '2010-08-01' );
var Range_2 = ee.DateRange( '2005-01-01', '2021-08-01' );
var Range_intersect = Range_1.intersection( Range_2 );

print( Range_1, Range_2, Range_intersect );
```

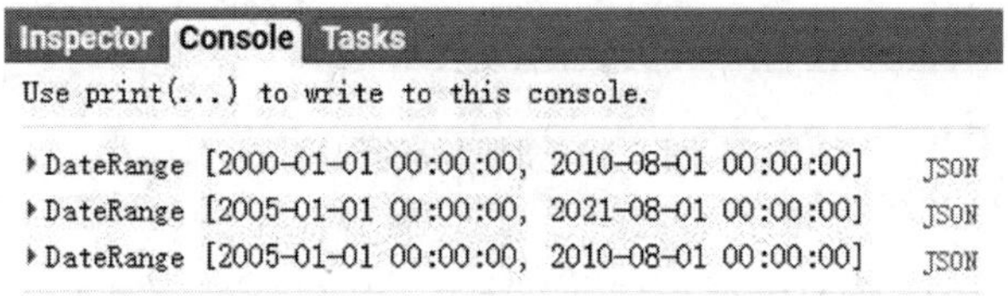

图 5.17　时间段的相交

下面介绍时间段的首位时间求取命令，代码如下，执行效果如图 5.18 所示。

```
var Range_set = ee.DateRange( '2008-01-01', '2021-08-01' );
var Range_Start = Range_set.start();
var Range_End = Range_set.end();

print( Range_set, Range_Start, Range_End );
```

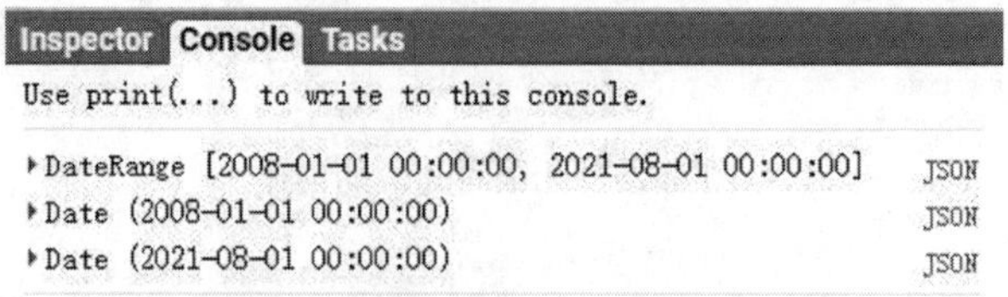

图 5.18　时间段的首位时间求取

下面介绍时间段的内容检测命令，代码如下，执行效果如图 5.19 所示。

```
var Range_1 = ee.DateRange( '2000-01-01', '2010-01-01' );
var Range_2 = ee.DateRange( '2007-01-01', '2021-08-01' );
var Value_1 = Range_1.intersects( Range_2 );
var Value_2 = Range_1.contains( Range_2 );

print( Value_1, Value_2 );
```

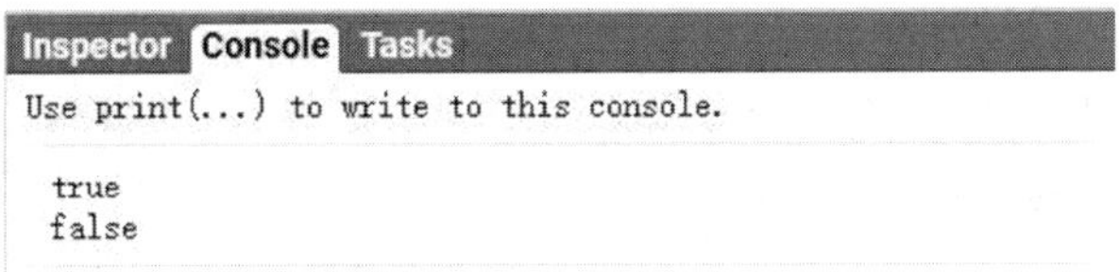

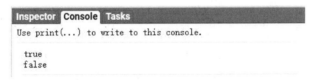

图 5.19　时间段的内容检测

下面介绍时间段的内容判断命令，代码如下，执行效果如图 5.20 所示。

```
var Range_set = ee.DateRange( '2021-01-01', '2010-01-01' );
var Range_Empty = Range_set.isEmpty();
var Range_Unbounded = Range_set.isUnbounded();

print( Range_Empty, Range_Unbounded );
```

图 5.20　时间段的内容判断

下面是本节介绍的时间段的常见命令，尝试回忆其语法和功能。

```
ee.DateRange()  ee.DateRange.unbounded()  DateRange.Union()
DateRange.intersection()  DateRange.start()  DateRange.end()
.intersects()  .contains()  .inEmpty()  .isUnbounded()
```

5.2　属性操作参数

　　筛选和连接本质上属于属性操作，在 GEE 中筛选和连接以筛选器和连接器的方式存在。Reducer 的中文含义是 "缩减器，减压器"。与筛选 Filter 相比，Reducer 虽然也有 "减少" 的意思，但其更多的含义在于 "通过分析后获得统计信息"。比如有 100 个苹果，Filter 处理后剩下 80 个，而 Reducer 处理后则可以得到 "平均重量"。总之，Filter 着重于数量上的减少，而 Reducer 强调数学抽象的汇总。

Kernel 的中文含义是"核，果仁"。在 GEE 中，Kernel 是指由若干像素构成的矩形平面空间，通常以矩阵形式表示。Algorithm 的中文含义是"算法"。在 GEE 中，Algorithm 指的是一种样例操作，其通常与 .map 命令一起达到对数据集中的每个数据都进行样例操作的目的。通过本节的学习，我们可以掌握通过筛选获得目标数据，以及利用连接来结合多源数据。

5.2.1　Filter

筛选本质上是对冗余数据的去除。在进行数据分析之前，首先要进行的就是冗余数据的去除以及目标数据的提取，将数据量尽可能地缩减是提高运算效率的重要前提。

下面介绍比较筛选命令，代码如下：

```
var China _ Provinces = ee.FeatureCollection ( "users/liyalan/
China_Provinces" );
var Name_Filter = ee.Filter.eq( 'NAME', 'Gansu' );
varGS = China_Provinces.filter( Name_GS_Filter ).first();
varGS_Area = GS.get( 'Shape_Area' );
var Smaller_Than_GS_Filter = ee.Filter.lt( 'Shape_Area', GS_Area );
var Smaller_Than_GS_Provinces = China_Provinces
  .filter( Smaller_Than_GS_Filter );

Map.centerObject( China_Provinces, 4 );
Map.addLayer( Smaller_Than_GS_Provinces );
print( Smaller_Than_GS_Provinces );
```

应该注意的是，比较筛选的命令一般用简写形式，下面给出其完整形式，可以作为参考：

```
.eq()  .neq()  .gt()  .gte()  .lt()  .lte()
.equals()  .notEquals()  .greaterThan()  .greaterThanOrEquals()
.lessThan()  .lessThanOrEquals()
```

下面介绍最大差值筛选命令，代码如下：

```
var China _ Provinces = ee.FeatureCollection ( "users/liyalan/
China_Province" );
var Name_Filter = ee.Filter.eq( 'NAME', 'Si_Chuan' );
var Sichuan = China_Provinces.filter( Name_Filter ).first();
var Sichuan_Area = Sichuan.get( 'Shape_Area' );
var Area_Within_20_SC_Filter = ee.Filter.maxDifference(
  20, 'Shape_Area', Sichuan_Area );
var Area_Within_20_SC_Provinces = China_Provinces.filter(
  Area_Within_20_SC_Filter );
```

```
Map.centerObject( China_Provinces, 4 );
Map.addLayer( Area_Within_20_SC_Provinces );
print( Area_Within_20_SC_Provinces );
```
下面介绍属性条件筛选命令，代码如下：
```
var China _ Provinces = ee.FeatureCollection ( "users/liyalan/
China_Provinces" );
  var Start_He = ee.Filter.stringStartsWith( 'NAME', 'He' );
  var End_su = ee.Filter.stringEndsWith( 'NAME', 'su' );
  var Contain_Shan = ee.Filter.stringContains( 'NAME', 'Shan' );
  var Provinces_Start_He = China_Provinces.filter( Start_He );
  var Provinces_End_su = China_Provinces.filter( End_su );
  var Provinces_Contain_Shan = China_Provinces.filter( Contain_
Shan );

  Map.centerObject( China_Provinces, 4 );
  Map.addLayer( Provinces_Start_He, { color: '16982B' } );
  Map.addLayer( Provinces_End_su, { color: '6640FF' } );
  Map.addLayer( Provinces_Contain_Shan, { color: 'FF4D40' } );
```
下面介绍属性包含筛选命令，代码如下：
```
var China _ Provinces = ee.FeatureCollection ( "users/liyalan/
China_Provinces" );
  var Name_Range = ee.Filter.rangeContains( 'NAME', 'C', 'I' );
  var Range_Provinces = China_Provinces.filter( Name_Range );

  Map.centerObject( China_Provinces, 4 );
  Map.addLayer( Range_Provinces, { color: 'E32636' } );
```
下面介绍字符包含筛选命令，代码如下，执行效果如图 5.21 所示。
```
var China _ Provinces = ee.FeatureCollection ( "users/liyalan/
China_Provinces" );
  var Name_BJ_Filter = ee.Filter.eq( 'NAME', 'Beijing' );
  var Name_SC_Filter = ee.Filter.eq( 'NAME', 'Sichuan' );
  var Name_HN_Filter = ee.Filter.eq( 'NAME', 'Hunan' );
  var Beijing = China_Provinces.filter( Name_BJ_Filter ).first()
    .set( 'Letter', ['b', 'e', 'i', 'j', 'i', 'n', 'g']);
  var Sichuan = China_Provinces.filter( Name_SC_Filter ).first()
    .set( 'Letter', ['s', 'i', 'c', 'h', 'u', 'a', 'n']);
  var Hunan = China_Provinces.filter( Name_HN_Filter ).first()
```

```
      .set( 'Letter', ['h', 'u', 'n', 'a', 'n']);
   var Collection = ee.FeatureCollection( [Beijing, Sichuan, Hunan],
'geometry' );
   var List_Contain_i_Filter = ee.Filter.listContains( 'Letter', 'u' );
   var List_Contain_i = Collection.filter( List_Contain_i_Filter );


   print( List_Contain_i );
```

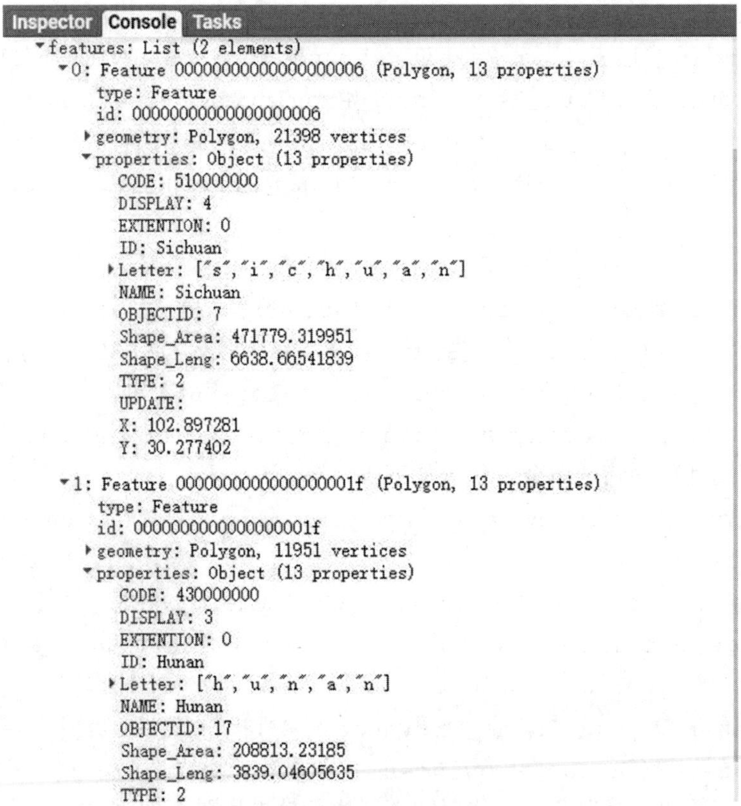

```
┌─────────┬─────────┬───────┐
│Inspector│ Console │ Tasks │
└─────────┴─────────┴───────┘
 ▼features: List (2 elements)
  ▼0: Feature 0000000000000000006 (Polygon, 13 properties)
     type: Feature
     id: 0000000000000000006
   ▶geometry: Polygon, 21398 vertices
   ▼properties: Object (13 properties)
     CODE: 510000000
     DISPLAY: 4
     EXTENTION: 0
     ID: Sichuan
   ▶Letter: ["s","i","c","h","u","a","n"]
     NAME: Sichuan
     OBJECTID: 7
     Shape_Area: 471779.319951
     Shape_Leng: 6638.66541839
     TYPE: 2
     UPDATE:
     X: 102.897281
     Y: 30.277402
  ▼1: Feature 000000000000000001f (Polygon, 13 properties)
     type: Feature
     id: 000000000000000001f
   ▶geometry: Polygon, 11951 vertices
   ▼properties: Object (13 properties)
     CODE: 430000000
     DISPLAY: 3
     EXTENTION: 0
     ID: Hunan
   ▶Letter: ["h","u","n","a","n"]
     NAME: Hunan
     OBJECTID: 17
     Shape_Area: 208813.23185
     Shape_Leng: 3839.04605635
     TYPE: 2
```

图 5.21　字符包含筛选

下面介绍字符内容筛选命令，代码如下：

```
   var China _ Provinces = ee.FeatureCollection ( " users / liyalan /
China_Provinces" );
   var Name_List = ee.List( ['Sichuan', 'Yunnan', 'Guangxi', 'Guizhou', '
Hunan']);
   var Inlist_Filter = ee.Filter.inList( 'NAME', Name_List );
   var List_Provinces = China_Provinces.filter( Inlist_Filter );
```

```
Map.centerObject( China_Provinces, 4 );
Map.addLayer ( China_Provinces );
Map.addLayer ( List_Provinces, { color: 'ff4d40' } );
```

下面介绍日历筛选命令，代码如下，执行效果如图 5.22 所示。

```
var Chongqing_Point = ee.Geometry.Point( 116.405, 39.905 );
var MOD09_2020 = ee.ImageCollection( "MODIS/006/MOD09GA" )
  .filterDate( '2020-01-01', '2020-12-31' )
  .filterBounds( Chongqing_Point );
var MOD09_Filter = ee.Filter.calendarRange( 150, 300, 'day_of_
year' );
var MOD09_Images = MOD09_2020.filter( MOD09_Filter );

print( MOD09_2020, MOD09_Images );
```

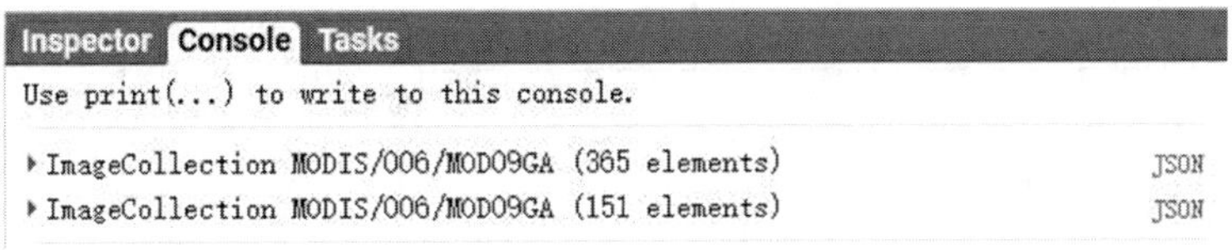

图 5.22　日历筛选

下面介绍时间范围包含筛选命令，代码如下，执行效果如图 5.23 所示。

```
var Beijing = ee.Geometry.Point( 116.405, 39.905 );
var L8_2020 = ee.ImageCollection( "LANDSAT/LC08/C02/T1_L2" )
  .filterDate( '2020-01-01', '2020-12-31' )
  .filterBounds( Beijing );
var Date_Range = ee.DateRange( '2020-01-01', '2020-06-01' );
var Rang_Filter = ee.Filter.dateRangeContains(
  null, null, 'DATE_ACQUIRED', Date_Range );
var L8_Filted_Images = L8_2020.filter( Rang_Filter );

print( L8_2020, L8_Filted_Images );
```

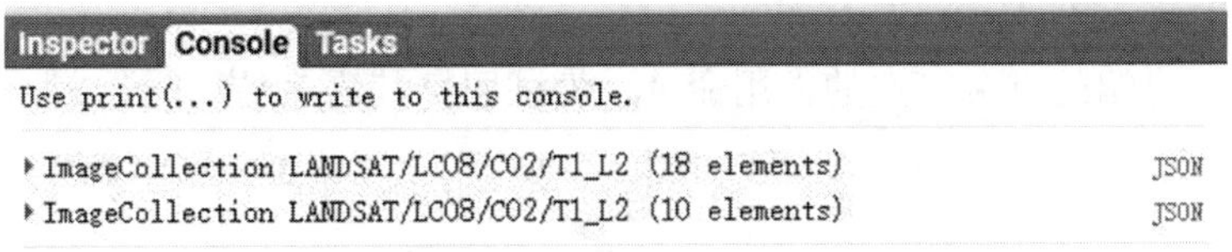

图 5.23　时间范围包含筛选

下面介绍年中日筛选命令，代码如下，执行效果如图 5.24 所示。

```
var Beijing = ee.Geometry.Point( 116.405, 39.905 );
var L8_2020 = ee.ImageCollection( "LANDSAT/LC08/C02/T1_L2" )
  .filterDate( '2020-01-01', '2020-12-31' )
  .filterBounds( Beijing );
var L8_2020_Filter = ee.Filter.dayOfYear( 50, 100 );
var L8_Filter_Images = L8_2020.filter( L8_2020_Filter );

print( L8_2020, L8_Filter_Images );
```

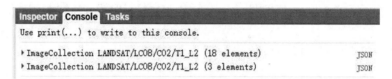

图 5.24　年中日筛选

下面介绍与或非筛选命令，代码如下：

```
var China_Provinces = ee.FeatureCollection( "users/liyalan/China_Provinces" );
var Start_set = ee.Filter.stringStartsWith( 'NAME', 'S' );
var End_set = ee.Filter.stringEndsWith( 'NAME', 'i' );
var Filter_And = ee.Filter.and( Start_set, End_set );
var Filter_Or = ee.Filter.or( Start_set, End_set );
var Filter_Not = Filter_And.not();
var Filted_And_Provinces = China_Provinces.filter( Filter_And );
var Filted_Or_Provinces = China_Provinces.filter( Filter_Or );
var Filted_Not_Provinces = China_Provinces.filter( Filter_Not );

Map.centerObject( Filted_And_Provinces, 4 );
Map.addLayer( Filted_Or_Provinces, { color: 'E32636' } );
Map.addLayer( Filted_And_Provinces, { color: '6640FF' } );
Map.addLayer( Filted_Not_Provinces );
```

下面是本节介绍的有关筛选的常用命令，尝试回忆其语法与功能。

```
ee.Filter.eq()  ee.Filter.neq()  ee.Filter.ge()  ee.Filter.gte()
ee.Filter.le()
ee.Filter.lte()  ee.Filter.maxDifference()
ee.Filter.stringContains()
```

```
    ee.Filter.StartsWith()  ee.Filter.EndWith()
ee.Filter.Rangecontains()
    ee.Filter.listContains()  ee.Filter.inList()
ee.Filter.calendarRange()
    ee.FilterDateRangeContains()  ee.Filter.dayOfYear()
    ee.Filter.and()  ee.Filter.or()  ee.Filter.not()  ee.Filter()
```

5.2.2　Join

　　连接是将两个数据集结合到一起的操作，这种操作可以分为两个部分，第一部分是解决“用什么字段连接”的问题，第二部分是解决“连接之后怎么办”的问题。由于 GEE 的连接涉及筛选，因此代码较为复杂，本节代码主要来源于 GEE 的 Guide 网页。

　　下面介绍简单连接命令，目的是获得与 Sentinel 拍摄时间相差一天以内的 Landsat 8 图像，代码如下，执行效果如图 5.25 所示。

```
//引入 Landsat 8 和 Sentinel 数据,利用北京市点进行地理筛选
var L8 = ee.ImageCollection( 'LANDSAT/LC08/C01/T1_TOA' )
    .filterBounds( ee.Geometry.Point( 116.405, 39.905 ) );
var Sentinel = ee.ImageCollection( "COPERNICUS/S2" )
    .filterBounds( ee.Geometry.Point( 116.405, 39.905 ) );
//筛选出 2020 年的图像
var L8_2020 = L8.filterDate( '2020-01-01', '2020-12-31' );
var ST_2020 = Sentinel.filterDate( '2020-01-01', '2020-12-31' );
//定义 1 天的变量
var One_Day_Millis = 1 * 24 * 60 * 60 * 1000;
//通过 maxDifference 定义 Sentinel 图像获取前后一天内的图像
var L8_Within_Sentinel = ee.Filter.maxDifference( {
    difference: One_Day_Millis,
    leftField: 'system:time_start',
    rightField: 'system:time_start'
} );
//定义一个 simpleJoin
var simpleJoin = ee.Join.simple();
//应用 SimpleJoin.
var simpleJoined = simpleJoin.apply ( L8_2020, ST_2020, L8_Within
_Sentinel );
//打印结果.
print( 'Simple join:', simpleJoined );
```

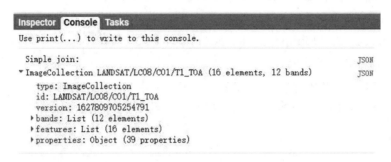

图 5.25　简单连接

可以看出，. join 命令的基本格式是 Join. apply （），该命令一共有三个参数，分别是左侧数据集、右侧数据集和连接条件，其中连接条件是一个筛选器（ee. Filter （））。对于筛选器来说，需要制定的参数包括左侧数据集连接词、右侧数据集连接词和筛选条件。

下面介绍反向连接命令，目的是获得与 Sentinel 拍摄时间超过一天的 Landsat 8 图像，代码如下，执行效果如图 5.26 所示。

```
// 引入 Landsat 8 和 Sentinel 数据,利用北京市点进行地理筛选
var Img_L8 = ee.ImageCollection( 'LANDSAT/LC08/C01/T1_TOA' )
  .filterBounds( ee.Geometry.Point( 116.405, 39.905 ) );
var Img_Sentinel = ee.ImageCollection( "COPERNICUS/S2" )
  .filterBounds( ee.Geometry.Point( 116.405, 39.905 ) );
// 筛选出 2020 年的图像
var L8_2020 = Img_L8.filterDate( '2020-01-01', '2020-12-31' );
var ST_2020 = Img_Sentinel.filterDate( '2020-01-01', '2020-12-31' );
// 定义 1 天的变量
var One_Day_Millis = 1 * 24 * 60 * 60 * 1000;
// 通过 maxDifference 定义 Sentinel 图像获取前后一天内的图像
var L8_Within_Sentinel = ee.Filter.maxDifference( {
  difference: One_Day_Millis,
  leftField: 'system:time_start',
  rightField: 'system:time_start'
} );
// 定义一个 invertJoin
var Invert_Join = ee.Join.inverted();
// 应用 invertJoin
var Invert_Join_Results = Invert_Join.apply(
L8_2020, ST_2020, L8_Within_Sentinel );
// 打印结果.
```

```
print( 'Invert_Join:', Invert_Join_Results );
```

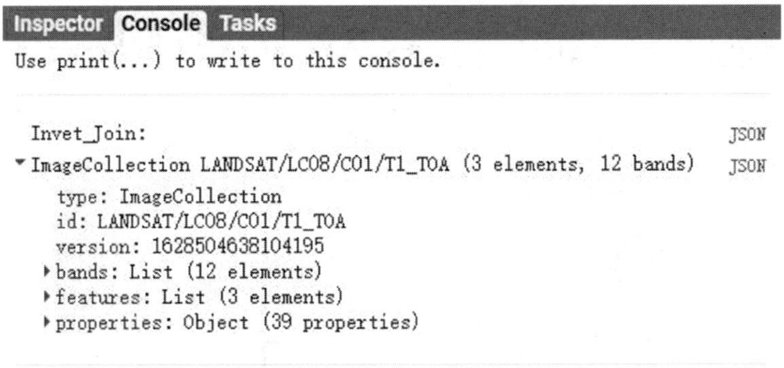

图 5.26　反向连接

　　下面介绍内部连接命令,目的是获得一个数据集,并且这个数据集中同时保留着符合条件的来自两个连接数据集的数据,代码如下,执行效果如图 5.27 所示。

```
//创建 FeatureCollection_1
var primaryFeatures = ee.FeatureCollection([
  ee.Feature( null, { foo: 0, label: 'a' } ),
  ee.Feature( null, { foo: 1, label: 'b' } ),
  ee.Feature( null, { foo: 1, label: 'c' } ),
  ee.Feature( null, { foo: 2, label: 'd' } ) ]);
//创建 FeatureCollection_2
var secondaryFeatures = ee.FeatureCollection( [
  ee.Feature( null, { bar: 1, label: 'e' } ),
  ee.Feature( null, { bar: 1, label: 'f' } ),
  ee.Feature( null, { bar: 2, label: 'g' } ),
  ee.Feature( null, { bar: 3, label: 'h' } ) ]);
//定义一个 ee.Filter.equals,要求 foo=bar
var toyFilter = ee.Filter.equals( {
  leftField: 'foo',
  rightField: 'bar' } );
//定义一个 innerJoin
var innerJoin = ee.Join.inner( 'primary', 'secondary' );
//运用 innerJoin
var toyJoin = innerJoin.apply ( primaryFeatures, secondaryFeatures, toyFilter );
//打印结果
print( 'Inner join toy example:', toyJoin );
```

代码来源：https：//developers.google.com/earth-engine/joins_ inner。

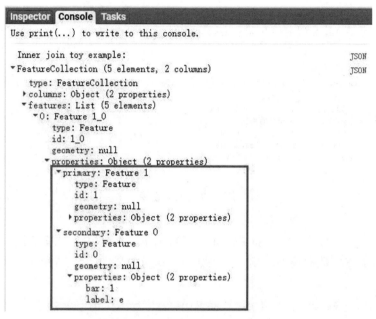

图 5.27 内部连接 1

下面介绍内部连接的一个实例，目的是将 MODIS 的 EVI 和 Quality 数据集连接并整合成一个数据集，代码如下，执行效果如图 5.28 所示。

```
//定义时间 filter.
var dateFilter = ee.Filter.date( '2014-01-01','2014-02-01');
//引入 MODIS 图像(EVI 产品)
var mcd43a4 = ee.ImageCollection( 'MODIS/MCD43A4_006_EVI')
  .filter( dateFilter );
//引入 MODIS 图像(Quality 产品)
var mcd43a2 = ee.ImageCollection( 'MODIS/006/MCD43A2').filter(
dateFilter );
//定义 Inner Join.
var innerJoin = ee.Join.inner();
//定义 ee.Filter.equals,通过"系统时间"联系两种产品
var filterTimeEq = ee.Filter.equals({
  leftField: 'system:time_start',
  rightField: 'system:time_start'
});
//运用 Inner Join
```

```
var  innerJoinedMODIS  =  innerJoin.apply ( mcd43a4, mcd43a2,
filterTimeEq );
```
//显示结果,结果为 FeatureCollection

```
print( 'Inner join output:', innerJoinedMODIS );
```
//利用 map 命令将两种产品整合

```
var joinedMODIS = innerJoinedMODIS.map( function( feature ) {
  return ee.Image.cat ( feature.get ( 'primary' ), feature.get ( '
secondary' ) );
});
```
//打印结果

```
print( 'Inner join, merged bands:', joinedMODIS );
```
代码来源：https：// developers. google. com/earth-engine/joins_inner。

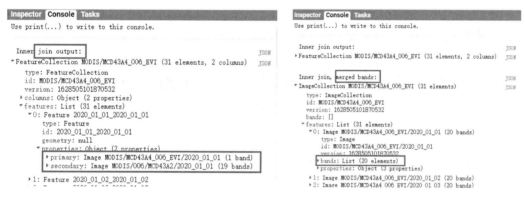

图 5.28　内部连接 2

下面介绍 SaveAll 命令，目的是把与 Landsat 8 图像拍摄相差时间一天以内的 MODIS 图像放到符合条件的 Landsat 8 图像的属性里，代码如下，执行效果如图 5.29 所示。

//引入 Landsat 8 和 MODIS 数据,利用北京市点进行地理筛选

```
var L8 = ee.ImageCollection( 'LANDSAT/LC08/C01/T1_TOA' )
  .filterBounds( ee.Geometry.Point( 116.405, 39.905 ) );
var Sentinel = ee.ImageCollection( "MODIS/006/MOD09GQ" )
  .filterBounds(ee.Geometry.Point( 116.405, 39.905 ) );
```
//筛选出 2020 年的图像

```
var L8_2020 = L8.filterDate( '2020-01-01', '2020-12-31' );
var MOD_2020 = Sentinel.filterDate( '2020-01-01', '2020-12-31' );
```
//定义 1 天的变量

```
var One_Day_Millis = 1 * 24 * 60 * 60 * 1000;
```
//通过 maxDifference 定义 Sentinel 图像获取前后一天内的图像

```
var L8_Within_MODIS = ee.Filter.maxDifference({
  difference: One_Day_Millis,
  leftField: 'system:time_start',
  rightField: 'system:time_start' });
//定义一个 simpleJoin
var SaveALL_Join = ee.Join.saveAll({
  matchesKey: 'Sentinel_Match',
  ordering: 'system:time_start',
  ascending: true });
//应用 SimpleJoin
var SaveAll_Join_Images = SaveALL_Join.apply(
  L8_2020, MOD_2020, L8_Within_MODIS );
//打印结果
print( 'SaveALL_Join:', SaveAll_Join_Images );
```

代码来源：https：// developers. google. com/ earth- engine/ joins_save_all。

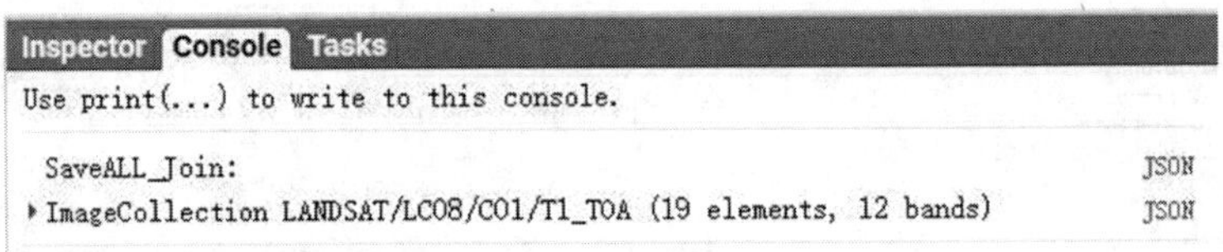

图 5.29　SaveAll 连接

下面介绍 SaveBest 命令，目的是把与 Sentinel-2 图像拍摄相差最小的 MODIS 气溶胶图像数据放到符合条件的 Sentinel-2 图像的属性里，代码如下，执行效果如图 5.30 所示。

```
//加载 Sentinel-2 图像
var S2_set = ee.ImageCollection( 'COPERNICUS/S2' )
  .filterDate( '2020-04-01','2020-06-01' )
  .filterBounds( ee.Geometry.Point( -122.092, 37.42 ) );
//加载 MODIS 气溶胶数据
var MCD19A2 _ set = ee.ImageCollection ( 'MODIS/006/MCD19A2 _
GRANULES' );
//利用 maxDifference 定义两种产品的最大时间差为 3 天
var JoinFilter = ee.Filter.maxDifference({
  difference: 3 * 24 * 60 * 60 * 1000,
  leftField: 'system:time_start',
  rightField: 'system:time_start'
});
```

```
//定义 SaveBest join
var saveBestJoin = ee.Join.saveBest({
  matchKey: 'bestImage',
  measureKey: 'timeDiff'
});
//应用 SaveBest join
var Sentinel_Met = saveBestJoin.apply( S2_set, MCD19A2_set,
JoinFilter );
//打印结果
print( Sentinel_Met );
```

代码来源：https：// developers. google. com/ earth- engine/ joins_save_all。

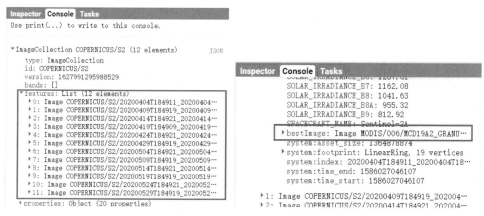

图 5.30　SaveBest 连接

　　SaveAll 和 SaveBest 命令都是将符合条件的图像放到左数据集的属性中，而内部连接 InnerJoin 则是根据筛选条件形成一一对应的数据集。因此，SaveAll 和 SaveBest 命令适合分析属性，而内部连接 InnerJoin 则更适合提取数据。

　　下面介绍空间连接 SpatialJoin 命令，本例的目的是把与美国约塞米蒂国家公园的距离小于 100km 的发电厂数据信息加入约塞米蒂国家公园图像中，代码如下，执行效果如图 5.31 所示。

```
//引入美国约塞米蒂国家公园保护区数据
var primary = ee.FeatureCollection( "WCMC/WDPA/current/polygons" )
  .filter( ee.Filter.eq( 'NAME', 'Yosemite National Park' ) );
//引入全球发电厂数据集
var powerPlants = ee.FeatureCollection( 'WRI/GPPD/power_plants' );
//定义空间筛选:筛选 100km 以内数据
var distFilter = ee.Filter.withinDistance( {
```

```
    distance: 100000,
    leftField: '.geo',
    rightField: '.geo',
    maxError: 10
} );
//定义 SaveAll Join
var distSaveAll = ee.Join.saveAll( {
    matchesKey: 'points',
    measureKey: 'distance'
} );
//应用 SaveAll Join
var spatialJoined = distSaveAll.apply ( primary, powerPlants,
distFilter );
    //打印结果
print( spatialJoined );
```

代码来源：https：// developers. google. com/ earth-engine/joins_spatial。

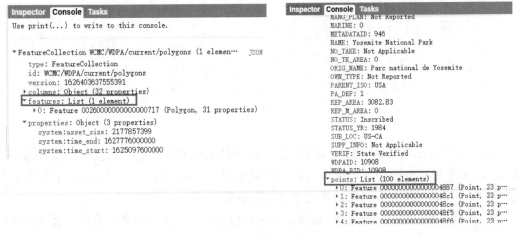

图 5.31 空间连接 1

这里需要指出的是，空间筛选器 ee. Filter. withinDistance（）的参数中 . geo 代表的是数据的 Geometry。

下面介绍空间连接 SpatialJoin 的相交连接命令，本例的目的是得出与美国加利福尼亚州相交的所有 Landsat 卫星轨道边界，代码如下，执行效果如图 5. 32 所示。

```
//引入美国州界
var states = ee.FeatureCollection( 'TIGER/2018/States' );
//引入全球发电厂数据集
```

```
var powerPlants = ee.FeatureCollection( 'WRI/GPPD/power_plants' );
//定义空间筛选:利用边界进行叠加筛选
var spatialFilter = ee.Filter.intersects( {
  leftField: '.geo',
  rightField: '.geo',
  maxError: 10
} );
//定义 SaveAll-Join
var saveAllJoin = ee.Join.saveAll( {
  matchesKey: 'power_plants',
} );
//运用 SaveAll-Join
var intersectJoined = saveAllJoin.apply ( states, powerPlants,
spatialFilter );
//将每个州的发电厂数量添加为属性
intersectJoined = intersectJoined.map( function( state ){
  var nPowerPlants = ee.List(state.get( 'power_plants' ) ).size();
  return state.set( 'n_power_plants', nPowerPlants );
});
//制作每个州发电厂数量的条形图
var chart = ui.Chart.feature.byFeature( intersectJoined, 'NAME', '
n_power_plants' )
  .setChartType( 'ColumnChart' )
  .setSeriesNames( { n_power_plants: 'Power plants' } )
  .setOptions({
    title: 'Power plants per state',
    hAxis: { title: 'State' },
    vAxis: { title: 'Frequency' } });
//将图表打印到控制台
print( chart );
```

代码来源:https://developers.google.com/earth-engine/joins_spatial。

下面是连接操作的常见命令,尝试回忆其语法与功能。

```
ee.Join.simple()  ee.Join.inverted()  ee.Join.inner()
ee.Join.saveAll()  ee.Join.saveBest()  ee.Join.saveFirst()
ee.Filter.withinDistance()  ee.Filter.intersects()
```

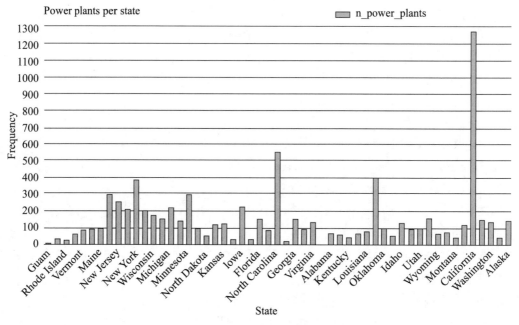

图 5.32 空间连接 2

5.2.3 Reducer

下面介绍数量统计和返回首值的 Reducer 命令，代码如下，执行效果如图 5.33 所示。

```
var China _ Provinces = ee.FeatureCollection ( "users/liyalan/
China_Provinces" );
    var Provinces_Reducer_Count = ee.Reducer.count();
    var Provinces_Reducer_CountEvery = ee.Reducer.countEvery();
    var Provinces_Reducer_First = ee.Reducer.first();
    var Provinces_Number_1 = China_Provinces.reduceColumns(
        Provinces_Reducer_Count, ['NAME']);
    var Provinces_Number_2 = China_Provinces.reduceColumns(
        Provinces_Reducer_CountEvery, []);
    var Provinces_First = China_Provinces.reduceColumns(
        Provinces_Reducer_First, ['NAME']);

    print( 'Provinces_Reducer_Count', Provinces_Number_1 );
    print( 'Provinces_Reducer_CountEvery', Provinces_Number_2 );
    print( 'Provinces_Reducer_First', Provinces_First );
```

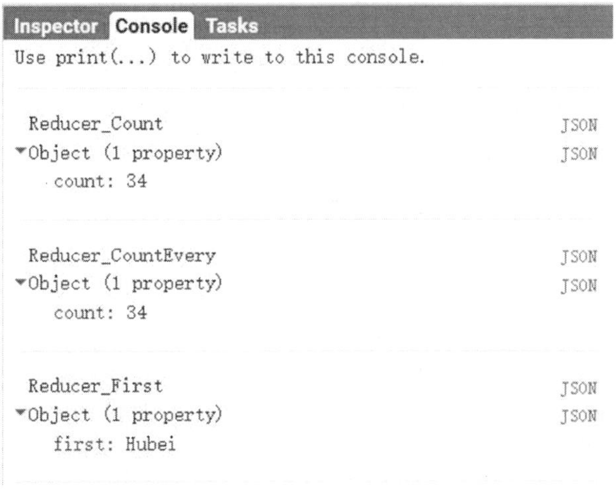

```
Inspector  Console  Tasks
Use print(...) to write to this console.

 Reducer_Count                                    JSON
▼Object (1 property)                              JSON
   count: 34

 Reducer_CountEvery                               JSON
▼Object (1 property)                              JSON
   count: 34

 Reducer_First                                    JSON
▼Object (1 property)                              JSON
   first: Hubei
```

图 5.33　数量统计和返回首值

这里需要强调 ee.Reducer（）命令创建的是一个名词，其发挥作用只能在其他动词配合的前提下才能完成，本例中的动词是 .reducerColumns（），可以理解为列统计。此外要注意 .count 和 .countEvery 的区别。.count 是计算指定列的数据，如果数据缺失则不进行数量统计（例如某数据不存在 NAME 属性），而 .countEvery 则是统计所有数据。

下面介绍频率直方图的 Reducer 命令，本例中加载的数据是中国城市边界，目的是统计中国各个省有多少个市级行政单位，执行效果如图 5.34 所示，代码如下。

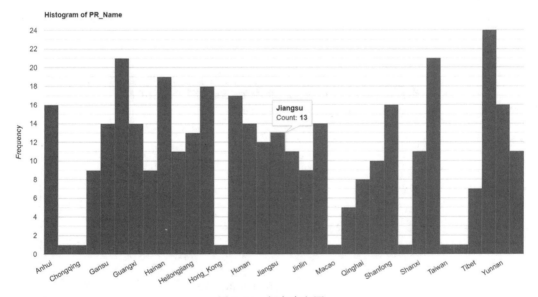

图 5.34　频率直方图

```
var China_Cities = ee.FeatureCollection( "users/liyalan/China_
Cities" );
var FrequencyHiso_Reducer = ee.Reducer.frequencyHistogram();
var City_Frequency = China_Cities.reduceColumns(
   FrequencyHiso_Reducer, ['PR_Name']);
var Fig_Histo = ui.Chart.feature.histogram( China_Cities, 'PR_
Name' );

print( China_Cities.limit( 8 ) );
print( City_Frequency, Fig_Histo );
```

下面介绍 0 值判断的 Reducer 命令，代码如下，执行效果如图 5.35 所示。

```
var No_Zero_Reducer = ee.Reducer.allNonZero();
var All_Non_Zero_Reducer = ee.Reducer.allNonZero();
var List_1 = ee.List( [1, 2, 3, 4, 5, 6, 7, 8, 9]);
var List_2 = ee.List( [1, 2, 3, 4, 5, 6, 7, 8, 9, 0]);
var Result_1 = List_1.reduce( No_Zero_Reducer );
var Result_2 = List_2.reduce( No_Zero_Reducer );
var Result_3 = List_1.reduce( All_Non_Zero_Reducer );
var Result_4 = List_2.reduce( All_Non_Zero_Reducer );

print( Result_1 );
print( Result_2 );
print( Result_3 );
print( Result_4 );
```

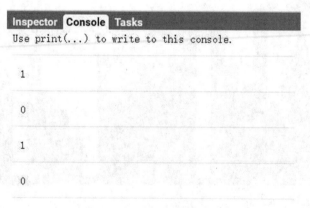

图 5.35　0 值判断的 Reducer

0 值判断的返回值中 0 代表不成立，1 代表成立。.allNonZero ( ) 的含义是 "是否全部都是非零值"，. anyNonZero（ ）的含义是"是否存在非零值"。

下面介绍转 List 的 Reducer 命令，代码如下，执行效果如图 5.36 所示。

```
var China _ Provinces = ee.FeatureCollection（ "users / liyalan /
China_Provinces"）;

print（ China_Provinces.first() ）;

var Tolist_Reducer = ee.Reducer.toList();
var Provinces _ List = China _ Provinces.reduceColumns（ Tolist _
Reducer, ['NAME']）;

print（ Provinces_List ）;
```

图 5.36　转 List 的 Reducer

下面介绍转 Collection 的 Reducer 命令，代码如下，执行效果如图 5.37 所示。

```
var China _ Provinces = ee.FeatureCollection（ "users / liyalan /
China_Provinces"）;
print（ China_Provinces.first() ）;

var Reducer_To_Collection = ee.Reducer.toCollection
（ ['Province', 'No']）;
var Provinces_Collection = China_Provinces
    .reduceColumns（ Reducer_To_Collection, ['NAME', 'OBJECTID']）;
```

```
print( Provinces_Collection );
```

Inspector **Console** Tasks

Use print(...) to write to this console.

▸Feature 00000000000000000001 (Polygon, 1⋯   JSON

▾Object (1 property)   JSON
  ▾features: FeatureCollection (2 columns)
      type: FeatureCollection
    ▾columns: Object (2 properties)
        No: Object
        Province: Object

图 5.37　转 Collection 的 Reducer

下面介绍栅格的 Reducer 命令，代码如下，执行效果如图 5.38 所示。

```
var Img_L8 = ee.Image( 'LANDSAT/LC08/C01/T1/LC08_123032_20200328' )
var maxValue = Img_L8.reduce( ee.Reducer.max() );
var mediaValue = Img_L8.reduce( ee.Reducer.median() );
var meanValue = Img_L8.reduce( ee.Reducer.mean() );

Map.centerObject( Img_L8, 8 );
Map.addLayer( maxValue, { max: 30000 }, 'Maximum value image' );
Map.addLayer( mediaValue, { max: 12000 }, 'Median value image' );
Map.addLayer( meanValue, { max: 13000 }, 'Mean value image' );
```

(a) Mean　　　　　　(b) Media　　　　　　(c) Max

图 5.38　栅格的 Reducer

下面介绍数理统计的 Reducer 命令，代码如下，执行效果如图 5.39 所示。

```
var China_Cities = ee.FeatureCollection( "users/wangjinzhulala/
China_Cities" );
//利用 .map 命令对每个 Feature 增加面积( km² )
function Add_Area ( feature ){
  var The_Area = ee.Number( feature.area() )
    return feature.set( 'Area_km2', The_Area.divide( 1000 * 1000 )
)}
var City_WithArea = China_Cities.map( Add_Area );
//设置数理统计的 Reducer
var Reducer_Product = ee.Reducer.product();
var Reducer_Sum = ee.Reducer.sum();
var Reducer_Mean = ee.Reducer.mean();
var Reducer_Variance = ee.Reducer.variance();
var Reducer_SampleVariance = ee.Reducer.sampleVariance();
var Reducer_Std_dev = ee.Reducer.stdDev();
var Reducer_SampleStdDev = ee.Reducer.sampleStdDev();
var Reducer_Max = ee.Reducer.max();
var Reducer_Min = ee.Reducer.min();
var Reducer_Min_Max = ee.Reducer.minMax();
var Reducer_Median = ee.Reducer.median();
var Reducer_Mode = ee.Reducer.mode();
//进行 reduce 统计
var Area_Product = City_WithArea.reduceColumns(
  Reducer_Product, ['Area_km2']);
var Area_Sum = City_WithArea.reduceColumns(
  Reducer_Sum, ['Area_km2']);
var Area_Mean = City_WithArea.reduceColumns(
  Reducer_Mean, ['Area_km2']);
var Area_Variance = City_WithArea.reduceColumns(
  Reducer_Variance, ['Area_km2']);
var Area_Std_dev = City_WithArea.reduceColumns(
  Reducer_Std_dev, ['Area_km2']);
var Area_Max = City_WithArea.reduceColumns(
  Reducer_Max, ['Area_km2']);
var Area_Min = City_WithArea.reduceColumns(
  Reducer_Min, ['Area_km2']);
var Area_Range = City_WithArea.reduceColumns(
  Reducer_Min_Max, ['Area_km2']);
var Area_Median = City_WithArea.reduceColumns(
```

```
            Reducer_Median, ['Area_km2']);
var Area_Mode = City_WithArea.reduceColumns(
            Reducer_Mode, ['Area_km2']);
var Area_SampleStdDev = City_WithArea.reduceColumns(
            Reducer_SampleStdDev, ['Area_km2']);
var Area_SampleVariance = City_WithArea.reduceColumns(
            Reducer_SampleVariance, ['Area_km2']);
//打印结果
print( 'Area_Product', Area_Product );
print( 'Area_Sum', Area_Sum );
print( 'Area_Mean', Area_Mean );
print( 'Area_Variance', Area_Variance );
print( 'Area_SampleVariance', Area_SampleVariance );
print( 'Area_Std_dev', Area_Std_dev );
print( 'Area_SampleStdDev', Area_SampleStdDev );
print( 'Area_Max', Area_Max );
print( 'Area_Min', Area_Min );
print( 'Area_Range', Area_Range );
print( 'Area_Median', Area_Median );
print( 'Area_Mode', Area_Mode );
```

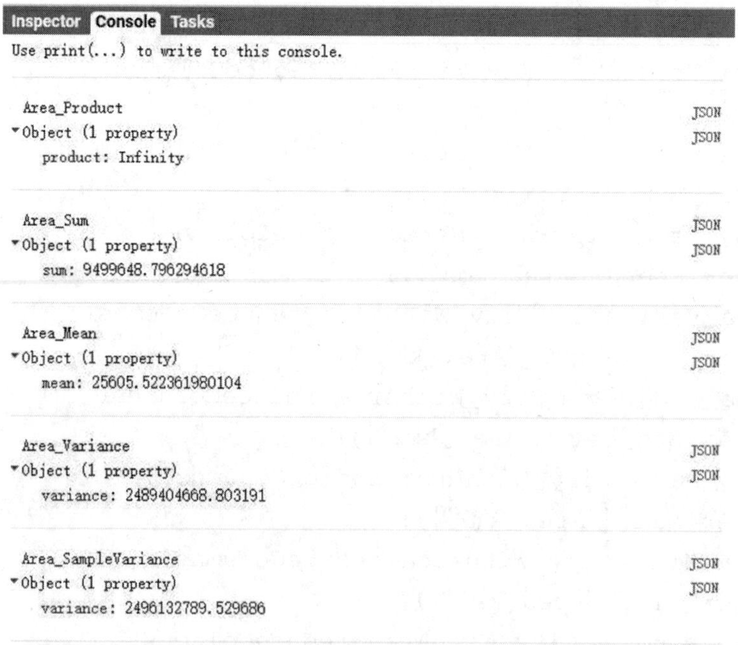

图 5.39　数理统计的 Reducer

下面介绍栅格的 Region Reducer 命令，代码如下，执行效果如图 5.40 所示。

```
//引入 Landsat 7 的 5 年合成图像
var image = ee.Image( 'LANDSAT/LE7_TOA_5YEAR/2008_2012' );
//引入 Sierra Nevada 边界
var region = ee.Feature( ee.FeatureCollection( 'EPA/Ecoregions/
2013/L3' )
    .filter( ee.Filter.eq( 'us_l3name', 'Sierra Nevada' ) )
    .first() );
//使用计算均值的 Reducer 对该地区图像进行缩小
var meanDictionary = image.reduceRegion({
  reducer: ee.Reducer.mean(),
  geometry: region.geometry(),
  scale: 30,
  maxPixels: 1e9
});
//打印结果
print( meanDictionary );
```

代码来源：https://developers.google.com/earth-engine/reducers_reduce_region。

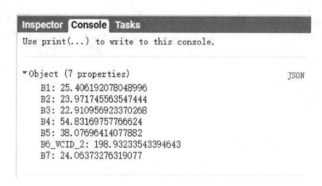

图 5.40　栅格的 Region Reducer

下面介绍栅格的 Neighborhood Reducer 命令，代码如下，执行效果如图 5.41 所示。

```
//在红杉林中定义一个区域
var redwoods = ee.Geometry.Rectangle( -124.0665, 41.0739, -123.934,
41.2029 );
//引入 NAIP 图像并构建 mosaic
var naipCollection = ee.ImageCollection( 'USDA/NAIP/DOQQ' )
  .filterBounds( redwoods )
  .filterDate( '2012-01-01', '2012-12-31' );
```

```
var naip = naipCollection.mosaic();
//根据 NAIP 图像计算 NDVI
var naipNDVI = naip.normalizedDifference( ['N', 'R']);
//计算标准差(SD)作为 NDVI 的纹理
var texture = naipNDVI.reduceNeighborhood( {
  reducer: ee.Reducer.stdDev(),
  kernel: ee.Kernel.circle( 7 ),
} );
//显示结果
Map.centerObject( redwoods, 11 );
Map.addLayer( naip, {}, 'NAIP input imagery' );
Map.addLayer( naipNDVI,
{ min: -1, max: 1, palette: ['FF0000', '00FF00']}, 'NDVI' );
Map.addLayer( texture, { min: 0, max: 0.3 }, 'SD of NDVI' );
```
代码来源: https://developers.google.com/earth-engine/reducers_reduce_neighborhood。

 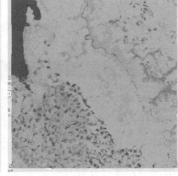 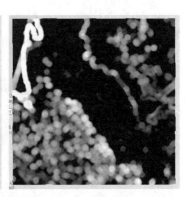

(a) NAIP 图像 　　　　　(b) NDVI 　　　　　(c) SD of NDVI

图 5.41　栅格的 Neighborhood Reducer

下面介绍栅格的区间统计 Reducer 命令, 代码如下, 执行效果如图 5.42 所示。

```
var China_Cities = ee.FeatureCollection( "users/liyalan/China_
Cities" );

function Add_Area ( feature ){
  var City_Area = ee.Number( feature.area() )
    return feature.set( 'Area_km2', City_Area.divide( 1000 * 1000 ) )
}

var City_WithArea = China_Cities.map( Add_Area );
```

```
var Reducer_Interval = ee.Reducer.intervalMean( 0, 50 );
var Reducer_Percent = ee.Reducer.percentile( [20, 40, 60] );
var Area_IntervalMean_Reduced = City_WithArea.reduceColumns(
   Reducer_Interval, ['Area_km2'] );
var Area_Percent_Reduced = City_WithArea.reduceColumns(
   Reducer_Percent, ['Area_km2'] );

print( 'Area_IntervalMean_Reduced', Area_IntervalMean_Reduced );
print( 'Area_Percent_Reduced', Area_Percent_Reduced );
```

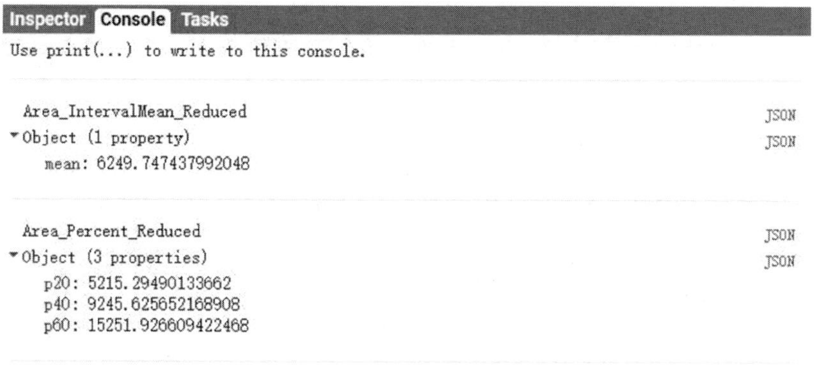

图 5.42　栅格的区间统计 Reducer

下面介绍线性拟合的 Reducer 命令，代码如下，执行效果如图 5.43 所示。

```
var Data_X = ee.Array( [13, 15, 16, 21, 20, 23, 25, 32,
   30, 31, 38, 40, 50, 55, 60, 62, 64, 70, 72, 90, 100, 110, 115, 130]);
var Data_Y = ee.List( [11, 10, 11, 12, 12, 13, 13, 12, 14,
   16, 17, 13, 19, 22, 14, 21, 21, 24, 17, 19, 23, 32, 29, 34]);
var Fig = ui.Chart.array.values( Data_X, 0, Data_Y );

print( Fig );

var Data_x = ee.List( [13, 15, 16, 21, 20, 23, 25, 32, 30,
   31, 38, 40, 50, 55, 60, 62, 64, 70, 72, 90, 100, 110, 115, 130]);
var Data_y = ee.List( [11, 10, 11, 12, 12, 13, 13, 12, 14,
   16, 17, 13, 19, 22, 14, 21, 21, 24, 17, 19, 23, 32, 29, 34]);
var Linear_Reducer = ee.Reducer.linearFit();
var Fited = ee.List( [Data_x, Data_y]).reduce( Linear_Reducer );

print( Fited );
```

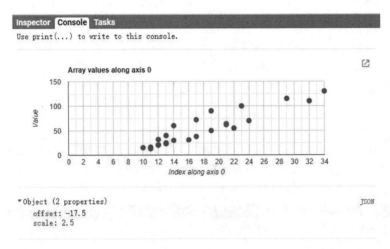

图 5.43　线性拟合的 Reducer

下面介绍栅格的线性拟合命令，代码如下，执行效果如图 5.44 所示。

```
//添加图像时间范围
var createTimeBand = function( image ){
    //以毫秒为尺度的一个大常数,以避免在线性回归输出中出现很小的斜率
    return image.addBands( image.metadata( 'system:time_start' )
.divide( 1e18 ) )
    };
    //引入 projected climate data 数据集
    var collection = ee.ImageCollection( 'NASA/NEX-DCP30_ENSEMBLE_
STATS' )
        .filter( ee.Filter.eq( 'scenario', 'rcp85' ) )
        .filterDate( ee.Date( '2006-01-01' ), ee.Date( '2050-01-01' ) )
        //将时间带函数映射到集合上
        .map(createTimeBand);
    //使用线性拟合 Reducer 缩减集合
    var linearFit = collection.select ( ['system:time_start', 'pr_
mean'])
        .reduce( ee.Reducer.linearFit() );
    //显示结果
    Map.setCenter( -100.11, 40.38, 5 );
    Map.addLayer( linearFit,
        { min: 0, max: [-0.9, 8e-5, 1], bands: ['scale', 'offset', 'scale']},
'fit' );
```

代码来源：https：// developers. google. com/earth-engine/reducers_regression。

图 5.44　栅格的线性拟合

下面介绍 Reducer 的联合命令，代码如下，执行效果如图 5.45 所示。

```
var Reducer_Max = ee.Reducer.max( );
var Reducer_Min = ee.Reducer.min( );
var Reducer_Combine = Reducer_Max.combine( Reducer_Min );
var Array_set = ee.Array( [[3, 5],[4, 7]]);
var Combine_Reduced_1 = Array_set.reduce( Reducer_Combine,[0],1 );
var Combine_Reduced_2 = Array_set.reduce( Reducer_Combine,[1],0 );

print( 'Array_Example Array', Array_set );
print( 'Max of [3,5]and Min of [4,7]', Combine_Reduced_1 );
print( 'Max of [3,5]and Min of [4,7]', Combine_Reduced_2 );
```

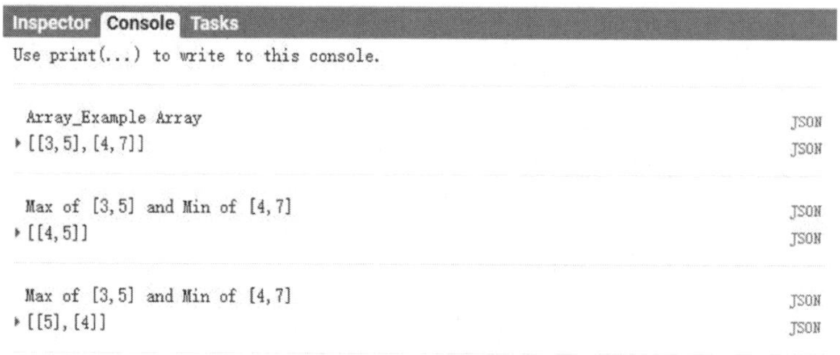

```
Inspector  Console  Tasks
Use print(...) to write to this console.

Array_Example Array                                        JSON
▸ [[3,5],[4,7]]                                            JSON

Max of [3,5] and Min of [4,7]                              JSON
▸ [[4,5]]                                                  JSON

Max of [3,5] and Min of [4,7]                              JSON
▸ [[5],[4]]                                                JSON
```

图 5.45　Reducer 的联合

需要注意的是，本例中，.reduce（）有三个参数，第一个表示缩减器，第二个表示缩减方向，第三个表示结果输出方向。

下面介绍 Reducer 的重复命令，代码如下，执行效果如图 5.46 所示。

```
var China_Cities = ee.FeatureCollection( "users/liyalan/China_
Cities" );
var Reducer_Repeat = ee.Reducer.frequencyHistogram().repeat( 1 )
var Province_Frequency = China_Cities.reduceColumns(
   Reducer_Repeat, ['PR_Name'])


print( Province_Frequency )
```

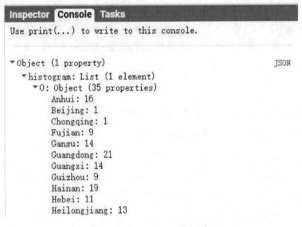

图 5.46　Reducer 的重复

需要注意的是，本例中，Reducer. repeat（1）相当于 Reduc. combine（Reducer）。在后面的命令 .reduceColumns（）中有两个参数：第一个参数 Reducer_ Repeat 相当于要进行两侧 Reducer，所以下一个参数用 List 的形式告诉 GEE 这两侧 Reducer 分别对应哪两列数据。

下面介绍 Reducer 的结群命令，代码如下，执行效果如图 5.47 所示。

```
//引入 US census blocks 数据集
var blocks = ee.FeatureCollection( 'TIGER/2010/Blocks' );
//按州代码分组计算指定属性的和
var sums = blocks
  .filter( ee.Filter.and(
    ee.Filter.neq( 'pop10', null ),
    ee.Filter.neq( 'housing10', null ) ))
  .reduceColumns({
    selectors: ['pop10', 'housing10', 'statefp10'],
```

```
reducer: ee.Reducer.sum().repeat( 2 ).group({
  groupField: 2,
  groupName: 'state-code',
})
});
//打印结果
print( sums );
```

代码来源: https: // developers. google. com/earth- engine/reducers_grouping。

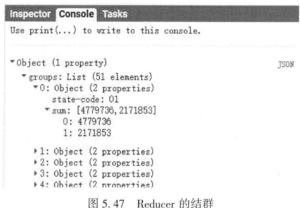

图 5.47　Reducer 的结群

这里需要注意两点: 第一, 缩减前 filter 的目的是排除空值数据; 第二, .group 命令需要指出结群的数据列的位置, 比如本列以"StateName"进行结群, 则需要给出其位置, 考虑到编程环境下数字编码由 0 开始, 因此给出 2 来代表"StateName"所处的第 3 个位置。

下面是本节介绍的有关 Reducer 的常见命令, 尝试回忆其语法与功能:

```
ee.Reducer.count() .countEvery() .first() .histogram()
.allNonZero()
.anyNonZero() .frequencyHistrogram() .toList() .toCollection()
.sum() .product() .mean() .variance()
.std_dev() .sampleVariance() .sampleStdDev() .max()
.min() .minMax() .median() .mode()
.intervalMean() .percentile() .linearFit() .combine()
.repeat() .repeat() .group()
```

5. 2. 4　Kernel

如果一个像素的值由它周围像素的值来确定, 那么确定这个像素值的过程叫作卷积, "周围"的概念则可以通过核 Kernel 来表现。

下面介绍几种常见的锐化卷积操作命令，代码如下，执行效果如图5.48所示。

```
var Beijing = ee.FeatureCollection ( " users / liyalan / China _
Provinces" )
    .filterMetadata( 'NAME', 'equals', 'Beijing' ).first().geometry();
var BJ_DEM = ee.Image( "USGS /SRTMGL1_003" ).clip( Beijing );
var DEM_Roberts = BJ_DEM.convolve( ee.Kernel.roberts() );
var DEM_Prewitt = BJ_DEM.convolve( ee.Kernel.prewitt() );
var DEM_Sobel = BJ_DEM.convolve( ee.Kernel.sobel() );
var DEM_Compass = BJ_DEM.convolve( ee.Kernel.compass() );
var DEM_Kirsch = BJ_DEM.convolve( ee.Kernel.kirsch() );

Map.addLayer( BJ_DEM, { min: 0, max: 1000 }, 'DEM' );
Map.centerObject( Beijing, 9 );
Map.addLayer( DEM_Roberts, { min: -50, max: 50 }, 'DEM_Roberts' );
Map.addLayer( DEM_Prewitt, { min: -300, max: 300 }, 'DEM_Prewitt' );
Map.addLayer( DEM_Sobel, { min: -300, max:300 }, 'DEM_Sobel' );
Map.addLayer( DEM_Compass, { min:-300, max:300 }, 'DEM_Compass' );
Map.addLayer( DEM_Kirsch, { min: -700, max:700 }, 'DEM_Kirsch' );
```

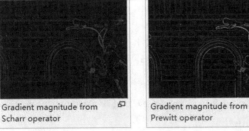

图5.48 锐化卷积操作增加图像的可识别性

（图片来源：https：//en. wikipedia. org/wiki/Roberts_ cross）

可以看出，通过卷积操作之后，图像的纹路更加明显了（或者更加不明显了）。这种处理有助于让计算机识别图像特征，进而促进图像数据的自动化分析。从下面的例子可以看出，卷积处理能显著增强图像的可识别性。

下面介绍几种常见的钝化卷积操作命令，代码如下：

```
var Beijing = ee.FeatureCollection ( " users / liyalan / China _
Provinces" )
    .filterMetadata( 'NAME', 'equals', 'Beijing' ).first().geometry();
var BJ_DEM = ee.Image( "USGS /SRTMGL1_003" ).clip( Beijing );
var DEM_Euclidean = BJ_DEM.convolve(
    ee.Kernel.euclidean( 10, 'pixels', true ) );
var DEM_Gaussian = BJ_DEM.convolve(
    ee.Kernel.gaussian( 10.0, 1.0, 'pixels', true ) );
var DEM_Manhattan = BJ_DEM.convolve(
    ee.Kernel.manhattan( 10, 'pixels', true ) );
var DEM_Chebyshev = BJ_DEM.convolve(
    ee.Kernel.chebyshev( 10, 'pixels', true ) );

Map.centerObject( Beijing, 8 );
Map.addLayer( BJ_DEM, { min: 0, max: 1000 }, 'DEM' );
Map.addLayer( DEM_Euclidean, { min: 20, max: 500 }, 'DEM_Euclidean' );
Map.addLayer( DEM_Gaussian, { min: 40, max: 600 }, 'DEM_Gaussian' );
Map.addLayer( DEM_Manhattan, { min: 40, max: 600 }, 'DEM_Manhattan' );
Map.addLayer( DEM_Chebyshev, { min: 30, max:550 }, 'DEM_Chebyshev' );
```

下面介绍几种常见的卷积核命令，代码如下：

```
var Beijing = ee.FeatureCollection ( " users / liyalan / China _
Provinces" )
    .filterMetadata( 'NAME', 'equals', 'Beijing' ).first().geometry();
var BJ_DEM = ee.Image( "USGS /SRTMGL1_003" ).clip( Beijing );
var DEM_Circle = BJ_DEM.convolve( ee.Kernel.circle( 10, 'pixels',
true ) );
var DEM_Octagon = BJ_DEM.convolve( ee.Kernel.octagon(10,'pixels',
true));
var DEM_Square = BJ_DEM.convolve( ee.Kernel.square(10,'pixels',
true));
var DEM_Diamond = BJ_DEM.convolve( ee.Kernel.diamond(10,'pixels',
true));
var DEM_Cross = BJ_DEM.convolve( ee.Kernel.cross(10,'pixels',
true));
var DEM_Plus = BJ_DEM.convolve( ee.Kernel.plus(10,'pixels',
true));
```

```
var DEM_Fixed = BJ_DEM.convolve( ee.Kernel.fixed( 3, 3,
  [[-1, 0, 0],
  [0, 0, 0],
  [0, 0, 1]]) );


Map.centerObject( Beijing, 8 );
Map.addLayer( BJ_DEM, { min: 0, max: 1000 }, 'DEM' );
Map.addLayer( DEM_Circle, { min: 40, max: 450 }, 'DEM_Circle' );
Map.addLayer( DEM_Octagon, { min: 40, max: 510 }, 'DEM_Octagon' );
Map.addLayer( DEM_Square, { min: 36, max: 480 }, 'DEM_Square' );
Map.addLayer( DEM_Diamond, { min: 40, max: 429 }, 'DEM_Diamond' );
Map.addLayer( DEM_Cross, { min: 35, max: 452 }, 'DEM_Cross' );
Map.addLayer( DEM_Plus, { min: 35, max: 518 }, 'DEM_Plus' );
Map.addLayer( DEM_Fixed, { min: -323, max: 224 }, 'DEM_Fixed' );
```
下面介绍 Kernel 的旋转和添加操作命令，代码如下：
```
var Beijing = ee.FeatureCollection ( " users/ liyalan/ China _
Provinces" )
    .filterMetadata( 'NAME', 'equals', 'Beijing' ).first().geometry();
var BJ_DEM = ee.Image( "USGS/SRTMGL1_003" ).clip( Beijing );
var DEM_Kernel = BJ_DEM.convolve( ee.Kernel.roberts() );
var DEM_Kernel_Rotate = BJ_DEM.convolve( ee.Kernel.roberts()
.rotate( 1 ) );
var Add_Kernel = ee.Kernel.fixed( 3, 3, [[-1, 0, 0],
  [0, 0, 0],
  [0, 0, 1]]);
var DEM_Added = BJ_DEM.convolve( ee.Kernel.roberts().add( Add_
Kernel ) );


Map.addLayer( BJ_DEM, { min: 0, max: 1000 }, 'DEM' );
Map.centerObject( Beijing, 8 );
Map.addLayer( DEM_Kernel, { min: -155, max: 138 }, 'DEM_Kernel' );
Map.addLayer( DEM_Kernel_Rotate,
  { min: -160, max: 150 }, 'DEM_Kernel_Rotate' );
Map.addLayer( DEM_Added, { min: -180, max: 152 }, 'DEM_Added' );
```
下面是本节介绍过的常见的 Kernel 和卷积操作命令，尝试回忆其语法和功能。
```
ee.Kernel.roberts() ee.Kernel.prewitt() ee.Kernel.sobel()
ee.Kernel.compass()
ee.Kernel.kirsch() ee.Kernel.laplacian4()
ee.Kernel.laplacian8() ee.Kernel.euclidean()
```

```
ee.Kernel.gaussian( )  ee.Kernel.manhattan( )
ee.Kernel.chebyshev( )  ee.Kernel.circle( )
ee.Kernel.octagon( )  ee.Kernel.square( )  ee.Kernel.diamond( )
ee.Kernel.cross( )
ee.Kernel.plus( )  ee.Kernel.fixed( )  Kernel.rotate( )
kernel.add( )
```

5.2.5　Algorithm

算法（Algorithm）的目的是减少重复运算，我们可以将其理解为一个"小程序"，借助这个小程序可以对数据集内的每一个数据都进行同样的操作。

下面是算法的语法格式：

function 函数名（变量）｛操作｝

算法的核心在于操作的编写。编写操作时要注意两点：第一，应该按照目标数据集确定变量名，比如针对栅格数据集的操作变量可以写作 Image 或者 img，这样能够提高操作的可读性。第二，操作必须包含 return 命令以告诉 GEE 算法的目的是什么。

下面是算法的两个例子，其目的分别是给栅格数据集中的每个图像添加 NDVI 数据，以及给 Feature Collection 中的每个 Feature 添加面积字段，具体代码如下，操作结果如图 5.49、图 5.50 所示。

```
var Img_L8 = ee.ImageCollection( "LANDSAT/LC08/C01/T1_TOA" )
  .filterBounds( ee.Geometry.Point( 116.405,39.905 ) )
  .filterDate( '2020-01-01', '2020-12-31' )
  .select( 'B[4,5]' )
  .limit( 3 );
function add_NDVI ( image ){
  var NDVI = image.normalizedDifference( ['B5','B4'])
  return image.addBands( NDVI )
}
var L8_NDVI = Img_L8.map( add_NDVI );

print( Img_L8.first(), L8_NDVI.first() );
var China_Provinces = ee.FeatureCollection( "users/liyalan/China_Provinces" );
function Add_Area ( feature ){
  var Calc_Area = ee.Number( feature.area() )
    return feature.set( 'Area_km2', Calc_Area.divide( 1000*1000 ) )
}
var PR_With_Area = China_Provinces.map( Add_Area );

print( China_Provinces.first(), PR_With_Area.first() );
```

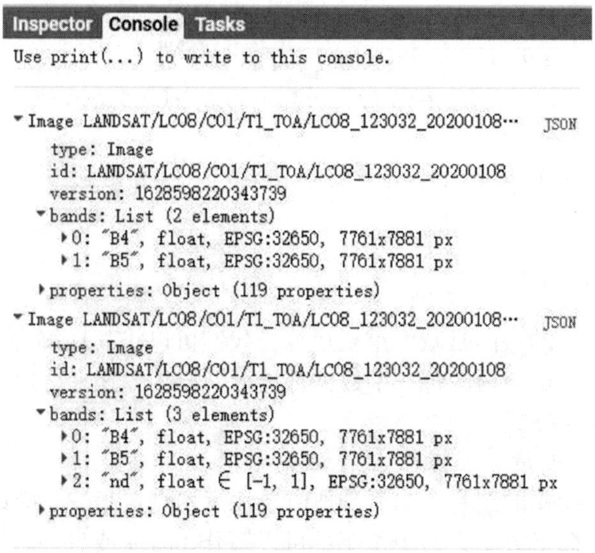

图 5.49　利用算法添加 NDVI

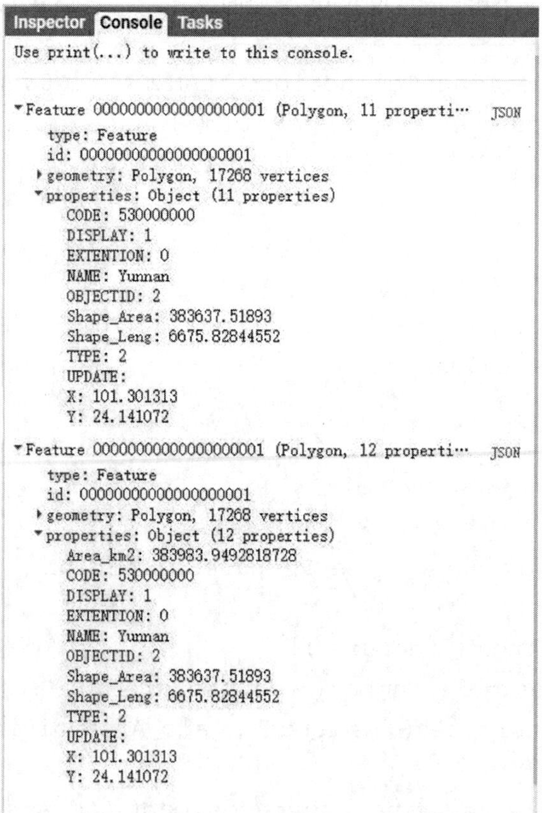

图 5.50　利用算法添加面积

第二部分　　GEE 应用

第6章 基 础 实 验

6.1 Google Earth Engine 简介

Google Earth Engine 是基于云的地理空间处理平台。Earth Engine 可通过 Python 和 JavaScript 的应用程序接口获得（API）。JavaScript API 可以通过一个名为代码编辑器的基于 Web 的集成开发环境（IDE）来访问。用户可以在此平台上编写和执行脚本，以共享和重复地理空间分析和处理工作流程。使用代码编辑器可以访问 Earth Engine 的全部功能。在本练习中，将学习代码编辑器平台并探索 JavaScript 中的一些基本编程概念。使用 Earth Engine 代码编辑器需要具备一些基本的编码和 JavaScript 知识。

6.1.1 代码编辑器 IDE 简介

在本练习中，将使用 Google Earth Engine 代码编辑器。与基于 GUI 的 Explorer 平台相比，该平台提供了更大的灵活性，可以创建复杂的和自定义的分析工作流程。在代码编辑器中，将编写 JavaScript 代码以访问和分析图像。

1. 探索 JavaScript 代码编辑器

（1）在 Google Chrome 浏览器中，导航至 URL：https：//code. earthengine. google. com/。

① 如果出现提示，请允许 Earth Engine 代码编辑器访问 Google 账户。

② 进入如图 6.1 所示的"代码编辑器"界面。

（2）使用上面的图形指导，然后单击左上方面板，"Scripts and Documentation" 面板中的选项卡。

① 在 Scripts 选项卡下，请注意各种预加载的示例脚本，这些脚本演示了功能并提供了可用于分析的代码。可以查看这些内容，以开始了解 Earth Engine 可以执行哪些操作。在当天创建并保存脚本之后，该脚本将在专用存储库中。

② 在 Docs 标签下，有一个可搜索的文档列表，用于预定义的 GEE 对象类型和方法。请注意，这些是按类型分类和组织的。选择一个感兴趣的对象，然后单击它以查看信息窗口，其中包含方法和相关参数的描述（必填和可选）。任何可选参数均以斜体显示。（示例脚本包括许多此类方法的示例，请尝试使用脚本搜索栏搜索它们。）

（3）使用上方的图形，单击右上面板中的 Inspector，Console 和 Tasks 选项卡。

①使用 Inspector（类似于 ArcMap 中的标识工具）来轻松获取有关地图上指定点（通过在"Map Panel"中单击指定）的图层信息。

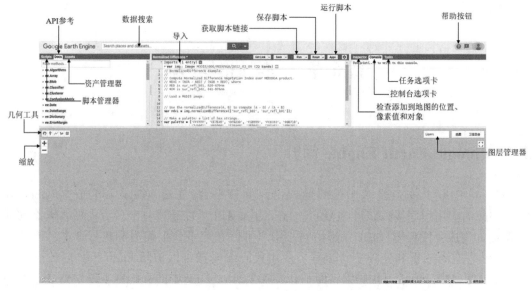

图 6.1　GEE 代码编辑器

② Console 用于在脚本运行时返回消息，并打印有关数据、中间产品和结果的信息。它也记录任何诊断信息，如有关运行时错误的信息。

③ Tasks 选项卡用于管理数据和结果的导出。

（4）单击右上角的帮助按钮 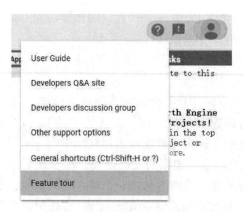（图 6.2），然后选择"Feature tour"以了解有关 API 的每个组件的更多信息；单击"Feature tour"中的选项，以更加熟悉代码编辑器的每个组件。

图 6.2　GEE 帮助按钮

2. 使用 Google Earth Engine 检索数据

（1）在网络浏览器（例如 Google Chrome）中打开 Google Earth Engine 主页：

https：//earthengine. google. com/。

（2）单击右上角的数据集。这将使用户快速概览 Earth Engine 中可用的某些数据。花一点时间通读有关图像、地球物理数据、气候和天气以及人口统计数据的信息。

6.1.2 处理图片

1. 打开一个新脚本

（1）如果尚未打开 Code Editor 网页，请在 Google Chrome 中打开：https：//code. earthengine. google. com/。

（2）单击"Reset"按钮旁边的下拉箭头，然后选择"Clear script"，如图 6.3 所示。

图 6.3　Clear script 按钮

2. 创建一个代表单个 Landsat 8 图像的变量

（1）使用下面框中的代码创建代表 2015 年 Landsat 8 图像的 ee. Image 对象的变量。将下面的代码复制并粘贴到代码编辑器中：

```
//Get the image.
var lc8 _ image = ee.Image ('LANDSAT/ LC8 _ L1T _ TOA/
LC81290502015036LGN00');
```

关于 JavaScript 语法的注释：

a. 双斜杠//是 JavaScript 中的注释字符。这些会阻止该行上的文本执行，对于在代码中创建注释很有用。

b. 使用关键字 var 在 JavaScript 中声明变量。变量可以是数字、字符串、对象、对象集合等。变量用于存储信息，以供稍后在脚本中使用。在上述情况下，用户要命名变量 lc8_image 并使用它来引用要分析的栅格数据集。

c. ee. Image（）是一个 GEE 函数，它告诉 GEE 用户要将图像加载为对象（在这种情况下，将其另存为名为"lc8_image"的变量）。在 JavaScript 中，函数以字母开头，并在末尾带有一对括号。函数通常包括输入或参数，它们告诉函数该做什么，并在括号内指定。在这种情况下，用户在括号内指定的参数是图像 ID。

上面语句的通用版本是：ee. Image（'image_id'）。"image_id"是用户要加载的图像（"LANDSAT/LC8_L1T_TOA/LC81290502015036LGN00"）并使用变量（lc8_image）进行引用。

d. 在此函数（ee. Image）中指定图像 ID 的语法是将字符串（图像 ID'LANDSAT/LC8_L1T_TOA/LC81290502015036LGN00'）用括号括起来。图片 ID 用引号引起来，因为集合和图片名称一起是一个字符串。字符串是在本示例中命名特定数据集的字符集。各个陆地卫星场景的陆地卫星图像 ID 可在 glovis. usgs. gov 上找到。用户将在第 8 章中对此做更多的研究。

e. JavaScript 语句以分号结尾。

（2）运行代码并观察结果。单击"Run"按钮，然后注意在地图或控制台中什么都没有发生。这段代码仅创建变量，没有打印或显示任何内容。

3. 将图像添加到"代码编辑器"映射中

（1）将以下代码复制并粘贴到脚本中或输入脚本中。这些额外的行会将 Landsat 图像添加到地图面板。将这些行添加到上一步的代码下方。当用户点击运行时，GEE 将按顺序执行代码（行）。

```
//Add the image to the map.
Map.addLayer( lc8_image );
```

（2）运行代码并查看结果

① 单击"Run"按钮。这次将在"Map Output"窗口中加载图像。如果用户没有放大所选影像区域，那么他将什么都看不到。

② 使用光标在地图视图中导航（单击并拖动）到影像所在区域，并找到用户调用的图像。如果脚本为用户完成了此操作，那就很好，接下来，用户将该语句添加到脚本中。

4. 居中和缩放地图窗口

接下来，用户将添加一条语句来设置缩放因子和地图输出窗口居中的位置。Map. centerObject（）是一个函数，它告诉 GEE 地图输出窗口的位置。

（1）在 GEE 代码编辑器窗口中已有的四行代码下面复制并粘贴两行代码（如下），单击"Run"：

```
//Center the map display on the image.
Map.centerObject( lc8_image, 6 );
```

（2）若要缩小图像，请将第二个参数输入小于 6 的数字。若要放大更多，请增加第二个输入参数（尝试数字 8）。修改语句，使其看起来像下面的两行，然后单击"Run"。

```
//Center the map display on the image.
Map.centerObject( lc8_image, 8 );
```

（3）在左上方的面板中，从"Scripts"切换到"Docs"标签。输入 Map. centerObject（）到 Docs 搜索栏。

5. 探索地图窗口工具

使用代码编辑器地图查看器工具浏览图像 lc8_image（'LANDSAT/LC8_L1T_TOA/LC81290502015036LGN00'）。

（1）用户可以使用地图输出面板左侧的工具进行缩放和平移，如图 6.4 所示。

（2）使用"Layers"工具（在地图输出面板的右侧）可以打开或关闭图像（Layer），如图 6.5 所示。

注：即使用户将 LANDSAT/LC8_L1T_TOA/LC81290502015036LGN00 图像另存为名为 lc8_image 的变量，该图像的名称在输出地图窗口的"Layers Legend"中仍默认标记为 Layer_1。如用户将在后面看到，可以将"Layers"工具中显示的名称更改为更能描述所显

图 6.4　GEE 缩放平移工具

图 6.5　GEE 图层工具

示数据的名称。

（3）向上滑动透明度杠杆（滑动条层名称的先前图像中的右侧）。这将使"Layer 1"透明，从而显示下面的基本地图。

6. 浏览检查器窗口

（1）点击"Earth Engine Code Editor"界面右上角的"Inspector"标签。将光标置于地图窗口中，光标将变为十字形。

（2）使用检查器（十字准线）在地图上的任意位置单击，以标识图像中所选位置上每个波段的像素值，图 6.6 为输出示例。

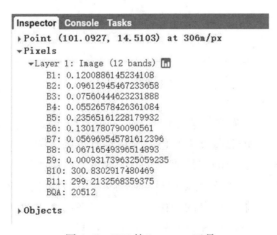

图 6.6　GEE 的 Inspector 工具

7. 更改可视化参数以改善显示

现在用户可以看到该图像，但是颜色参数不适用于该图像。接下来，用户将更改可视化参数。

（1）通过单击代码编辑器左面板中的"Docs"选项卡，在"Map"组中打开有关 addLayer 函数的文档：展开"Map"组，然后从列表中选择"Map. addLayer"（如图 6.7 所示）；或在"Filte 方法…"搜索栏中搜索 Map. addLayer。

（2）查看显示的文档（如图 6.7 所示）。这里提供了有关此函数的用法和参数的信息。需注意的是，某些输入选项（例如 vis）在文档中以斜体显示。这意味着这些是可选参数，可以在 Map. addLayer 语句中指定或忽略这些参数。如果要跳过可选参数，请使用"undefined"作为占位符。有关示例，请参见下面的语句：

```
//Add the image to the map and name the layer in the map window.
Map.addLayer( lc8_image, undefined, 'Landsat8scene');
```

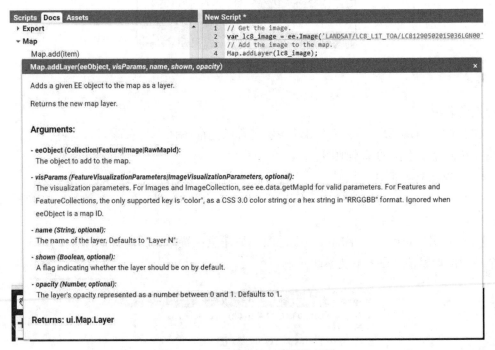

图 6.7　Docs 选项卡查看函数文档

注：有许多选项可用于调整图像的显示方式，最常用于修改显示设置的输入包括：

① 波段：允许用户指定要渲染为红色、绿色和蓝色的波段。

② 最小和最大：设置颜色的拉伸范围。范围取决于数据类型。例如，无符号的 16 位图像的总范围为 0 到 65536。用户可以将此选项显示设置为该范围的子集。

③ 调色板：指定用于显示信息的调色板。用户将在后文中看到如何使用此选项。

④ 命名约定（在"Layers Legend"中）：用户也可以在此处指定出现在 Layers Legend

中的名称。用户在上面的代码中将此层命名为"Landsat8scene"。

⑤ 语法：这些可选参数中的大多数作为键值对输入字典对象中。语法为：

```
{vis_param1: number, number, number
vis_param2: 'string, string, string',
//or an array of strings like this:
vis_param2: ['string', 'string', 'string']}
```

（3）修改 Map. addLayer（）函数以将图像显示为假彩色合成，并进行拉伸以改善显示效果。修改前面步骤中的 Map. addLayer（）语句，使其看起来像（4）中的代码。（4）中的代码包括要显示的波段（波段 6、5 和 4）的可选参数，指定拉伸范围以改善可视化效果，并最终为图像提供显示名称。

（4）单击"Run"，然后使用地图工具浏览结果。请注意，"Layers（legend）"下的名称现在为 Landsat8scene：

```
//Add the image to map as a false color composite.
Map.addLayer( lc8_image,
  { bands:'B6,B5,B4', min: 0.05, max: 0.8, gamma: 1.6 },
  'Landsat8scene' );
```

注：在上面的语句中，已经为用户插入波段的名称。如果用户想自己查看它们，则可以使用打印功能（或检查器）来识别波段的名字（例如 B6，B5，B4）。

（5）用户也可以在列表中将频段指定为字符串。查看下面的语句，它将执行与上面的语句相同的操作：

```
//Add the image to map as a false color composite.
Map.addLayer( lc8_image,
  { bands:['B6', 'B5', 'B4'], min: 0.05, max: 0.8, gamma: 1.6 },
  'Landsat8scene' );
```

（6）将以下语句复制并粘贴到代码编辑器中，然后单击"Run"：

```
//Print the image information.
print( lc8_image );
```

（7）现在，在"Console"选项卡中，单击"图像 LANDSAT /…"旁边的箭头以显示图像属性。然后单击"bands"旁边的箭头以显示 band 属性。第一个波段（索引为 0）称为 B1，第二个波段（索引为 1）称为 B2，依次类推。参考图 6.8。

注：要了解用于查看 Landsat 8 和 Landsat 5 或 Landsat 7 的波段组合，请查看以下链接中的 Landsat 波段比较：http：//landsat. usgs. gov/L8_band_combos. php。

（8）单击"Code Editor"面板右上方的"Save"按钮，以保存示例脚本供将来参考。将此脚本命名为 Visualize Landsat 8 图像。

注：还有更多选项可用于在地图窗口中可视化数据，例如设置掩码或将两个数据集拼接在一起。

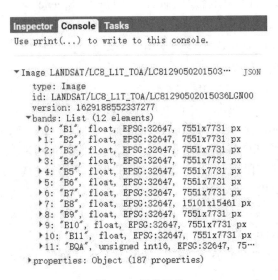

图 6.8　图像属性

6.1.3　运行示例脚本并查看结果

（1）单击左侧面板中的"Scripts"选项卡，然后展开"Examples"组（图 6.9）。

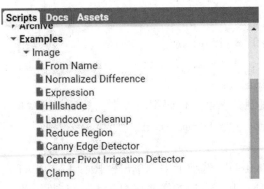

图 6.9　示例脚本

（2）向下滚动，直到看到"Image"组。如有必要，请单击三角形以展开该组。

（3）从示例脚本列表（存储在 Image 组中）中选择 Normalized Difference 脚本。它将脚本复制到"Code Editor"面板中。

（4）图 6.10 显示了应显示在"Code Editor"面板（中上部面板）中的脚本。

注：脚本是计算机执行某些过程所遵循的一系列指令。它就像食谱一样——一套烹饪指南，厨师按照这些指南一个接一个地制作一道菜。在代码编辑器平台中，指令被编写为 JavaScript 语句。计算机使用这些语句来告知 Earth Engine 用户正在请求什么信息。

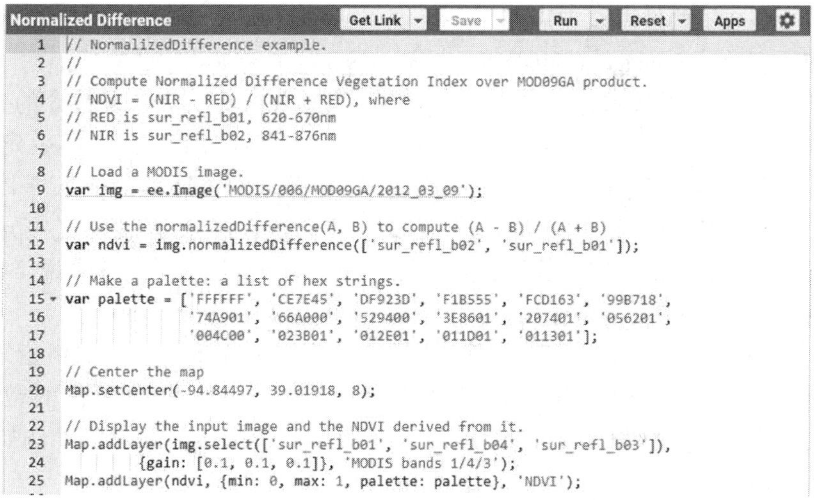

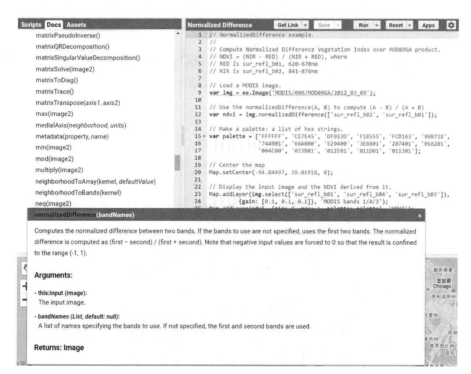

图 6.10　Code Editor 脚本显示

（5）逐行（或逐条）读取 Normalized Difference 脚本（图 6.11），以查看其作用。

图 6.11　NDVI 脚本示例

①图 6.11 右上第 1~6 行是笔记或注释，包括开发人员描述脚本。行注释用//表示，

在行的开头加双斜杠。脚本执行时，代码编辑器将忽略注释。

②第 8 行完成了两件事。它声明了一个变量，称为 img。然后为该变量分配一个值。该值为 MODIS 映像 ee. Image（'MOD09GA/MOD09GA_005_2012_03_09'）。

③第 12 行执行了几项操作。它声明一个值并将其分配给一个名为 ndvi 的变量。它还调用 Earth Engine 中的 Normalized Difference 方法并将其应用于上一行中定义的变量"img"。将波段"sur_refl_b02"和"sur_refl_b01"指定为该计算的输入（该方法的参数）。这两个波段是 NIR 和 Red MODIS 波段，因此计算结果是归一化差异植被指数（NDVI）图像。计算出的 NDVI 图像就是分配给 ndvi 变量的图像。具体来说，它是代表计算的图像（sur_refl_b02-sur_refl_b01）/（sur_refl_b02 + sur_refl_b01）。

④第 15~17 行声明了变量、调色板，并为其分配了一个数组，该数组指定了十六进制颜色代码的调色板，用于显示最终的 NDVI 图像。十六进制颜色的范围从白色（FFFFFF），到棕色（例如 CE7E45），到黄色（例如 FCD163），到绿色（例如 529400），到极暗（011301）。

注：用户可以在 http：//www. colorhexa. com/上阅读有关十六进制颜色代码的更多信息。

⑤第 20 行将地图中心对准感兴趣的区域。括号内前两个参数的值为美国堪萨斯城的经度和纬度，第三个值为缩放级别。

⑥第 23~25 行将数据添加到地图输出窗口（下部面板）。由代码可知输出了两个图像，分别为第 9 行由原始 MODIS 图像定义的 img 变量以及第 12 行计算得到的 NDVI 结果图。

（6）单击代码编辑器右上方的"Run"按钮以运行"规范化差异"脚本。单击代码编辑器右上方的"Run"按钮以运行"Normalized Difference"脚本（图 6.12）。

图 6.12　运行脚本按钮

用户应该会看到一个 MODIS 图像，并且生成的 NDVI 图像出现在屏幕底部的地图输出窗口中。

（7）使用地图查看器工具在地图输出窗口中可视地检查结果。

①单击或光标悬停在屏幕底部"Map"输出面板右上角的"Layers"按钮上（如图 6.13 所示）。

②取消选中并选中 NDVI 层旁边的框，以打开和关闭 NDVI 层。

③单击并前后拖动滑块以调整 NDVI 层的透明度，查看 NDVI 图像下方的 MODIS 图像（请参见图 6.13，带有可视化参数框）。

（8）使用检查器面板浏览生成的 NDVI 图像中的值。

单击右上方面板中的"Inspector"选项卡（图 6.14）：

① 将光标悬停在地图上。请注意，用户的光标已变成十字形。

② 单击地图上的任意位置，并观察在"Inspector"选项卡下的窗口中显示的值。图

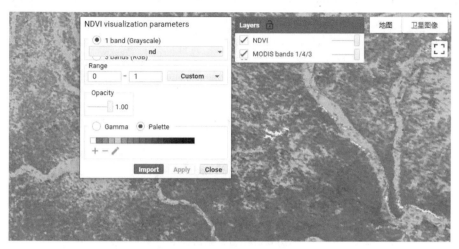

图 6.13　图层可视化参数框

图 6.14　"Inspector"选项卡

6.15 显示了单击位置处的像素值，包括 MODIS 图像名称下方、显示波段的 MODIS 波段值、计算得到的 NDVI 值。

图 6.15　"Inspector"选项卡查看像素值

6.2　图像对象和方法

代码编辑器提供了访问 Earth Engine 的全部功能，但是，需要基本了解编码和 JavaScript 的基本原理。在此练习中，用户将了解 JavaScript 语法和几个关键的 Earth Engine 空间数据概念。本次练习的重点是与 Earth Engine 中的单个栅格图像相关的属性和方法（或函数）。但是，用户也将得到其他类型的地球引擎空间对象的简要介绍。本小节将让用户编写一个简单的 JavaScript 脚本。此外，用户还将学习关于融合表的知识。

6.2.1　设置工作空间

1. 打开新脚本

（1）打开 Google Chrome 中的代码编辑器网页，如果它尚未打开，请输入网址：https：//code. earthengine. google. com/。

（2）单击 Reset 按钮旁边的下拉箭头，并选择 Clear script（图 6.16）。

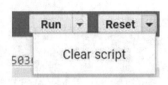

图 6.16　打开新的脚本

2. 创建一个变量，代表一张 Landsat 8 图像

使用下面的代码创建一个表示为 ee. image 的变量作为 Landsat 8 图像的图像对象。复制并粘贴下面的代码到代码编辑器中：

```
//Store an image in a variable, lc8_image.
var lc8_image = ee.Image(
  'LANDSAT/LC8_L1T_TOA/LC81290502013110LGN01');
//Display the image in the map window.
Map.addLayer( lc8_image,
  { min: 0.05, max: 0.8, bands: 'B6,B5,B4' },
  "Landsat 8 Scene" );
//Center the map window.
Map.centerObject( lc8_image, 8 );
```

6.2.2　图像处理

在代码编辑器中，可以随时使用全面的工具集合来分析和处理用户已经了解的图像对象。这些都是 Earth Engine 的方法和功能。

1. 在用户的 Landsat 图像上计算 NDVI

用户可以用归一化差分（）方法计算图像上的归一化差分植被指数（NDVI）。复制下面的代码并粘贴到脚本的底部。单击"Run"，将计算图像中每个像素的 NDVI 值。

```
//Create an NDVI image using bands the NIR and red bands (5 and 4).
var NDVI = lc8_image.normalizedDifference( ['B5', 'B4']);
//Display the NDVI image with a grayscale stretch.
Map.addLayer( NDVI,
  { min: -0.2, max: 0.5, palette: ['FFFFFF', '339900']},
```

```
         "NDVI" );
```

2. 云掩膜

（1）用如下代码代替 6.2.1 节中所示代码。

```
//Get a Landsat image.
var lc8_image = ee.Image(
  'LANDSAT/LC8_L1T_TOA/LC81290502013110LGN01' );
//Add the image to the display.
Map.addLayer( lc8_image,
  { min: 0.05, max: 0.8, bands: 'B6,B5,B4' },
  "Landsat 8 Scene" );
//Center the map on the image.
Map.centerObject( lc8_image, 8 );
```

（2）运行脚本。注意图像东半部分有云层。接下来，用户将构建一个流程来从图像中删除这些内容。

（3）首先，用户将创建一个变量 cloud_ thresh。这将存储云可能性阈值。起草完脚本后，用户可以很容易地更改此变量的值。更改值并重新运行脚本，以调查研究区域适当的云阈值。此处指定云阈值可能性：

```
var cloud_thresh = 40;
```

接下来，用户可以使用地球引擎算法，使用亮度、温度和归一化雪指数（NDSI）组合计算简单的云似然性分数。这种可能性在 0~100 的范围内表示，其中较大的值表示像素被云化的可能性更大。用户可以在 Docs 标签中阅读更多相关内容，如图 6.17 所示。

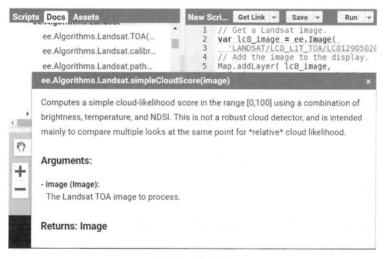

图 6.17　算法介绍

（4）复制下面的代码并将它们粘贴在脚本的底部。这将生成一个范围从 0~100 的栅格层，具有较高值的像素更有可能是云：

```
//Add the cloud likelihood band to the image.
var cloudScore = ee.Algorithms.Landsat.simpleCloudScore ( lc8 _
image );
```

（5）将云层添加到地图上，复制下面的代码并将它们添加到脚本的底部，单击"Run"。使用 Inspector 检查器在地图的不同位置查找值，查看多云区域被分配的值。

① 通过打开/关闭图层，使用 Inspector 选项卡功能观察两个 Map. addLayer（）语句结果之间的区别。

② 检查完 cloudScore 栅格后，从脚本中删除（或注释）这些行：

```
//Add the cloud image to the map.
//This will display the first three bands as R, G, B by default.
Map.addLayer( cloudScore, {}, 'Cloud Likelihood, all bands' );

//Since you are interested in only the cloud layer,
//specify just this band to be displayed in the
//parameters of the Map.addLayer statement.
Map.addLayer( cloudScore, { bands: 'cloud' }, 'Cloud Likelihood' );
```

（6）从 ee. Algorithms. Landsat. simpleCloudScore（）方法生成的栅格中返回一个包含 13 个波段的图像：其中 12 个波段来自 Landsat 图像，第 13 个波段是新的波段——云得分/似然值。在陆地卫星图像中，云分数带对于掩膜云很有用。复制下面的代码并粘贴到脚本的底部。这将把"云"带设置为一个名为"cloudLikelihood"的变量：

```
//Isolate the cloud likelihood band.
var cloudLikelihood = cloudScore.select( 'cloud' );
```

（7）复制下面的代码并粘贴到脚本的底部。这段代码使用 lt（）方法创建一个二进制光栅，为每个像素赋值：

① 1：表示该像元指数值小于设置的云阈值，判断该像元为云覆盖；

② 0：表示该像元指数值大于设置的云阈值，判断该像元无云覆盖。

```
//Compute a mask in which pixels below the threshold are 1.
var cloudPixels = cloudLikelihood.lt( cloud_thresh );

//Add the image to the map.
Map.addLayer( cloudPixels, {}, 'Cloud Mask' );
```

（8）运行代码并使用 Inspector 选项卡检查不同位置的值。

（9）复制下面的代码，并将它们粘贴在脚本的底部。

① 使用 updateMask（）方法从 Landsat 图像中删除较高云似然值。updateMask（）方法能从输入图像 cloudPixels 的值为 0 的 Landsat 图像中删除像素。

② 运行代码并检查输出。

```
//Create a mask indicating which pixels are likely to be clouds.
var lc8_imagenoclouds = lc8_image.updateMask( cloudPixels );
```

```
//Review the result.
Map.addLayer( lc8_imagenoclouds,
    { bands: ['B6', 'B5', 'B4'], min: 0.1, max: 0.5 },
    'Landsat8scene_cloudmasked' );
```

3. 编辑脚本以掩盖云层之外的雾霾

（1）关闭原始的 Landsat 8 图像，放大到图像中云的边缘。查看用户是否能在掩膜图像的任何区域观察到雾霾的存在。

（2）用户可以尝试通过降低云可能性阈值来减少雾霾。找到变量 cloud_ thresh 并将其值从 40 更改为 20。单击"Run"并查看结果。

① 将云的似然阈值从 40 降低到 20，大幅减少了图像中多云和朦胧像素的存在——其余像素看起来清晰而明亮。

② 思考这是否是一个合适的云可能性阈值。

（3）如果用户愿意，可以使用查看器工具来研究这些图像，并尝试其他阈值。

注：阴影不会从图像中消除。

6.2.3　导出数据

云计算的主要优势是能够将计算负载和数据存储转移到云上来完成复杂的任务；然而，对于许多应用程序，用户可能希望导出并保存结果。在这个练习中，将学习如何使用代码编辑器导出结果，用户可以保存、共享，并在其桌面的 GIS 分析中使用这些结果。

1. 加载一些要导出的图像

在此过程中，用户将导出 2005 年冠层高度数据的子集，这些数据来自地球科学激光高度计系统（GLAS）的星载激光雷达数据和辅助地理空间数据。

（1）将以下语句复制并粘贴到空代码编辑器面板中。单击"Run"按钮以浏览数据集。

```
//Store the canopy height image as a variable, canopyHeight.
var canopyHeight = ee.Image( "NASA/JPL/global_forest_canopy_height_2005" );

//Add the data to the map window.
Map.addLayer( canopyHeight, { min: 0, max: 36, palette: ['FFFFFF', '00FF00'] }, 'canopy height' );

Map.setCenter( 100.096435546875, 13.966054081318301, 8 );
```

（2）接下来使用绘图工具绘制一个小多边形，代表用户想提取冠层高度数据的区域。如果需要复习如何数字化几何图形，请参考 6.3.2 小节。注意：多边形越小，下载时间越快。

2. 生成直方图

下面是生成刚刚数字化的研究区域冠层高度直方图的脚本。复制并粘贴到代码编辑面板，以研究研究区域的树冠高度范围。

```
//Generate the histogram data.
var canopyHeightHistogram = Chart.image.histogram( canopyHeight,
geometry ).setOptions( { title: 'Histogram of Canopy Height' } );
//Display the histogram.
print( canopyHeightHistogram );
```

3. 导出数据

可以通过导出功能从代码编辑器中导出数据，该功能包括图像、表和视频的导出选项。用户将利用 Export. image. toDrive（）来下载图像数据集。还可以导出用户的图像作为系列谷歌云存储。

导出方法有几个可选参数，这样就可以控制输出数据的重要特征，比如分辨率和投影。

4. 查看 Export. image. toDrive（）的文档

在 Docs 选项卡下，导航并打开 Export. image. toDrive（）功能文档，保存在 Export 组下。

5. 创建导出任务

将下面的语句添加到脚本的底部。这将在任务选项卡中创建一个任务，用户可以使用该任务来导出图像，将图片导出到用户的 Google Drive。有关这里指定的参数的讨论，请参阅下面的文本框：

```
//Export the image to your Google Drive.
Export.image.toDrive( {
  image: canopyHeight,
  description: "MyFirstExport",
  maxPixels: 1e8,
  region: geometry,
  crs: 'EPSG:32647',
  scale: 1000
} );
```

注：在本例中，用户指定了一些可选参数，可以被 Export. image（）识别。虽然此功能有几个可选参数，但熟悉这些参数还是有价值的。

① 最大像素：这限制了输出图像中像素的数量。默认情况下，此值被设置为 10000000 像素。用户可以设置此参数来提高或降低限制。1e8 是 10 的 8 次方（10^8）。

② 区域：默认情况下，将导出代码编辑器的视口，但用户也可以指定一个几何图形来更改导出范围。

③ crs：输出图像的坐标参考系统。这是使用 EPSG 代码指定的。用户可以在 http：//spatialreference. org 上查找所需的空间投影的 EPSG 代码。

④ 尺度：分辨率，单位是米/像素。冠层高度数据集的原生分辨率是 30 弧秒，或大约 1 千米。

190

6. 执行任务导出镜像到 Google Drive

注: Google Drive 是一个无论什么数据都只会临时储存的驱动器,用户可以下载。

(1)运行脚本。代码编辑器右上方的"Tasks"选项卡将高亮显示(图 6.18)。

图 6.18   "Tasks"选项卡高亮显示

(2)单击任务选项卡,然后单击"RUN"按钮(如图 6.19 所示),将数据导出到用户的 Google Drive。

图 6.19   导出数据至 Google Drive

(3)查看启动导出窗口(Initiate export)中显示的信息,然后单击"Run"按钮开始运行。

注: 此任务将被导出到用户谷歌账户下的 Google Drive。这将是一个 1000m 分辨率的 GeoTiff 图像,根名称为 MyFirstExport。

(4)在单击 Initiate export 窗口底部的"Run"按钮以启动导出之后,屏幕将显示导出正在处理。代码编辑器任务选项卡下的任务旁边现在应该有一个旋转的 GEE 图标。导出任务可能需要一些时间。完成后,此图标将消失,任务名称将变为蓝色。如图 6.20 所示。

图 6.20   导出过程

注: 如果用户尝试导出 Landsat 场景,而没有首先对图像进行子集设置以获得感兴趣的波段,则会得到一条错误消息(图 6.21)。这是因为 Landsat 图像中的波段并不是都保存为相同的数据类型。大多数波段是 32 位浮动(float 32),但 BQA 是一个无符号 16 位整数(UInt 16)。用户可以使用打印功能查找每个波段的数据类型(见图 6.22)。用户可以分别导出前 10 个波段,或将不匹配的波段 BQA 转换为数据类型来匹配其他波段(例如,UInt 16 到 float 32)。

7. 查看结果

(1)导出完成后,使用以下链接导航到 Google 驱动器:https://drive.google.com/drive/my-drive。

(2)在谷歌硬盘里查找新图片,名称类似于 MyFirstExport-000000000-00000000.tif。

(3)下载其中一个图像,并在首选的 GIS 软件(例如 ArcMap 或 QGIS)中查看。

图 6.21　导出报错

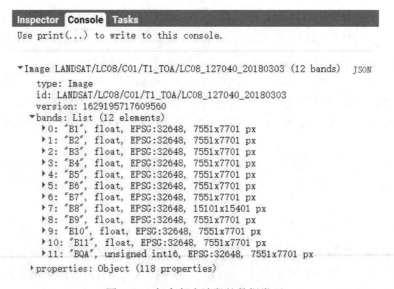

图 6.22　打印每个波段的数据类型

注：① 一旦两个 Landsat 图像组合都成功导出到 Google Drive，就可以下载它们并在喜欢的 GIS 软件中查看它们。导出时间取决于数据的大小、一天中的时间以及其他用户从谷歌 Earth Engine 中请求的内容。

② Google Drive 数据管理说明：从 Google Drive 下载数据后，可以考虑将数据从 Google Drive 中删除（图 6.23），以节省空间（取决于账户的存储容量）。

请确保在将它们放入 Google Drive 垃圾回收站中后，也要进入回收站清空垃圾以真正释放存储空间（图 6.24）。

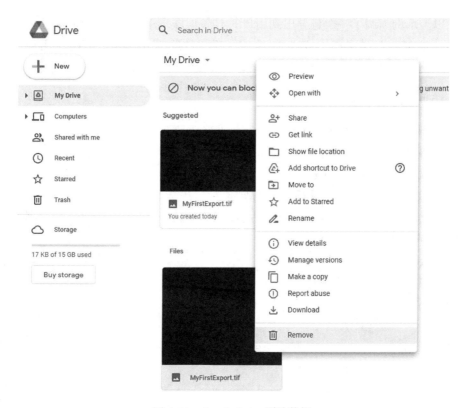

图 6.23　Google Drive 删除数据

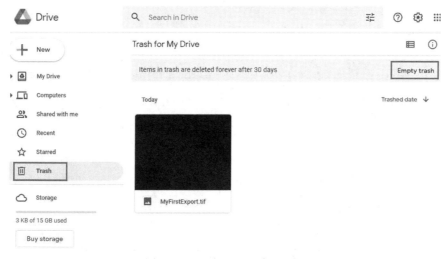

图 6.24　Google Drive 清空垃圾

8. 将完整脚本保存到 GEE 账户

（1）单击代码编辑器窗口中的"Save"按钮。

（2）输入新名称或接受默认名称，然后单击"OK"按钮。

注：以上示例强调了一个将导出到用户的 Google 账户下的 Google Drive 任务。每次下载都将是一张 30m 分辨率的 GeoTiff 图像，每幅图像约为 370MB，应确保用户的 Google Drive 上有足够的空间。如有必要请删除和清空垃圾，以腾出更多的空间。

6.2.4　访问元数据

在创建脚本时，了解如何访问图像元数据非常重要。

（注：下列例子来自 Earth Engine Documentation，可以在以下链接中找到：https://developers.google.com/earth-engine/image_info。）

（1）从代码编辑器面板中清除以前的脚本。

（2）检查下面的声明，然后复制并粘贴以下内容到代码编辑器中。运行脚本并调查每个 print 语句中返回的内容。

```
//Get an image
var lc8_image = ee.Image(
'LANDSAT/LC8_L1T_TOA/LC81290502015036LGN00');

//Add the image to the map as a false color composite
Map.addLayer( lc8_image
  { bands:'B6, B5, B4', min: 0.05, max: 0.8, gamma: 1.6 },
  'Landsat8scene');

//Center the map on the image
Map.centerObject( lc8_image, 9 );

//Retrieve information about the bands as an Earth Engine list
var bandNames = lc8_image.bandNames();
print( 'Band names:', bandNames );

//Get projection information from band 1
var b1proj = lc8_image.select( 'B1' ).projection();
print('Band 1 projection:', b1proj );

//Get scale (in meters) information from band 1
var b1scale = lc8_image.select( 'B1' ).projection().nominalScale();
print( 'Band 1 scale:', b1scale );

// Note that different bands can have different projections and
scale
```

```
var b8scale = lc8_image.select( 'B8' ).projection().nominalScale();
print( 'Band 8 scale: ', b8scale );

//Get a list of all metadata properties
var properties = lc8_image.propertyNames();
print( 'Metadata properties: ', properties );

//Get a specific metadata property
var cloudiness = lc8_image.get( 'CLOUD_COVER' );
print( 'CLOUD_COVER: ', cloudiness );

//Get the timestamp and convert it to a date
var date = ee.Date( lc8_image.get( 'system:time_start' ) );
print( 'Timestamp: ', date );
```

6.2.5 关于对象的一些背景知识

1. 对象

(1) JavaScript 对象：JavaScript 是在一个简单的基于对象的范例上设计的。对象是属性的集合，属性是名称（或键）和值之间的关联。属性的值可以是函数，在这种情况下，属性称为方法。除了在浏览器中预定义的对象之外，用户还可以定义自己的对象。（摘自 Mozilla 开发者网络 JavaScript 指南：https://developer.mozilla.org/en-US/docs/Web/JavaScript/Guide/Working_with_Objects。）

在此处阅读更多有关 JavaScript 对象的信息：https://developer.mozilla.org/en-US/docs/Web/JavaScript/Guide/Working_with_Objects 或此处：http://eloquentjavascript.net/06_object.html。

(2) Earth Engine 对象：这些对象在 Earth Engine 中具有意义，但在一般的 JavaScript 应用程序中没有意义。Earth Engine 对象的例子包括图像（例如一个陆地卫星场景）和图像集合（一个陆地卫星场景集合）。这里的重点是地球引擎对象及其相关的地理处理方法。但是，区分 Earth Engine 对象和 JavaScript 对象非常重要，这样就不会错误地将一种对象的方法应用到另一种对象上。

2. 对象属性及其相关方法

(1) 属性：对象具有属性。每个属性都有一个名称和一个值（可能为空）。名称和值会告诉用户有关对象实例的一些情况。例如，图像对象具有特定于该对象的属性。Landsat 场景是一个图像对象，具有 12 个波段以及多个属性，这些属性表示场景的获取时间（系统：time_start）和提供商（USGS）设置的场景元数据等内容。

(2) 方法：对象类型特有的函数称为方法。它们可以检索数据、排序数据、更新对象属性的值等。例如，之前使用标准化差异，这是一种图像对象方法。

3. 地球引擎图像对象

在 GEE 代码编辑器中，栅格数据可以通过两种类型的对象表示：图像对象或图像集合。

（1）图像：栅格数据在地球引擎中以图像对象的形式表示。一个图像对象代表一个单一的栅格图像，例如在给定日期收集的单个 Landsat 图像、Landsat 中值合成图像或地形数据集（DEM）。图像由零个或多个波段组成，每个波段都有一个名称、数据类型、像素分辨率和投影。每个图像还具有存储为属性字典的元数据。通过以下链接了解更多内容：https：//developers. google. com/earth-engine/image_info。

（2）图像集合：指一组图像。例如，Landsat 8 TOA 反射率收集（Landsat/LC8_L1T_TOA）包括了 Landsat 8 自 2013 年 4 月 11 日以来收集的所有图像，这些图像经正射校正后得到大气顶层反射率。集合有利于时间分析或创建包含来自多个采集图像的无云合成。

4. 地球引擎矢量物体

Earth Engine 使用几何数据类型（如 GeoJSON 或 GeoJSON GeometryCollection）存储矢量数据：其中包括点、线条字符串、线性环和多边形。用户可以使用绘图工具或坐标列表以交互式创建几何形状。特性由几何图形组成，像图像一样，也由属性字典组成。

用户可以在 Earth Engine 中创建具有几何体、GeoJSON 特性或特性集合的对象。Shapefile 可以被转换为融合表，然后作为 FeatureCollection 在 Earth Engine 中访问。

6.3 图像采集

代码编辑器提供了对 Earth Engine 全部功能的访问；但是，需要对编码和 JavaScript 的基础知识有基本的了解。在本小节中，将继续学习 JavaScript 语法和一些新的 Earth Engine 空间数据概念。本节将在上一节中所学的有关图像对象知识的基础上继续学习；不过，现在将把重点转向处理图像集合或类似图像对象的堆栈。在本节中，重点介绍与 Earth Engine 中的图像收集相关的基本概念和方法。在 Earth Engine 代码编辑器中练习编写和运行代码，以访问光栅图像集合，对其进行时间（按日期范围）和空间（如按研究区域）过滤，处理几何图形，并探索一些图像处理功能。

6.3.1 使用图像集合

图像集合是指 Earth Engine 中的一组图像。例如，GEE 中的所有 Landsat 8 图像都在一个 ImageCollection 中。

在代码编辑器中，可以使用整个图像集合，也可以使用过滤器创建图像集合的子集（例如，表示特定研究区域或特定时间段）。通过以下链接了解更多内容：https：//developers. google. com/earthengine/ic_info。

1. 打开新脚本

（1）在 Google Chrome 中打开代码编辑器网页（如果尚未打开）：https：//code. earthengine. google. com/。

（2）单击 "Reset" 按钮旁边的下拉箭头，然后选择 "Clear script"，如图 6.25 所示。

图 6.25 打开新脚本

2. 创建陆地卫星图像采集对象

（1）通过在代码编辑器中输入或复制/粘贴下面的代码，创建一个引用所有可用 Landsat 8 图像的图像集合的变量：

```
//Get an image collection.
var landsat8_collection = ee.ImageCollection( 'LANDSAT/LC8_L1T_
TOA');
```

（2）要将此集合添加到地图，请复制下面的代码并将其粘贴到代码编辑器中。然后单击"Run"按钮执行所有行。

```
//Get an image collection and center the display.
Map.addLayer( landsat8_collection, { min: 0.05, max: 0.8, bands:
  'B6,B5,B4' }, 'Landsat Collection');
Map.setCenter( 100.56, 13.94, 7);
```

这里映射了什么？图像集合有许多图像，但并非所有图像都已映射。当用户使用 Map.addLayer 图层函数将图像集合添加到地图窗口，默认情况下显示最近的像素。

（3）如果添加 print 语句，则可以确定集合中有多少图像。将以下行复制并粘贴到脚本底部：

```
//Print the information about the image collection.
print( landsat8_collection );
```

① 但是，由于图像集合相当大，因此控制台中会返回一条错误消息（图 6.26）。累积了超过 5000 个元素的元数据后，打印集合查询中止。接下来，用户将按空间和时间参数对集合进行筛选，并学习一种更好的方法来获取图像集合中图像数量的计数。

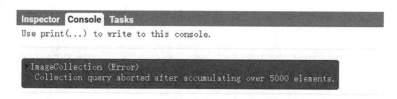

图 6.26 图像集合过大返回错误信息

② 把打印出来的语句注释掉。稍后将返回到此：

```
//Print the information about the image collection.
```

```
//print( landsat8_collection );
```

6.3.2　空间边界滤波图像采集

1. 绘制几何图形以稍后用作地理过滤器（空间边界）

几何体是 Earth Engine 中的另一种地理空间对象类型。要加载 Shapefile 或其他向量文件，需要使用 Fusion 表，这将在下节中学习。可以快速手绘直线或多边形，也可以通过放置点来创建几何体。

（1）在地图窗口的左上角，有几个用于绘制几何图形的按钮（图 6.27）。其中包括一只小手（用于在图像周围平移）、一个上下颠倒的泪滴形状、一条线、一个多边形和一个矩形。

图 6.27　几何工具

（2）单击多边形，这将允许用户绘制一个感兴趣的研究领域的几何图形。在地图显示窗口中单击以围绕感兴趣的区域（例如您的家乡）创建多边形。请记住，可以打开和关闭陆地卫星图像以查看下面的基础层。双击以关闭多边形。

（3）关闭多边形后，代码编辑器面板顶部将有一条导入记录。请参阅图 6.28 中的红色箭头和方框。

在本例中，var 后面是另一个单词 geometry。这是用户刚刚在下面的地图中创建的记录。可以在脚本中通过引用名为 geometry 的变量来使用它。或者可以通过单击导入中的变量名将其重命名为更具描述性的名称。

（4）单击单词 geometry。将名称由 geometry 改为 studyArea。

（5）单击 var studyArea 行旁边的箭头以查看所创建几何体的详细信息（请参见图 6.29 中的示例）。

① 用户可以通过单击导入行旁边的蓝色框来显示生成的代码。此代码可以复制并粘贴到下面的脚本或任何脚本中。

② 如果将鼠标悬停在 var studyArea 线上，左侧会出现一个垃圾桶图标。这可用于删除导入的几何图形。

2. 按几何体过滤图像采集

（1）现在用户已经准备好过滤图像集合，landsat8_collection。回到"代码"面板，复制下面的代码并将它们粘贴到代码编辑器中。确保将它们复制到最初创建图像集合的语句 landsat8_collection 下面。

图 6.28 导入记录

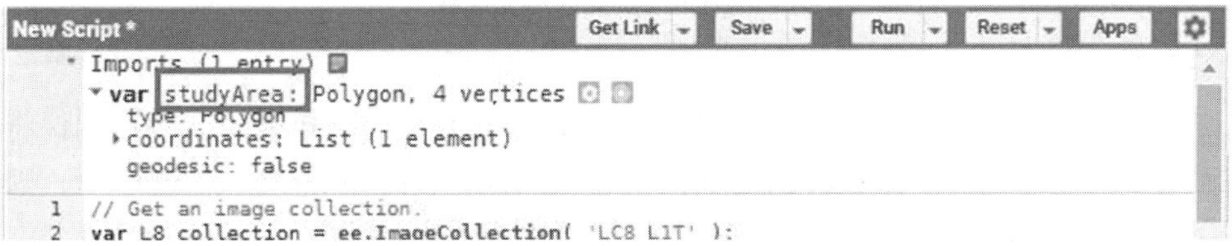

图 6.29 修改导入研究区名称

//Filter to the scenes that intersect your study region.

var landsat8 _ studyArea = landsat8 _ collection.filterBounds
(studyArea);

（2）更改 Map. addlayer 为 landsat8_studyArea 的声明（以下包括修改的声明）。将其移到创建 landsat8_studyArea 变量的语句下面。

（3）更改 Map. setCenter 为 map. centerObject 并更新输入参数。这将使地图窗口在用户创建的几何体上居中（示例如下）。将其移到创建 landsat8_studyArea 变量的语句下面：

//Display the image.

Map.addLayer(landsat8_studyArea,

{ min: 6000, max: 17000, bands: 'B4, B3, B2' },

199

```
  'Landsat 8 in study region');
 //Center the display on the study region.
 Map.centerObject( studyArea, 7 );
```

（4）再次单击"Run"。现在，图像集合将被过滤，以仅包含与绘制的多边形相交的图像（图 6.30）。

图 6.30　与研究区相交影像

（5）修改 print 语句以打印新图像集合 landsat8_studyArea 的详细信息（请确保将此语句移到 landsat8_studyArea 变量的创建下面）。如果图像集合的图像少于 5000 个，则有关该集合的信息将打印到控制台。图像集合的大小因数字化几何体的大小而异。

```
 //Print information about the filtered image collection.
 print( landsat8_studyArea );
```

（6）还可以使用 image collection size（）方法确定集合中有多少图像。复制以下语句并将它们粘贴到脚本的底部，然后运行脚本。

```
 //Count and print the number of images.
 var count = landsat8_studyArea.size();
 print('Count of landsat8_studyArea: ', count);
```

6.3.3　临时过滤图像采集

创建有日期限制的图像集合：

（1）添加一条语句，使用 filterDate（）方法按时间长度过滤图像集合（请参见下面的示例脚本）。filterDate（）允许我们指定开始和结束日期作为参数，以减小集合的大小满足项目目标。新的线路根据拍摄日期为数据采集增加了一个过滤器，即 landsat8_studyArea。

（2）接下来，添加 count 和 print 语句以查看新图像集合中有多少图像。

（3）完整的脚本复制如下，供参考。修改脚本以匹配并运行代码。

```
//Get an image collection.
var landsat8_collection = ee.ImageCollection( 'LANDSAT/LC8_L1T_TOA' );

// Filter the collection to scenes that intersect your study region.
var landsat8_studyArea = landsat8_collection.filterBounds( studyArea );
//Filter the collection to a time period of interest.
var landsat8_SA_2015 = landsat8_studyArea.filterDate( '2015-01-01', '2015-12-31' );
//Display the image collection and
//center the map on the study region.
Map.addLayer (landsat8_SA_2015,
  { min: 0.05, max: 0.8, bands: 'B6,B5,B4' } );
Map.centerObject( studyArea, 7 );

//Count the number of images.
var count = landsat8_studyArea.size();
print( 'Count of landsat8_studyArea: ', count );

//Count the number of images.
var count15 = landsat8_SA_2015.size();
print( 'Count of landsat8_SA-2015: ', count15 );
```

（4）下面是一些其他方法，用户可以使用这些方法来浏览图像集。这些内容摘自用户文档的下一页：https://developers.google.com/earth-engine/ic_info。

```
//Get statistics for a property of the images in the collection.
var sunStats = landsat8_studyArea.aggregate_stats ( 'SUN_ELEVATION' );
print( 'Sun elevation statistics: ', sunStats );

//Sort by a cloud cover property, get the least cloudy image.
var LoCloudimage =
  ee.Image( landsat8_studyArea.sort( 'CLOUD_COVER' ).first() );
```

```
print( 'Least cloudy image: ', LoCloudimage );
```

```
//Limit the collection to the 10 most recent images.
var recent = landsat8_studyArea.sort( 'system:time_start', false )
.limit( 10 );
print( 'Recent images: ', recent );
```

6.3.4 还原器简介

本节重点介绍 Earth Engine 中的还原器。还原器通过计算统计信息（例如每个像素的平均值）来处理图像集合。输出是一个图像对象（单个光栅层），它表征了整个图像采集的某些质量。要了解有关还原器的更多信息，请访问用户指南：https://developers.google.com/earth-engine/reducers_image_collection。

（1）首先，简化用户正在使用的脚本。在代码编辑器中修改脚本以匹配下面的语句（或者从一个新脚本窗口开始，并将下面的语句复制到代码编辑器中，需确保重新绘制研究区域）。然后运行脚本。

```
//Get a collection.
var landsat8_collection = ee.ImageCollection( 'LANDSAT/LC8_L1T_
TOA' );
```

```
//Filter to scenes that intersect your boundary.
var landsat8 _ studyArea = landsat8 _ collection.filterBounds
( studyArea );
```

```
//Filter to scenes for time period of interest.
var landsat8_SA_2015 = landsat8_studyArea.filterDate( '2015-01-
01', '2015-12-31' );
print( landsat8_SA_2015, 'landsat8_SA_2015' );
```

（2）现在添加一些语句来创建和显示一个非常简单的中值合成，使用 median（）图片集合还原方法。这将创建一个图像对象（单个图像），表示过滤集合中所有图像的每个波段的中值。

```
//Reduce the ImageCollection to get the median in each pixel.
var median_landsat8_2015 = landsat8_SA_2015.median();
print( median_landsat8_2015, 'median_landsat8_2015' );
```

```
//Display the result and center the map on the study region.
Map.addLayer( median_landsat8_2015,
  { min: 0.05, max: 0.8, bands: 'B6,B5,B4' } );
Map.centerObject( studyArea, 7 );
```

（3）检查结果并注意以下事项：

① 查看 print 语句的输出。从图 6.31 中可看到，2015 年 8 月 8 日和 2015 年 8 月 8 日的中位数一个是图像采集对象，另一个是图像对象（单个光栅）。

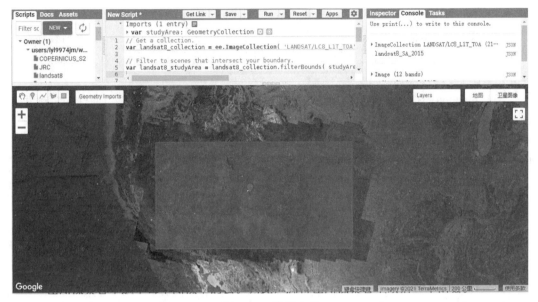

图 6.31　结果查看

② 通过在地图屏幕左上角的"几何体导入"框中关闭图层，可以打开研究区域的显示（请参阅图 6.31）。

③ 合成图像仅包含与研究区域相交的陆地卫星路径行（缩小以查看整个范围）。

④ 由于用户正在查看集合中所有图像的中值像素值，因此图像也相对无云。

运行中值还原器，仍然可能有一些像素看起来像云。在运行中值还原器之前，最好在图像集合中遮罩每个图像中的云。为此，用户将在图像集合上映射一个函数。

（4）保存脚本，将其命名为"Ex 3 Image Collection Part 5"。后面在练习中将返回到它。

6.3.5　功能入门

当开发脚本时，它开始变得很长。为了保持它的条理化并创建更高效的代码，可以重新使用利用函数构建的片段。函数将代码分解成不同的部分，将这些部分包装起来，并为它们提供一个名称，用户可以在以后需要时调用这些名称。函数本质上是模块化的可重用代码。例如，用户可能有一个函数来获取感兴趣的数据集，一个函数用于分析它们，最后一个函数用于导出它们。用户可以将代码分解为这三个部分——每个部分都包装为一个函数。

当用户有一系列要在代码中重复多次的语句时，函数也非常有用。例如，假设用户想要计算数据的平均值或一系列光栅的归一化差异植被指数（NDVI），可以创建一个函数，每当用户想在代码中执行其中任何一个时都可以调用该函数，而不必每次都重新编写这些片段。

1. 结 构

函数构建：

（1）var：声明用于存储函数的变量。

（2）functionName：单词 function 后面是要调用函数的名称。用户可以给函数命名任何他喜欢的名字，函数命名与变量命名的规则相同（不能以数字开头，应该是描述性的，等等），用等号进行赋值。

（3）function：指示新变量为函数对象。编写 JavaScript word 函数，所有的情况都小写。

（4）Input parameters：在 word 函数之后，添加一个开括号和一个闭括号。这些参数将由用户传递给函数的输入参数集填充，对于没有参数的函数则留空。输入参数是一段信息（可以存储在变量中），在调用时传递给函数。如果有许多要包含的参数，请用逗号分隔。要创建计算图像 NDVI 的函数，请将计算 NDVI 的图像设置为输入参数。

（5）Curly brackets：在包含输入参数的圆括号之后，添加一个开括号和一个闭括号。

（6）Code：在开括号和闭括号之间编写要在函数中执行的代码（一条语句或数百行）。

（7）Call the function：一旦创建了一个函数，除非调用它，否则不会执行。若要在代码中使用函数，请编写函数名，后跟圆括号，圆括号内包含所需的输入参数，并以分号结束语句。

```
var functionName = function( parameter_1, parameter_2 ){
  //code to execute
  //more code to execute
  //…
};


//call the function
var storeOutput = functionName( input_1, input_2 );
```

这是函数的基本结构。下面将通过制作一个简单的计算和函数来练习。

注：公共约定首先声明并指定（所有）函数，然后在脚本中稍后调用它们。它不是必需的，但它使代码更易于阅读。

2. 创建一个函数来计算数字的和

（1）单击 "Reset" 按钮旁边的向下箭头，打开要在其中工作的新空间。然后选择清除脚本。或者只是打开一个新标签，然后转到 code. earthengine. google. com. 。

（2）下面的代码是计算两个值之和的函数的示例。

（3）JavaScript 使用 return 语句将本地值返回到主程序。

（4）通过声明一个变量并将其设置为函数返回值，可以创建一个可以在脚本的其他地方使用的变量。

```
var calculate_sum = function( in_value1, in_value2 ) {
  //Calculate the sum.
  var sum = ee.Number( in_value1 ).add( ee.Number( in_value2 ) );
  //Return the sum.
  return sum;
}
```

```
//Now declare a variable and
//set it to the value the function returns.
//Include two numbers to sum as the input parameters.
var sum_test = calculate_sum( 75, 82 );
print( sum_test );
```

（5）一旦创建了一个函数，就可以随意多次调用该函数。用新参数再次调用它。这一次，把选择的两个数字相加，然后打印结果。

```
var sum_test2 = calculate_sum( 790, 1.555 );
print( sum_test2 );
```

```
var sum_test3 = calculate_sum( 133, 765 );
print( sum_test3 );
```

6.3.6 创建一个云掩膜函数

回想一下在 6.2 节中，学习了去云操作，现在将把它写成一个函数，后面在脚本中可以调用它。

加入云掩膜语句：

（1）将下面的行复制并粘贴到空的代码编辑器窗口中。

① 内容应该看起来很熟悉，因为这是用户在 6.2 节中学习的遮盖云的过程。

② var 关键字和变量名将函数保存为一个对象，用户可以稍后引用，maskClouds。

③ function（ ）表示变量 maskClouds 是函数对象类型。

④ 缩进函数中的所有行，以便于阅读代码。

```
//Get an image.
var lc8_image = ee.Image('LANDSAT/LC8_L1T_TOA/
LC81290502013110LGN01');
```

```
//Specify the cloud likelihood threshold.
var cloud_thresh = 40;
```

```
//Create the cloud masking function.
var maskClouds = function( image ){
```

```
//Add the cloud likelihood band to the image.
var cloudScore = ee.Algorithms.Landsat.simpleCloudScore( image );

//Isolate the cloud likelihood band.
var cloudLikelihood = cloudScore.select( 'cloud' );

//Compute a mask in which pixels below the threshold are 1.
var cloudPixels = cloudLikelihood.lt( cloud_thresh );

//Mask these pixels from the input image.
//Return the masked input image.
return image.updateMask( cloudPixels );

}

//Run the function on the lc8_image and save the result.
var lc8_imageNoClouds = maskClouds( lc8_image );

//Review the masked image and assess the output.
Map.addLayer( lc8_imageNoClouds,
    { bands: ['B6', 'B5', 'B4'], min: 0.1, max: 0.5 },
    'Landsat8scene_cloudmasked' );
```
（2）保存用户的脚本并命名"Ex3_CloudMaskFunction"。

6.3.7　跨图像集合的映射函数

现在已经知道了该函数的工作原理，请将其应用于在本练习的前半部分中使用 map 创建的图像集合。

（1）将 lc8_image 替换为脚本中已过滤的图像集合。请参阅下面的完整示例：

```
//Store the Landsat 8 image collection in a variable.
var landsat8_collection = ee.ImageCollection( 'LANDSAT/LC8_L1T_
TOA' );

//Filter to scenes that intersect your study region.
var landsat8 _ studyArea = landsat8 _ collection.filterBounds
( studyArea );

//Filter to scenes for your time period of interest.
```

```
var landsat8_SA_2015 = landsat8_studyArea.filterDate( '2015-01-
01', '2015-12-31' );

//Specify the cloud likelihood threshold.
var cloud_thresh = 40;

//Create the cloud masking function.
var maskClouds = function( image ){

  //Add the cloud likelihood band to the image.
  var cloudScore = ee.Algorithms.Landsat.simpleCloudScore( image );

  //Isolate the cloud likelihood band.
  var cloudLikelihood = cloudScore.select( 'cloud' );

  //Compute a mask in which pixels below the threshold are 1.
  var cloudPixels = cloudLikelihood.lt( cloud_thresh );

  //Mask these pixels from the input image.
  //Return the masked input image.
  return image.updateMask( cloudPixels );
};
```

（2）现在添加一条语句，将函数映射到整个图像集合。然后将遮住云的图像集合添加到地图显示中。参见下面的 map 语句示例：

```
//Mask the clouds from all images in the image collection
//with the map function.
var landsat8_SA_2015NoClouds = landsat8_SA_2015.map( maskClouds );

//Add the first masked image in the collection to the map window.
Map.addLayer( ee.Image( landsat8_SA_2015NoClouds.first() ),
  { min:0.05, max: 0.8, bands: 'B6, B5, B4' },
  'first image with clouds masked' );

//Center your map.
Map.centerObject( studyArea, 7 );
```

（3）在刚刚创建的 landsat8_SA_2015NoClouds 图像集合上使用中值还原器来聚合集合中所有图像的信息。请参见下面的示例代码：

```
//Reduce the collection to the median value per pixel.
```

```
var median_L8_2015 = landsat8_SA_2015NoClouds.median();

//Print the information of the reduced image.
print( median_L8_2015,'median_L8_2015');

//Display reduced image in the map window.
Map.addLayer( median_L8_2015,
  { min: 0.05, max: 0.8, bands:'B6,B5,B4'},
  'median composite of cloud free images');
```

6.4　遥感应用

遥感是在不与物体发生物理接触的情况下获取有关物体的信息。遥感包括利用航摄像片或卫星获取有关地球表面的信息。这两种方式都是被动遥感的例子，即通过探测仪器获取目标物本身发射或反射自然辐射源的辐射能量。雷达是主动遥感的一个例子，因为传感器同时发送和接收无线电波。无线电波反弹所需的时间被用来生产在天气报告或跟踪系统中看到的不同类型的信息。

在这个实验中，用户将探索不同类型的被动遥感卫星数据，还将学习如何使用卫星影像分析土地覆盖。土地覆盖是覆盖地球表面的物质（如森林、海洋、不透水表面等）。

本节研究目标：

（1）研究不同类型的卫星图像（空间、光谱和时间分辨率）。

（2）使用 GEE 探索不同类型的卫星图像。

（3）使用包含训练数据和卫星图像的融合表来创建土地覆盖图。

6.4.1　利用 GEE 探索遥感数据

1. 添加融合表到用户的工作空间

（1）我们将添加的第一个数据是使用 Android 平板电脑上的 ODK 表单创建的融合表。有关如何收集自己的融合表的信息，请参阅谷歌地球扩展教程（https://www.google.com/earth/outreach/tutorials/all.html#odk）。在用户的浏览器中打开 NYC Built 和 Terrestrial Training 数据融合表，并确保所有的过滤器都关闭（在过滤器菜单旁应该可以看到"没有应用过滤器"）。

为了在 GEE 中打开这个融合表，我们需要知道"表 ID"，这只是谷歌中每个融合表的特定代码，可以把它看作一个表地址。如果在 URL 中查看，表 ID 就是第一个"="号到"#"号之间的所有内容。例如在下面的 URL 中，此文件的表 ID 将是：17_ryVGZjVgX7LrDELKjfHfvc9bjsJi3pD0KGarVr（注意：为了说明，突出显示了表 ID，并且'start'（=）和'stop'（#）符号位于表 ID 之外）。

（2）检查融合表的 URL。复制融合表的表 ID。为了在 Earth Engine 中打开表格，用户将需要这个表 ID（请参见下面的说明）。

（3）现在回到 GEE，确保用户在工作区视图（右上角）。点击"Add data"，在弹出的窗口中选择向量类别下的"Fusion Table"，打开一个新窗口（如图 6.32 所示）。将研究的融合表中的表格 ID 粘贴到"Table ID"下的框中。点击"Load Table"［不保存或应用］，在"Class Column"下拉菜单下选择"SiteCode"。SiteCode 将每个点标识为建成的、陆地的或水体。点击"Load Classes"，在"Assign to"下拉菜单下选择"Add new class"。点击"Apply"，用户应该看到地图显示窗口上显示了点。在类型列表中现在有三个未命名的类型。如果把光标放在"untitled"上，就会出现一个铅笔图标。点击它来更改名称。如果不起作用，请单击"Save"，然后再试一次。Class 中，"1"代表建成的这个类别；"2"代表陆生-植被；"3"应该是水体（该数据在另一个文件中）。

所有的点都会显示为红色。没有任何方法可以改变颜色来显示点所代表的不同土地覆盖类型，但是如果用户单击点，仍然可以看到存储在融合表中的信息。点击"Save"，窗口关闭，融合表将被列在"Date"下。如图 6.32 所示。

图 6.32 在 GEE 中打开融合表

重复（3）中的指示，并输入 NYC AquaticTrainingData fusion table 中的水上数据。这个文件只有一个站点代码（3），因为所有的数据都是水体。

（4）用户可以像在 GEE 中浏览数据一样浏览融合表数据。在查看窗口中，用户可以使用地图右侧的滑块放大和缩小，也可以双击放大。可以通过点击和拖动地图上的任何地方来移动，还可以将背景更改为地图视图或卫星视图。在地图上查找融合表数据，确保所有来自纽约、伦敦、阿布扎比和上海的数据都显示在正确的位置。

（5）点击"Manage Workspace"下拉菜单（就在左边地图的上方），选择"Save

Now"。这将允许用户关闭 GEE 之后可以在返回时以保存它的方式找到一切。（如果需要这样做，用户只需要在同一个管理工作区菜单下选择"Restore saved workspace"。）

2. 将卫星影像添加到工作区

现在我们将探讨时间分辨率对卫星影像的影响。进入 GEE 中的"Data Catalog"（右上角），在搜索框中输入"Landsat"，点击"搜索"按钮，会出现上百种不同的陆地卫星数据集。这是因为传感器系统有 8 个版本。Landsat 自 1972 年以来一直在运行，但已经经过了几次修改。最新的传感器系统 Landsat 8 于 2013 年 2 月发射。Landsat 的完整历史可以在这里找到：http：//landsat.gsfc.nasa.gov/？page_id=2281。

谷歌已经编译或创建了几个不同的 Landsat 产品。用户可以访问原始数据或从原始数据中创建数据（例如增强的植被指数）。使用 Google Earth Engine Explorer 搜索窗口，通过复制和粘贴上面的标题，然后点击"搜索"按钮，找到"Landsat 8 Collection 1 Tier 1 8-Day TOA Reflectance Composite"。搜索会有一个包含 7 个结果的列，选择"Open in workspace"链接，链接名称为"Landsat 8 Collection 1 Tier 1 8-Day TOA Reflectance Composite"的数据集（注意：不是"弃用"版本）。这会让用户返回"Workspace"，并且会打开一个窗口让用户为数据选择一些选项（见下文）。关闭窗口，一会儿就会回到这个界面，根据缩放方式，用户可能会或可能不会立即看到陆地卫星图像。

打开数据的一些基本信息（图 6.33）：

图 6.33　2014 年 3 月 6 日至 2014 年 3 月 14 日部分地区 Landsat 8 数据

（1）数据来自最新版本的 Landsat 卫星系统——Landsat 8。Landsat 8 于 2013 年 5 月 30 日开始收集数据。TOA 反射率是指用户所使用的数据是地球表面在大气层顶部的反射率值。这些数据包括了大气本身的一些影响。

（2）这是 Landsat 8 数据的 8 天合成数据，这意味着在 8 天时间内收集的所有数据都被整合到一个全局层中。在数据收集了不止一次的地方，合成图像组合数据，以便将合成图像中的每个像素计算为该位置的中位数像素值。

（3）Landsat 的数据每 16 天收集一次，所以大约一半的地球表面在每 8 天的合成中被捕获。图 6.33 显示了 2014 年 3 月 6 日至 2014 年 3 月 14 日的 8 天综合数据。可以看到，在许多地方没有这个时间窗口的数据，但在其他位置有重叠的"扫描"，导致这些位置有两个数据值。

现在放大到地球上用户熟悉并想用 Landsat 探索的区域。用户可以在工作空间顶部的搜索框中输入某个地点的名称，然后点击出现在"Places"下的名称，从而导航到某些地点。

注：并不是所有地方都有相同日期的数据。用户可能需要调整日期或地点。

Landsat 不是一个高分辨率的卫星，所以它看起来不像用户在谷歌地球上使用的卫星数据。在工作区左侧的数据列表中点击"Landsat 8 Collection 1 Tier 1 8-Day TOA Reflectance Composite"，它将打开"layer features"窗口。下方窗口顶部的计算尺（见图 6.34 中方框）允许用户查看不同日期的 Landsat 8 数据。请记住，由于每隔 16 天收集一次数据，每隔 8 天的窗口都将是空的。

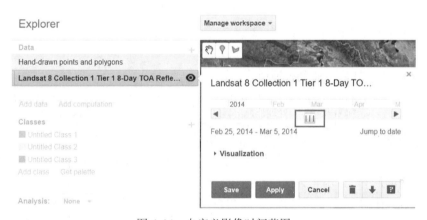

图 6.34　自定义影像时间范围

当滑动滚轮时，思考有多少数据因为云的覆盖而无用。此外，考虑一下季节性是如何在图像中表现出来的。合成图像在处理来自云、阴影或其他缺失数据的干扰时很有用，因为使用几个收集日期的中位数将减少云的影响。当用户完成了对图像的滚动浏览，通过单击窗口底部的垃圾桶符号从工作区中删除图像。

现在，用户将使用不同的 Landsat 数据集来探索卫星影像中不同的光谱（波长）信息。请从下面的网址中查看影像：http：//www.seos-project.eu/modules/remotesensing/remotesensing-c01-p05.html）。如图 6.35 所示，x 轴为电磁能量的波长，灰色波段表示每个 Landsat 7 波段正在测量的电磁波谱面积。

①以 Landsat 7 波段 1 为例，采集的是波长在 0.45 ~ 0.52μm 之间的反射率，在可见光谱中呈蓝色；

②波段 2 呈绿色；

③波段 3 呈红色；

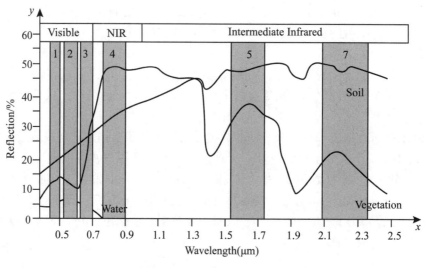

图 6.35　不同地物光谱曲线

④近红外波段 4；

⑤波段 5、7 为其他短波红外波段。

图像上的 y 轴是不同土地覆盖类型的反射率百分比。如图 6.35 所示，水在可见光范围内反射很少，在近红外范围内什么也没有。这意味着，在卫星图像中，水，尤其是清澈的水，看起来是黑色的。现在我们将使用可视化工具来研究这些数据。

在工作空间点击 "Add data"，选择 "Landsat TOA Percentile Composite"，该数据集收集给定时间内的所有 Landsat 影像，并创建不包括云、阴影和缺失数据的数据中值的新影像。将在工作区中打开一个新图像，并将打开调整日期和数据可视化的弹出窗口（见图 6.36 中央公园的图像）。首先选择想看的日期。重要的是，卫星影像与训练数据需要来自同一时间段，我们的训练数据是 2014 年春季的。

当植被是绿色时，也最容易区分植被与其他土地覆盖类型。在像纽约这样的温带气候中，春季和夏季最容易区分植被和其他土地覆盖类型。下面，我们将创建一个从 2014 年 5 月 15 日到 2014 年 8 月 30 日的图像合成，以最大限度地提高我们区分所有地点植被的能力。如果用户创建了自己的训练数据，应该调整这些日期。

选择 "自定义" 按钮，单击 "Start date" 窗口，使用日历导航到 2014 年 5 月 15 日，需要点击日历窗口中的日期。单击 "End date" 窗口，使用日历导航到 2014 年 8 月 30 日，点击 "Apply"，图像将更新。中央公园周围的区域是查看数据的好地方，但要确保缩放范围足够大到仍然可以看到图像中的哈德逊河。现在用户可以通过选择 "Visualization" 来改变数据的可视化方式。在下面的示例中，图像以真颜色显示（红色（30）显示为红色，绿色（20）显示为绿色，蓝色（10）显示为蓝色）。这将帮助用户理解不同波段的数据是如何用于土地覆盖分析的。

在可视化中，将 3 波段改为 1 波段。从 1 波段下拉菜单中选择波段 30（红色）。点击

"Apply"，图像应该由黑变白。图像中任何暗黑色的物体都在吸收红色波长的能量，另一种说法是它不反射红光。使用上面的光谱特征图来帮助用户识别在红色波长中具有低反射率的土地覆盖类型。图像中任何亮白色的物体都反射大量的红色波长。换句话说，人眼看起来是红色的东西，在红色波长的灰度图像上看起来却是白色的。如看中央公园的北端，有几个白色像素簇，这些是从红色的土壤中暴露出的棒球内场。现在切换到波段 40（近红外），可以用同样的方式来解释这幅图像，除了现在图像中所有白色的物体都反射近红外能量，而所有黑色的物体都吸收近红外能量。红光波长不再显示在图像上。

用 3 波段切换回可视化数据，默认值为 30、20、10，这是一个"真彩色"图像，这意味着三个波段的可视光谱由各自的颜色表示。例如，绿色的东西应该在图像中显示为绿色。另一种常见的图像显示方式是使用"假彩色"，即 40 波段（近红外波段）显示为红色，30 波段显示为绿色，20 波段显示为蓝色。

根据上面的值设置波段，将改变图像的外观为"假彩色"。点击"Save"，放大包括植被在内的几种不同土地覆盖类型的区域。如果正在努力寻找一个地点，那么放大到中央公园（见图 6.36）。如果不确定在 Landsat 图像中看到的是什么，可以点击可视化图标 ◉ 。关闭 Landsat 图像，将看到高分辨率谷歌卫星图像或底图。

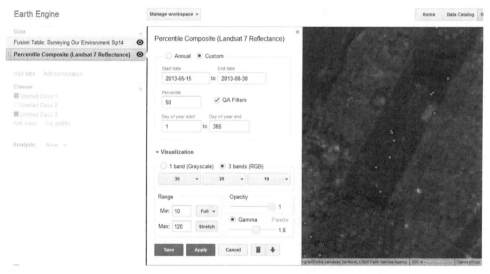

图 6.36　在 Landsat 8 影像上显示融合表数据

现在我们将探索不同空间分辨率的数据。记住，要经常保存工作空间。再次进入"Data Catalog"，使用搜索框搜索"MOD09GQ Surface Reflectance Daily L2G Global 250m"数据集。这是一个空间分辨率为 250m 的 MODIS 数据集，为了将其与 Landsat 图像进行比较，选择 2013 年 7 月 15 日的图片。如果 7 月 15 日因为图像无法获得或太多云不适合所选择的地区，可以选择另一个 7 月的日期。更改可视化以便将近红外反射率数据 sur_refl_b02 在图像中显示为红色，将红光反射率数据 sur_refl_b01 在图像中显示为蓝色和绿色。这将近似"假彩色"图像中的植被为明亮的红色（高近红外反射率）。图 6.37 是纽约市的一个例子。

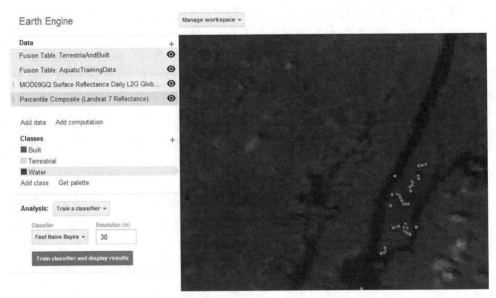

图 6.37 融合表数据在 MODIS 影像上显示

只有"Data"列表顶部的图像才会出现在图像窗口中。为了直观地比较 Landsat 和 MODIS 数据,需要让顶层不可见。通过单击图像名称旁边的可见性图标 ◉ 来控制图像的可见性(见图 6.37)。比较 MODIS 和 Landsat 图像的可用数据。

6.4.2 从卫星图像中创建土地覆盖数据

在实验的下一部分,用户将从 Landsat 影像中创建一张陆地覆盖的地图。土地覆盖和土地覆盖变化是本节的重要组成部分。

该实验的这一部分将提供使用 Landsat 图像和训练数据融合表来创建土地覆盖地图的步骤说明。训练数据是识别出的给定位置的实际土地覆盖的数据集合。这些数据与卫星数据一起进行统计分析,以创建土地覆盖数据。

从工作空间中删除 MODIS 数据(如果不删除它,数据将用于分析)。在"Analysis"选项下选择"Train a classifier"。从"Classifier"下拉菜单中选择"Random Forest"。随机森林(Random Forest)是一种用于从训练数据中创建土地覆盖分类的方法,考虑到我们拥有的训练数据类型,它会产生良好的结果。

点击"Train classifier and display results"按钮,数据列表和图像窗口将显示新的土地覆盖地图。如果点击新图像的名称,将会打开一个类似图 6.38 的窗口。这个矩阵解释了土地覆盖分类与训练数据的匹配程度。例如,在图 6.38 中,七个水体样本点的位置被归类为水,有一个水体样本点被列为植被,这很可能是因为这个样本点离海岸太近了,也可能是因为陆地空间太小以至于无法在 Landsat 图像中"识别",造成在水体和陆地环境之间存在很多混淆。更高空间分辨率的数据可能会更成功地被"识别"。

图 6.38 Landsat 8 影像土地覆盖分类精度

第7章　基于 GEE 的 CHIRPS 降水数据分析

7.1　导言

1. 开发的目的

CHIRPS 是 30 多年的准全球降雨数据集。通过使用 Google Earth Engine，人们可以通过访问 CHIRPS 数据来分析不同规模的降水信息。

2. CHIRPS 的用途

（1）在国家、地区和地方范围内评估降水；

（2）评估降水的季节性；

（3）确定降水增加或减少的地区（降水异常）。

3. CHIRPS 的局限

（1）预测即将到来的季节/年的降水；

（2）调查除降水分布以外的其他因素造成的灾难。

7.2　定义

气候危害群红外线降水与站点数据（CHIRPS）是 30 多年的准全球降雨数据集。"CHIRPS" 工具是使用 Google Earth Engine 的交互式地图，可帮助人们显示和分析各个时间范围和空间区域内的降雨变化（Funk et al.，2014）。

7.3　释义

CHIRPS 是与美国地质调查局（USGS）地球资源观测与科学（EROS）中心的科学家合作创建的，目的是为多个早期预警目标提供可靠、最新和更完整的数据集。从 1981 年到 2016 年 2 月，CHIRPS 跨越 50°S—50°N 及所有经度，将 0.05°分辨率的卫星图像与原位站点数据相结合，以创建栅格化的降雨时间序列，用于趋势分析和季节性干旱监测。

7.4　访问

可以修改 Google Earth Engine-CHIRPS 降水量工具，以输出用户定义区域的降水量时间序列。可以通过使用几何工具定义该用户定义区域，也可以从特定国家/地区选择该区域。

　　该区域通过以下代码导入地图中（用户可以通过左上角的工具绘制感兴趣的区域（图 7.1））。

```
//导入区域
var region = geometry;
```

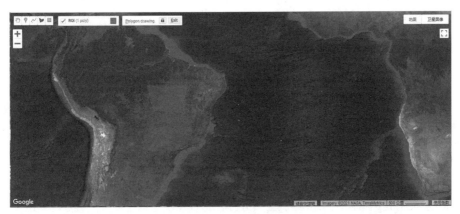

图 7.1　自定义研究区

　　另一方面，用户也可以选择感兴趣的国家。通过使用以下代码，我们选择巴西作为示例（图 7.2）。

```
//识别国家
var Brazil = ee.FeatureCollection( 'FAO/GAUL/2015/level0')
  .filter( ee.Filter.eq('ADM0_NAME','Brazil') );
Map.addLayer( Brazil );
```

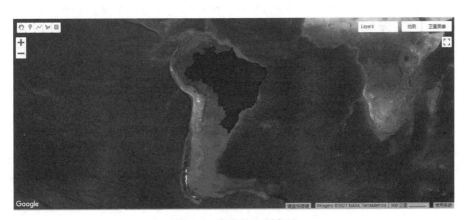

图 7.2　代码载入研究区

　　下一步，载入 CHIRPS 数据：

```
var CHIRPS = ee.ImageCollection( 'UCSB-CHG/CHIRPS/PENTAD' );

//CHIRPS 数据时间范围是 1981-01-01 至 2016-02-27
var precip = CHIRPS.filterDate( '1981-01-01', '2016-02-27' );

//Chart the "Full Precipitation Time Series"
var TS5 = ui.Chart.image.series(
  precip, Brazil, ee.Reducer.mean(), 1000, 'system:time_start' )
  .setOptions({
          title: 'Precipitation Full Time Series',
          vAxis: {title: 'mm/pentad'},
});
print( TS5 );

//制作 2015 年图表
var precip1year=CHIRPS.filterDate( '2015-01-01', '2015-12-31' );
var TS1 = ui.Chart.image.series( precip1year, Brazil,
  ee.Reducer.mean(), 1000, 'system:time_start' ).setOptions({
          title: 'Precipitation 1-Year Time Series',
          vAxis: {title: 'mm/pentad'},
});
print( TS1 );

//输出结果
var BrazilPrecip = precip1year.mean().clip( Brazil );
var BrazilPrecip=precip.mean().clip( Brazil );

Map.addLayer( BrazilPrecip,
  { 'min': 0, 'max': 40, 'palette': "CCFFCC, 00CC66, 006600" } );
Map.addLayer( BrazilPrecip1,
  { 'min': 0, 'max': 40, 'palette': "CCFFCC, 00CC66, 006600" } );
```

用户可以在此处找到整个代码：https://code.earthengine.google.com/81ed65d800fcf4eb61df43f104674c3a。

7.5 分析

用户可以选择绘制和计算一年或多年期间的平均降水量，或任何指定的时间段。还可

218

以选择绘制任何指定区域的平均降水量的时间序列图。

另外，用户还可以创建降水异常。在气候学科中，"异常"一词是指一个量的数值与其气候平均值之间的差。"月度异常"是给定月份某个数量的原始每月值与一年中该月份的每月气候值之间的差。

$$r'_{ij} = r_{ij} - \frac{1}{N}\sum_{j=1}^{N} r_{ij}$$

上式中，j 和 i 表示第 i 月第 j 年；r'_{ij} 是月度异常，r_{ij} 是原始月度值，方程的其余部分是每月气候变化的计算。

例如，降水量的月度异常表明年该月的降水量与其"正常"值之间的差异（正值或负值），以数量的原始单位（例如，毫米/月或每月平均毫米/天））为单位。

计算异常是从时间序列中删除年度周期的一种方法。在某些类型的分析中，例如两次时间序列之间的相关性计算中，如果在时间序列中保留了年周期，则有时两个变量之间的高度相关性可能是该年周期的结果，这可能掩盖了分析更有意义的其他变化。

在 Google Earth Engine 中，用于计算单个位置（经度 60.22°（60°13′12″W））和纬度 -1.73°（1°43′48″S）的点的脚本如下：

```
var chirps = ee.ImageCollection( "UCSB-CHG/CHIRPS/PENTAD" )
var point = ee.Geometry.Point(-60.22, -1.73 )
var means = ee.ImageCollection( ee.List.sequence (1, 12 )
  .map( function( m ) {
    return chirps.filter( ee.Filter.calendarRange( m, m, 'month' ) )
      .mean()
      .set( 'month', m );
}));


//Define time period (in this example for three years)

var start = ee.Date( '2012-01-01' );
var months = ee.List.sequence( 0, 36 );
var dates = months.map( function( index ) {
  return start.advance( index, 'month' );
});
print( dates );


// Group by month, and then reduce within groups by mean( ) the
result is an ImageCollection with one
  // image for each month.

var byMonth = ee.ImageCollection.fromImages(
```

```
dates.map( function( date ) {
  var beginning = date;
  var end = ee.Date( date ).advance( 1, 'month' );
  var mean = chirps.filterDate( beginning, end )
              .mean()
              .set( 'date', date );

  var month = ee.Date( date ).getRelative( 'month', 'year' )
.add( 1 );
  return mean.subtract(
    means.filter( ee.Filter.eq( 'month', month ) ).first() )
      .set( 'date', date );
}));
print( byMonth );
//Map out results
Map.addLayer( ee.Image( byMonth.first() ) );


//Chart the Anomalies

var chart = ui.Chart.image.series( {
  imageCollection: byMonth,
  region: point,
  reducer: ee.Reducer.mean(),
  scale: 10000,
  xProperty: 'date'
});
print( chart );
```

该脚本也可从以下网址获得：https://code.earthengine.google.com/6b7a6b37a7f5c76ee079bd328060d2ed。

7.6　案例研究

以巴西为例，该工具显示了分析不同时间范围内降水的潜力。图 7.3、图 7.4 显示了不同地区的平均五单元降水量。

图 7.5 仅显示了 2015 年的平均五单元降水量。

图 7.6 显示了 2012 年 1 月至 2015 年 1 月期间坐标为 −60.22°（60.22°W）和 −1.72°（1.72°S）的单个位置的降水异常。

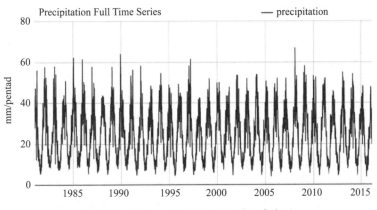

图 7.3　1995—2015 年平均五单元降水量

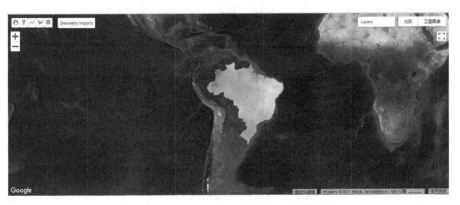

图 7.4　1995—2015 年不同地区平均降水量

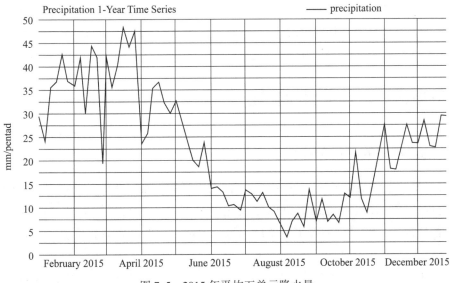

图 7.5　2015 年平均五单元降水量

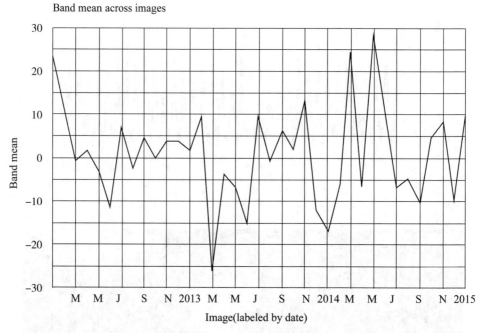

图 7.6　2012 年 1 月至 2015 年 1 月 60.22°W 和 1.72°S 降水异常显示

7.7　训练

在干旱预警和环境监测中，估算降雨在空间和时间上的变化是一个重要方面。巴西的灾害管理人员希望评估降水的季节性，以便在干旱或洪灾发生之前及早采取行动。早在 2015 年，干燥季节是从 7 月到 10 月，平均降水量为 5~15mm/pentad。另一方面，雨季是从 1 月到 4 月，降水量为 25~50mm/pentad。

7.8　卫星估算降水数据的验证

7.8.1　验证不同的卫星数据集

没有卫星数据集是完美的。为了验证不同的卫星数据集，我们需要将卫星数据集与站点数据进行比较，并进行统计分析以比较这两种产品。台站数据集使用雨量计，提供（在大多数情况下）最准确的降水量测量。为了确定哪个数据集最有价值，有必要执行以下统计分析测试。

以-1 和+1 之间的标度测量相关性，以确定两组成对值以线性方式相关的程度即两组值之间的相互关系如何。-0.35~+0.35 之间的数字在统计上不是显著的相关性，但是，数字更接近-1 和+1。-1 是理想的负线性相关，+1 是理想的正线性相关，0 是无相关。

$$r_{xy} = \frac{\sum_{j=1}^{N}(x_j - \bar{x})(y_j - \bar{y})}{\sqrt{\sum_{j=1}^{N}(x_j - \bar{x})^2 \sum_{j=1}^{N}(y_j - \bar{y})^2}}$$

平均误差是两组值之间的逐样本差异的平均值，其中存在 n 个成对的 x 和 y 值，测量估算器（雨量计）与估算值（卫星数据）之间的差异。这个统计数据可以表明一组值通常比比较集（平均值）大还是小。换句话说，平均误差表示卫星的降水量估计是高估还是低估了雨量计的测量值。值可以是正数或负数。

$$\text{ME} = \frac{1}{N}\sum_{j=1}^{N}(x_j - y_j)$$

均方根误差是将两组值中对应的 x 值和 y 值的差的平方和做平均再开方，如下 RMSE 所示。

此统计信息提供两组值之间的差异的绝对值（既不是正值，也不是负值）。较小的值表示较少的错误。

$$\text{RMSE} = \sqrt{\frac{1}{N}\sum_{j=1}^{N}(x_j - y_j)^2}$$

例如，将 1998 年 1 月至 2012 年 12 月这段时间的 CHIRPS 数据集与位于圣保罗（46.9°W，23.6°N）的雨量计站进行比较，我们得到的结果如表 7-1 所示。

表 7-1　**1998 年 1 月至 2012 年 12 月 CHIRPS 数据集与位于圣保罗雨量计站统计分析**

数据集	相关性	平均误差	均方根误差
CHIRPS	0.9703923	2.037247	26.72042

但是，市场上还有其他来自卫星的降水估计，例如：

（1）CMAP：CPC 降水合并分析是五天制（每五天一次），每月对全球降水合并雨量计数据进行分析，并结合红外和微波卫星算法得出降水量估算值。CMAP 的时间范围为 1979 年 1 月至近当前，其空间分辨率为 2.5°经度/纬度。可以在 IRI 数据库中的 "NOAA NCEP CPC Merged Analysis monthly latest ver2" 下找到数据。

（2）CMORPH：气候预测中心变形技术是一种基于低轨道卫星微波观测的高分辨率降水分析技术。它的特征通过对地静止红外卫星数据得出的空间传播信息来传递，并且存在于 2002 年 12 月 7 日至今。CMORPH 每天有三个小时的数据集，其空间域为 0°E—360°E（全球经度），60°S—60°N。该数据每天更新，并且以 0.25°纬度/经度的空间分辨率存在。可以在 IRI 数据库中的 "NOAA NCEP CPC CMORPH" 下找到数据。

（3）GPCP：全球降水气候学项目综合了多种降水源，包括微波卫星估算、红外卫星估算和多个雨量计观测数据集。GPCP 的时间范围为 1979 年 1 月至 2009 年 10 月，具有每月的时间分辨率。GPCP 的空间分辨率为 2.5°纬度/经度。可以在 IRI 数据库中的 "NASA GPCP V2p2 satellite-gauge" 下找到数据。

（4）TRMM：热带雨量测量团通过结合微波和红外卫星的雨量估算得出雨量估算值，以便可以将产品重新调整为月度雨量尺。TRMM 的时间范围为 1998 年 1 月至近乎当前，时间分辨率为 1 天。估算值的空间范围为 180°W—180°E，50°S—50°N，分辨率为 0.25°纬度/经度。数据每月更新一次，可以在 IRI 数据库中的 "NASA GES-DAAC TRMM_L3 TRMM_3B42 v7 daily" 下找到。

通过比较每个可用的不同数据集（表 7-2），我们可以看到 CHIRPS 数据集对于圣保罗的位置而言是最准确的。

表 7-2　　　　　　　　　　　　　　　不同数据集精度对比

数据集	相关性	平均误差	均方根误差
CHIRPS	0.9703923	2.037247	26.72042
CMAP	0.9408509	5.535028	38.02375
TRMM	0.9317468	−11.7647	40.77058
GPCP	0.9256447	−2.836775	40.83574
CMORPH	0.8336335	39.64173	72.90929

7.8.2　时空分辨率问题

在比较不同的数据集并确定最适合用户的应用程序的数据集时，应注意，卫星降水估计的准确性会随空间和时间分辨率而变化。

每月的时间步长的变异性小于每 10 天和每日的时间步长。如果时间步长太小，则可能会有太多的 "噪声"。卫星降水估计数据集也经常低估大量降水。在埃塞俄比亚的例子表明（图 7.7），高雨量（超过 150mm）往往被低估了（Dinku et al.，2007）。低估或高估也可能是季节性的，有些卫星在某些季节相对于其他季节更准确。

在 2.5°空间分辨率下的变化也比在更高空间分辨率（例如 1°或 0.25°）上的变化小。图 7.8 的示例显示，与雨量计数据相比，用户可以从卫星降水估计中获得更多的 "噪声"。

通常，时间步长和空间分辨率越大，卫星降水估计的精度就越高，如图 7.9 统计分析所示。

随着时间步长的增加和空间分辨率的降低，数据集在统计上更具可行性。

Monthly at 2.5-degree

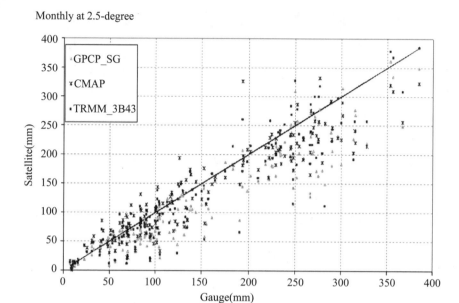

图 7.7　埃塞俄比亚示例：即使卫星低估了高降水量的降雨量，低空间分辨率
　　　　的月度数据集也遵循最佳拟合线

10-day total at 1°×1°

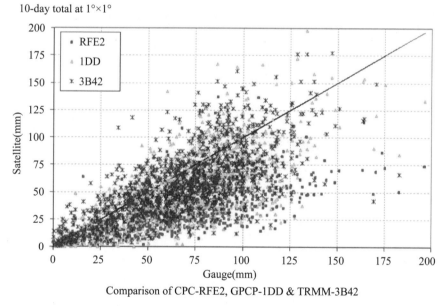

Comparison of CPC-RFE2, GPCP-1DD & TRMM-3B42

图 7.8　埃塞俄比亚示例：在空间分辨率较高（1°×1°）的十进位（10 天）时间
　　　　步长上，与月度时间步长较低的空间分辨率相比，存在更多的 "噪声"

Validation of Rainfall Products

Daily @ 0.25-deg	RFE	PERS	NRL	3B42	3B42RT	CMORPH
CC	0.26	0.40	0.36	0.39	0.37	0.32
Bias	0.60	1.54	0.85	0.84	0.83	0.91

10-Daily @ 1 deg	RFE	1DD	3B42T	3B42	TAMSAT	CMORPH
CC	0.66	0.71	0.72	0.72	0.79	0.83
Bias	0.55	0.72	0.95	0.87	0.93	0.98

Monthly @ 2.5-deg	GPCP	CMAP	3B43
CC	0.92	0.92	0.92
Bias	0.80	0.91	0.92

图 7.9　不同时间分辨率、空间分辨率的卫星降水估计统计分析

7.9　小结

　　CHIRPS 数据代码将用于评估历史降水并监测潜在的干旱状况。它允许用户访问 1981 年 1 月 1 日到几乎当前数据之间的时间尺度上的降水量数据，以及通过点、区域或国家的几何选择输入的任何位置的降水数据。

第 8 章　基于 GEE 的陆地表面温度数据分析

8.1　导言

1. MODIS 地表温度（LST）

中分辨率成像光谱仪（MODIS）是由美国宇航局的 Aqua 和 Terra 卫星携带的仪器。它在 36 个光谱波段以 1~2 天间隔捕获地球表面图像。空间分辨率为 1000m、500m 或 250m，数据从 2000 年 3 月 5 日至今。MODIS 图像可用于分析陆地表面随时间的变化，包括陆地表面温度。

2. 开发 MODIS LST 的目的

Google Earth Engine 地图可以显示用户输入的短期内的全球地表温度。该工具还为用户提供了指定时间段内的用户指定区域陆地表面温度（LST）长期和短期时间系列。

3. 该工具的用途

该工具用于分析全球地表温度趋势，可能应用于气候变化、农业、水资源等领域。

4. 当前工具的局限性

Terra 和 Aqua 卫星分别于 1999 年和 2002 年发射。因此，该工具只能用于分析从 2000 年 3 月 5 日至今的温度数据，从卫星成像和数据的可用性之间大约延迟一个月。它不能用于未来的温度预测。

8.2　定义

MODIS LST 工具可以修改为在用户定义的区域输出 LST 的时间序列。此区域可以通过使用图像 8.1 中显示的几何工具来定义。本节内容以巴西为例。

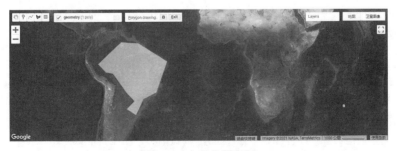

图 8.1　自定义研究区

该区域通过以下代码导入地图中（图 8.2）：

```
// Import region
var region = geometry;
```

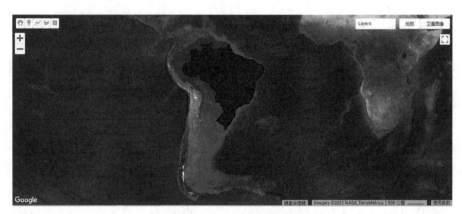

图 8.2　代码载入研究区

　　或者，可以直接使用 Earth Engine Data Catalog 中的全球国家行政区边界数据 "FAO GAUL：Global Administrative Unit Layers 2015，Country Boundaries"，该数据集可经由 https：//developers. google. com/earth-engine/datasets/catalog/FAO_GAUL_2015_level0 进行访问，下面的代码从这个数据集中选择巴西。Earth Engine Data Catalog 可经由 https：//developers. google. com/earth-engine/datasets/catalog 进行访问。

```
// Choose country using GEE Feature Collection
var region =ee.FeatureCollection( 'FAO/GAUL/2015/level0' )
    .filter( ee.Filter.eq( 'ADM0_NAME','Brazil' ) );
```

然后将此层添加到地图中，显示国家/地区轮廓。

```
// Add region outline to layer - for selected countries
Map.addLayer( region );
```

在此区域选择之后，MODIS LST 的昼夜图像集合将上传到 Google Earth Engine（GEE），内容如下：

```
// Collect bands and scale
var modisLSTday = ee.ImageCollection(
    'MODIS/MOD11A2' ).select( 'LST_Day_1km' );
var modisLSTnight = ee.ImageCollection(
    'MODIS/MOD11A2' ).select( 'LST_Night_1km' );
```

导入的 MODIS 地表温度数据以绝对温度表示。然后，它将转换为摄氏温度，用于白天和夜晚的数据集：

```
var modLSTday = modisLSTday.map( function( img ) {
    return img.multiply( 0.02 ).subtract( 273.15 )
```

```
    .copyProperties( img, ['system:time_start', 'system:time_
end']);
  });
  var modLSTnight = modisLSTnight.map( function( img ) {
    return img.multiply( 0.02 ).subtract( 273.15 )
    .copyProperties( img, ['system:time_start', 'system:time_end']);
  });
```

MODIS LST 工具提供了短期（1 年）平均 LST 的地图、长期（14 年）平均 LST 的时间序列和短期（1 年）平均 LST 的时间序列。通过操纵下面的代码，用户可以将这些长期和短期周期输入用户所需的分析周期中，其中 collection05 是长期周期，collection01 是短期周期。

```
//Select dates
var collection05night = ee.ImageCollection(
    modLSTnight.filterDate( '2000-01-01', '2016-03-31' ) );
var collection05day = ee.ImageCollection(
    modLSTday.filterDate( '2000-01-01', '2015-03-31' ) );
var collection01night = ee.ImageCollection(
    modLSTnight.filterDate( '2015-01-01', '2015-12-31' ) );
var collection01day = ee.ImageCollection(
    modLSTday.filterDate( '2015-01-01', '2015-12-31' ) );
```

MODIS LST 数据集被"clipped"到用户指定的区域，以便仅在该区域中显示：

```
//Clip to Specified Region
var clipped05night = collection05night.mean().clip( region );
var clipped05day = collection05day.mean().clip( region );
var clipped01night = collection01night.mean().clip( region );
var clipped01day = collection01day.mean().clip( region );
```

然后，在 GEE 控制台中绘制和显示 LST 时间序列。在这种情况下，对于 GEE 来说，整个巴西是很大的区域，无法创建一个时间序列。因此，必须通过使用几何工具（或上传 Shapefile）选择一个较小的区域（图 8.3），这里称为"small_region"，并显示为绿色（注意：将"geometry"导入重命名为"small_region"）。

```
//Charts Long-Term Time Series
var TS5 = ui.Chart.image.series(
    collection05night, small_region,
    ee.Reducer.mean(), 1000, 'system:time_start').setOptions({
        title: 'LST Long-Term Time Series',
        vAxis: { title: 'LST Celsius' },
});
print( TS5 );
```

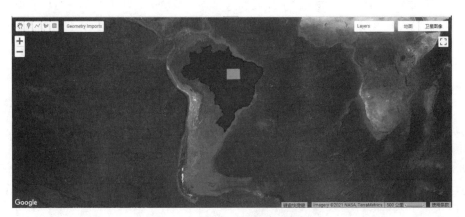

图 8.3　选择小区域作为研究区

```
//Charts Short-Term Time Series
var TS1 = ui.Chart.image.series( collection01night, small_region,
  ee.Reducer.mean(), 1000, 'system:time_start' ).setOptions({
        title: 'LST Short-Term Time Series',
        vAxis: { title: 'LST Celsius' },
});
print( TS1 );
```

2000—2016 年长时间序列 LST 显示及 2015 年短时间序列 LST 显示分别如图 8.4、图 8.5 所示。

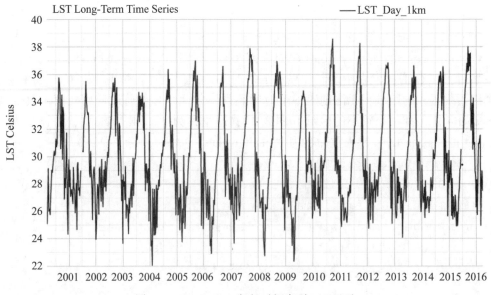

图 8.4　2000—2016 年长时间序列 LST 显示

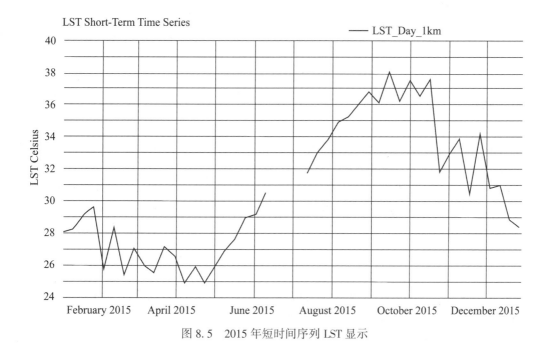

图 8.5　2015 年短时间序列 LST 显示

最后，设置地图中心，并将短期温度数据添加到 GEE 地图中（图 8.6），范围为 0～40℃，颜色范围为：蓝色、绿色、黄色、橙色、红色。其他颜色代码可在 http：//www. nthelp. com/colorcodes. htm 中找到。

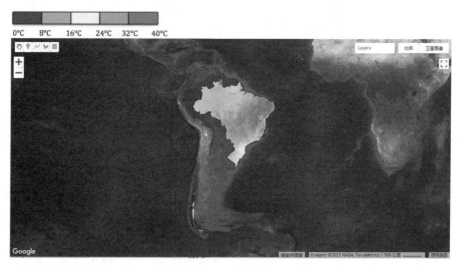

图 8.6　研究区短期 LST 在 GEE 中显示

```
//Set Center of Map and Add Clipped Image Layer
```

```
Map.setCenter( -50,-10, 3 );
Map.addLayer( clipped01day,
   { 'min': 0, 'max': 40, 'palette': "0000ff, 32cd32, ffff00, ff8c00,
ff0000" } );
```

8.3　释义

MODIS 陆地表面温度图的温度范围为 0~40℃，其中蓝色表示较冷的值，红色表示较热的值，白色表示光谱仪中间的值，大约为 20℃。

地图上显示的温度值是短期日间平均温度（collection 01 天）。LST 时间系列图表显示用户指定的几何"小区域"的平均夜间 LST。

8.4　访问

MODIS LST 代码可以通过访问 https：//code. earthengine. google. com/c0c42e8ed301d00a6f16adb9029b4468 获得。GEE 可以经由 https：//signup. earthengine. google. com 访问。

8.5　分析

用户可以根据需要选择绘制短期或长期的白天或夜间的平均温度图。用户还可以选择在任何指定时间段内绘制平均白天或夜间 LST 的时间序列图表。

此外，用户还可以创建温度异常。月度异常（例如温度）表示一个月的温度值与其当年该月的"正常"温度值之间的差值（正或负），用的是该数值的原始单位（例如摄氏度或开尔文度）。

在 Google Earth Engine 中，计算单个位置（经度 -60.22°（60°13′12″W）和纬度 -1.73°（1°43′48″S））的月度异常的脚本如下：

```
var point = ee.Geometry.Point( -60.22, -1.73 )
var LST = ee.ImageCollection( 'MODIS/MOD11A2' ).select( 'LST_Day_
1km' );

var modLSTday = LST.map( function( img ) {
  return img.multiply( 0.02 ).subtract( 273.15 )
    .copyProperties ( img, ['system:time _ start', 'system:time _
end']);
  });

var means = ee.ImageCollection( ee.List.sequence( 1, 12 )
  .map( function( m ){
```

```
    return modLSTday.filter ( ee.Filter.calendarRange ( m, m,
'month' ) )
        .mean()
        .set( 'month', m );
} ) );


//Define time period (in this example for three years)
var start = ee.Date( '2012-01-01' );
var months = ee.List.sequence( 0, 36 );
var dates = months.map( function( index ) {
  return start.advance( index, 'month' );
});
print( dates );


// Group by month, and then reduce within groups by mean ( ) the
result is an ImageCollection with one //image for each month.
var byMonth = ee.ImageCollection.fromImages(
  dates.map( function( date ) {
      var beginning = date;
      var end = ee.Date( date ).advance( 1, 'month' );
      var mean = modLSTday.filterDate( beginning, end )
            .mean()
            .set( 'date', date );
      var month = ee.Date(date).getRelative( 'month', 'year' )
.add( 1 );
      return mean.subtract(
         means.filter( ee.Filter.eq( 'month', month ) ).first() )
         .set( 'date', date );
}));
print( byMonth );


//Map out results
Map.addLayer( ee.Image( byMonth.first() ) );


//Chart the Anomalies
var chart = ui.Chart.image.series({
  imageCollection: byMonth,
  region: point,
```

```
reducer: ee.Reducer.mean(),
scale: 10,
xProperty: 'date'
});
print( chart );
```

此脚本可以在这里找到：https：//code. earthengine. google. com/34c57a5e8eaf6e76
f1f59df51d7c4052。

由此生成的图（图 8.7）显示了在 2012 年 1 月至 2015 年 1 月期间，坐标为-60.22°
（60.22°W）和-1.72°（1.72°S）的单个位置点的温度异常。

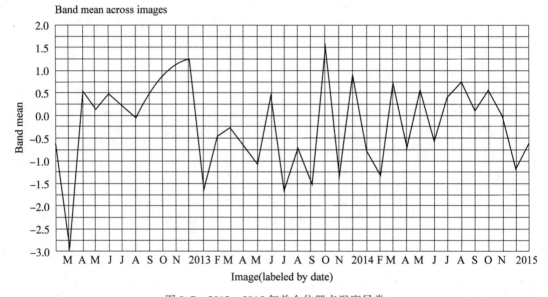

图 8.7　2012—2015 年单个位置点温度异常

8.6　案例研究

巴西水务管理人员希望评估巴西最近发生严重干旱事件的时长和时间点，以便更好地
为今后的干旱做好准备。

答案可以通过从 Earth Engine Data Catalog "FAO GAUL: Global Administrative Unit
Layers 2015, Country Boundaries" 中选择巴西作为目标国家来获得。巴西最近的干旱发生
在 2015 年 1 月，因此用户可以将 2015 年 1 月作为短期时间序列（图 8.8），输入 2014—
2015 年作为长期时间系列（图 8.9）。

```
//Select dates
var collection05night = ee.ImageCollection(
```

234

```
modLSTnight.filterDate( '2014-01-01', '2015-12-31') );
var collection05day = ee.ImageCollection(
  modLSTday.filterDate( '2014-01-01', '2015-12-31') );
var collection01night = ee.ImageCollection(
  modLSTnight.filterDate( '2015-01-01', '2015-01-31') );
var collection01day = ee.ImageCollection(
  modLSTday.filterDate( '2015-01-01', '2015-01-31') );
```

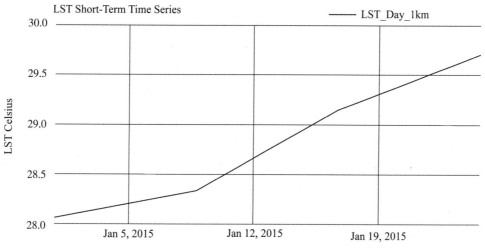

图 8.8　2015 年短时间序列 LST

图 8.9　2014—2015 年长时间序列 LST

8.7　训练

巴西的灾害管理者希望对最近的旱季进行评估，以便更好地预防未来的自然火灾。干燥的冬季大约从 6 月持续到 11 月。

```
//Select dates
var collection05night = ee.ImageCollection(
  modLSTnight.filterDate( '2000-01-01', '2003-12-31' ) );
var collection05day = ee.ImageCollection(
  modLSTday.filterDate( '2000-01-01', '2003-12-31' ) );
var collection01night = ee.ImageCollection(
  modLSTnight.filterDate( '2002-01-01', '2002-12-31' ) );
var collection01day = ee.ImageCollection(
  modLSTday.filterDate( '2015-01-01', '2002-12-31' ) );
```

2000—2002 年的旱季最高气温超过 35℃（图 8.10）。2002 年期间（图 8.11），在 8—9 月达到地表温度的峰值。7—8 月期间气温稳定升高，在 9 月气温暂时下降后，10 月再次出现短暂上升。这种在 7—8 月上升并在 8—10 月达到峰值的趋势在 2000—2003 年的较长时间序列内似乎是一致的。

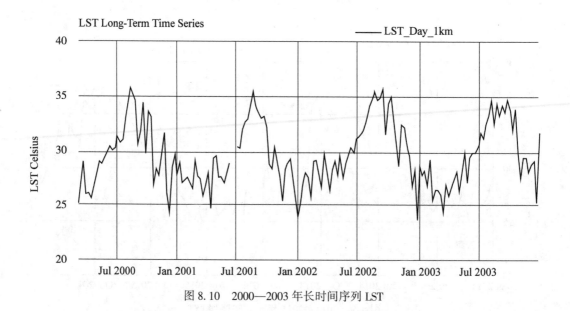

图 8.10　2000—2003 年长时间序列 LST

图 8.11　2002 年短时间序列 LST

8.8　确认 MODIS 地表温度

MODIS 传感器提供的地表温度与陆地表面温度（T_s）相对应，不同于健康应用中通常使用的空气温度（T_a）。但是，可以使用 T_s 来检索 T_a。

将 MODIS 夜间 T_s 数据与最小 T_a 数据进行比较表明，MODIS 夜间产品能够很好地估算不同生态系统的最小 T_a（$\Delta T_s - T_a$ 中心为 0℃，平均绝对误差（MAE）= 1.73℃，标准偏差 = 2.4℃）。

将日 MODIS T_s 数据与最大 T_a 数据对比发现，$\Delta T_s - T_a$ 数据随季节、生态系统、太阳辐射和云层覆盖量的变化（Vancutsem et al.，2010）而显著变化（图 8.12）。

从图中可以看出，4 个观测站的最低和最高温度剖面（绿色）和 MODIS 卫星测量结果（黑色），分别是厄立特里亚的阿斯马拉（图 8.12（a））、埃塞俄比亚的夏尔（图 8.12（b））、博茨瓦纳的察邦（图 8.12（c））和马达加斯加的安齐拉贝（图 8.12（d））。

从图 8.12 可以看出，夜间的 MODIS T_s 是对最小 T_a 较准确的估计。然而，白天的 MODIS 地表温度会随着季节和地点的变化而变化。最大 T_a 的估计比较困难，需要校准/校正。文献中提出的从 T_s 中提取最大 T_a 的两个因子，即归一化植被指数（NDVI）和太阳天顶角（SZA），并不能提供较准确的解来估计最大 T_a（Vancutsem et al.，2010）。对于最大 T_a 的更准确的提取方法还需要进一步的研究。尽管如此，用户仍然可以在白天使用 MODIS LST 来估计温度的空间分布，例如水或土壤的温度或树冠顶部对特殊疾病（如监测血吸虫的分布）很有意义（Manyangadze et al.，2016）。

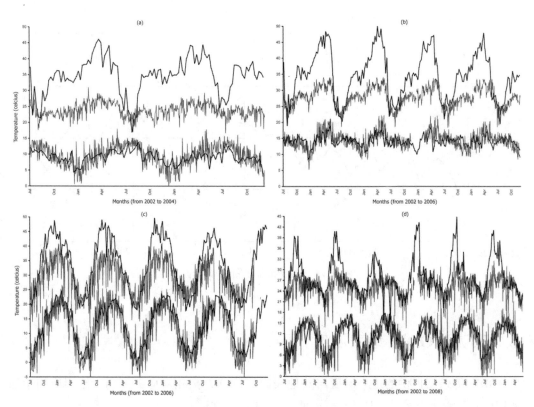

图 8.12　$\Delta T_s - T_a$ 数据随季节、生态系统、太阳辐射和云层覆盖量的变化

8.9　小结

GEE-MODIS 地表温度（LST）代码将被用于评估历史温度。它使用户能够从 2000 年 3 月至现在的任何时间尺度，在任何地点只要输入国家名称或通过区域的几何选择就能获取信息。

第9章　基于 GEE 的归一化植被指数分析

9.1　导言

1. MODIS 归一化植被指数（NDVI）

中分辨率成像光谱仪（MODIS）是由美国宇航局的 Aqua 和 Terra 卫星携带的仪器。它在 36 个光谱波段每隔 1~2 天拍摄一次地球表面的图像。空间分辨率为 1000m、500m 或 250m，数据从 2000 年 3 月 5 日至今。MODIS 图像可以用来分析地表随时间的变化，包括通过归一化植被指数（NDVI）计算的植被变化。MODIS 结合 16 天的 NDVI，根据每个场景的近红外（NIR）和红色波段（RED）计算出该指数 $\frac{NIR-Red}{NIR+Red}$，数值范围为 $-1.0 \sim 1.0$，并使用 MCD43A4 MODIS 表面反射率合成作为输入。

2. MODIS NDVI 发展的目的

GEE 数据集中 MODIS NDVI 地图可以显示用户输入的一年期间的全球 NDVI。该工具还提供用户指定时间段内指定区域的 NDVI 长期和短期时间序列。

3. 工具的用途

该工具用于分析全球植被趋势，可能应用于气候变化、农业、水资源等领域。

4. 当前工具的局限性

Terra 和 Aqua 卫星分别于 1999 年和 2002 年发射。因此，该工具只能用于分析 2000 年 3 月 5 日至今的 NDVI 数据，从卫星成像到获得数据大约要延迟一个月。它不能用于未来的 NDVI 预测。

9.2　定义

GEE 可以修改 MODIS NDVI 工具，输出用户定义区域的 NDVI 值时间序列。可以使用图 9.1 所示的几何工具来定义该区域。

区域通过以下代码导入地图：

```
var region = geometry;
```

或者可以直接使用 Earth Engine Data Catalog 中的全球国家行政区边界数据 "FAO GAUL: Global Administrative Unit Layers 2015, Country Boundaries"，该数据集可经由 https://developers.google.com/earth-engine/datasets/catalog/FAO_GAUL_2015_level0 进行

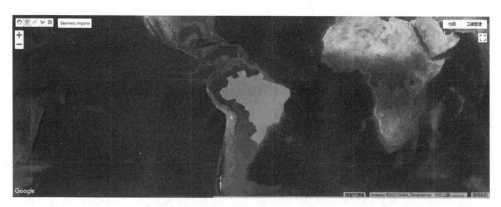

图 9.1　自定义研究区

访问，下面的代码从这个数据集中选择巴西（图 9.2）。Earth Engine Data Catalog 可经由 https：//developers. google. com/earth-engine/datasets/catalog 进行访问。

```
// Choose country using GEE Feature Collection
var region =ee.FeatureCollection('FAO/GAUL/2015/level0')
.filter(ee.Filter.eq('ADM0_NAME','Brazil'));
```

然后将下列代码添加到地图中，显示该国的轮廓：

```
Map.addLayer(region,{}, 'Brazil');
```

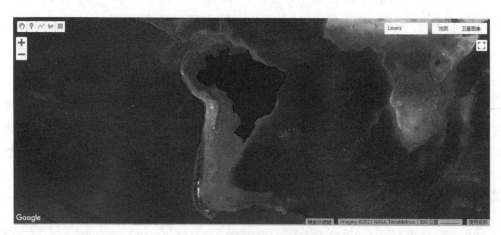

图 9.2　通过代码载入研究区

在此区域选择之后，MODIS NDVI 图像集合将上传到 Google Earth Engine（GEE）中，如下所示：

```
var modisNDVI = ee.ImageCollection( 'MODIS/MCD43A4_NDVI');
```

输入的 MODIS NDVI 数据：

基于 GEE 的 MODIS NDVI 工具提供了非常短期（1 个月）的平均 NDVI 地图、长期（16 年）的平均 NDVI 时间序列和短期（1 年）的平均 NDVI 时间序列。用户可以通过操作下面的代码为所需的分析周期输入这两个长期和两个短期周期，其中 collection05 是长期周期，collection01 是短期周期，collection00 是映射的。

```
//Select dates
var collection05 = ee.ImageCollection(
  modNDVI.filterDate( '2002-01-01','2004-12-31' ) );
var collection01 = ee.ImageCollection(
  modNDVI.filterDate( '2008-01-01','2008-12-31' ) );
```

将 MODIS NDVI 数据集"剪裁"到用户指定的区域：

```
//Clip to Specified Region
var clipped05 = collection05.mean().clip( region );
var clipped01 = collection01.mean().clip( region );
```

绘制 NDVI 时间序列并显示在 GEE 控制台中。在这种情况下，整个巴西对于 GEE 来说太大了，无法创建时间序列。因此，必须使用 Geometry 工具（或上传一个区域 Shapefile）选择一个较小的区域，这里称为"小区域"，以紫色显示（图 9.3）。（注意：将"geometry"导入重命名为"small_region"）

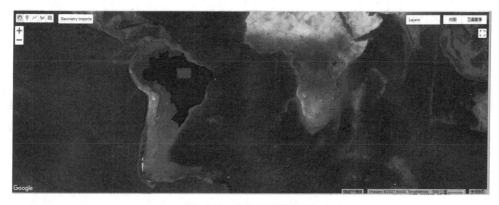

图 9.3　自定义小研究区

绘制 NDVI 时间序列并显示在 GEE 控制台中（图 9.4、图 9.5）：

```
//Charts //
//Long-Term Time Series
var TS5 = ui.Chart.image.seriesByRegion( collection05, small_
region,
  ee.Reducer.mean(),'NDVI',500,'system:time_start' ).setOptions
( {
```

```
        title: 'NDVI Long-Term Time Series',
        vAxis: { title: 'NDVI' },
});
print( TS5 );


//Short-Term Time Series
var TS1 = ui.Chart.image.seriesByRegion ( collection01, small _
region,
    ee.Reducer.mean(), 'NDVI', 500, 'system:time_start' ).setOptions({
        title: 'NDVI Short-Term Time Series',
        vAxis: { title: 'NDVI' },
});
print( TS1 );
```

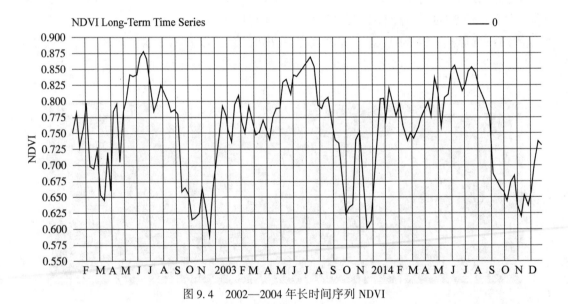

图 9.4　2002—2004 年长时间序列 NDVI

　　将地图居中到所需的纬度、经度和缩放比例。短期 NDVI 数据被添加到地图上，用于剪裁 MODIS NDVI 区域和全球 NDVI，比例尺为 0~1。色阶如图 9.6 所示。其他颜色代码可在以下链接中找到：http：//www. nthelp. com/colorcodes. htm。

```
//Set Center of Map and Add Clipped Image Layer
Map.setCenter( -50, -10, 3 ); //lat, long, zoom
Map.addLayer( clipped01, { min: 0.0, max: 1, palette:
['FFFFFF', 'CC9966', 'CC9900', '996600',
'33CC00', '009900', '006600', '000000']}, 'NDVI' );
```

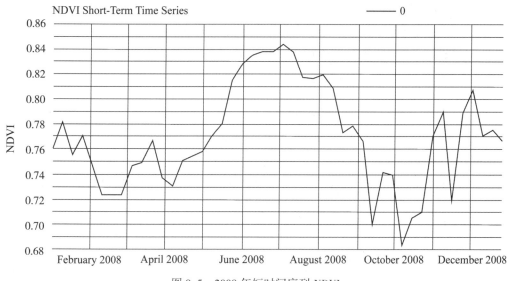

图 9.5　2008 年短时间序列 NDVI

```
Map.addLayer( collection01,{ min: 0.0, max: 1, palette:
['FFFFFF', 'CC9966', 'CC9900', '996600',
'33CC00', '009900', '006600', '000000']}, 'NDVIglobal', false );
```

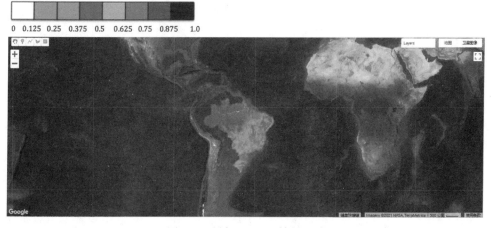

图 9.6　研究区 NDVI 结果显示

9.3　说明

MODIS 归一化差异植被指数图的比例尺为 0～1，白色和棕色表示无植被到低植被，绿色到黑色表示中植被到高植被。需要注意的是，根据所选日期的地区或范围，某些信息可能会丢失（云层覆盖），因此显示为透明，下面显示灰色的国家图层。

地图上显示的 NDVI 值是短期内（采集 1 天）NDVI 的平均值。NDVI 时间序列图显示了用户指定的几何"小区域"的平均 NDVI 随时间的变化。

9.4　访问链接

MODIS NDVI 代码可以在此链接中找到：https：//code. earthengine. google. com/93cef99e109c68afdcea8a359bd27f42。

GEE 可以通过以下链接访问：https：//signup. earthengine. google. com。

9.5　分析

用户可以根据需要选择绘制短期或长期的平均 NDVI 图。用户还可以选择绘制任意指定时间段平均 NDVI 的长期和短期时间序列图。

此外，用户还可以创建 NDVI 异常。

月度异常（例如 NDVI）表示一个月的 NDVI 值与其一年中该月的"正常"值之间的差值（正或负），以数量的原始单位表示。

在 GEE 中，计算单个位置（经度为-60.22°（60°13′12″W）和纬度为-1.73°（1°43′48″S）每月异常的脚本如下：

```
var point = ee.Geometry.Point( -60.22, -1.73 );


var modisNDVI = ee.ImageCollection( 'MODIS/MCD43A4_NDVI' );


var means = ee.ImageCollection( ee.List.sequence( 1, 12 )
  .map( function( m ) {
     return modisNDVI.filter ( ee.Filter.calendarRange ( m, m,
'month' ) )
        .mean()
        .set( 'month', m );
}));


//Define time period ( in this example for three years )
var start = ee.Date( '2012-01-01' );
var months = ee.List.sequence( 0, 36 );
var dates = months.map( function( index ) {
  return start.advance( index, 'month' );
});
```

```
print( dates );


// Group by month, and then reduce within groups by mean ( ) the
result is an ImageCollection with one // image for each month.
var byMonth = ee.ImageCollection.fromImages(
      dates.map( function( date ) {
        var beginning = date;
        var end = ee.Date( date ).advance( 1, 'month' );
        var mean = modisNDVI.filterDate( beginning, end )
                    .mean( )
                    .set( 'date', date );
        var month = ee.Date( date ).getRelative( 'month', 'year' )
.add( 1 );
        return mean.subtract(
            means.filter( ee.Filter.eq( 'month', month ) ).first( ) )
            .set( 'date', date );
}));
print( byMonth );


//Map out results
Map.addLayer( ee.Image( byMonth.first() ) );
//Chart the Anomalies
var chart = ui.Chart.image.series({
  imageCollection: byMonth,
  region: point,
  reducer: ee.Reducer.mean(),
  scale: 10,
  xProperty: 'date'
});
print( chart );
```

此脚本也可从以下位置获得：https://code. earthengine. google. com/290655fcfb
538306dddaee2ec505aa2d。

结果图（图9.7）显示了2012年1月至2015年1月期间，坐标为-60.22°（60.22°W）
和-1.72°（1.72°S）的单个位置点的温度异常。

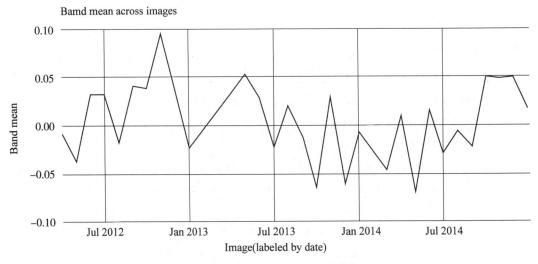

图 9.7　单个位置点的温度异常

9.6　案例研究

巴西奥斯瓦尔多·克鲁兹基金会（FIOCRUZ）希望评估巴西东北部最近严重干旱事件的持续时间和发生时间，以便了解与蚊子数量的可能联系。可以从 Google Fusion 表"Country. csv"中选择巴西作为目标国家进行特征收集，然后选择一个新的多边形，在东北地区称为"north_east"。巴西最近一次干旱发生在 2015 年 1 月，因此用户可以输入2014 年 1 月至 2015 年 12 月为短期时间序列（图 9.8），输入 2002—2015 年为长期时间序列（图 9.9）：https：//code. earthengine. google. com/08b0c6db1c95415554b956f05409b8e7。

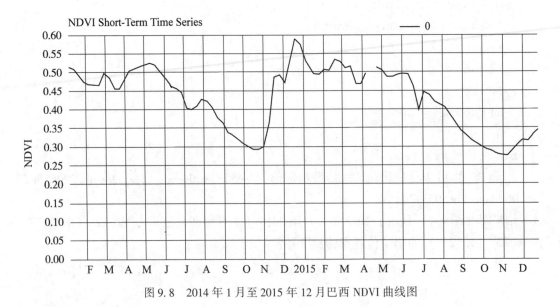

图 9.8　2014 年 1 月至 2015 年 12 月巴西 NDVI 曲线图

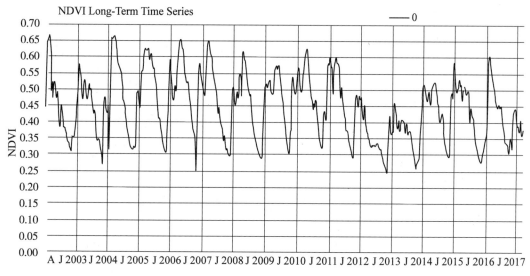

图 9.9　2002—2015 年巴西 NDVI 曲线图

9.7　NDVI 数据验证

　　归一化植被指数（NDVI）是一个简单的数学公式，用于评估在某一特定位置观测到的植被活跃生长的可能性。NDVI 的构建方式是，较大的值对应于在选定的观测地点和时间实际发现活的绿色植物的较高概率；使用红色通道中的反射率（低反射率值=强叶绿素吸收=绿色植被）和近红外通道中的反射率（高反射率值=高生物量）。

　　顾名思义，NDVI 是植被存在的无量纲的指数或植被存在的指标。NDVI 经常被用来估计与植被存在松散相关的各种环境变量。

　　在使用 NDVI 之前，用户应该意识到：

　　（1）茂密的绿色植被意味着 NDVI 较高，这是由于高含量的叶绿素（红色低反射率）和高数量的叶片（近红外高反射率）。然而，一个单一的 NDVI 值（比如 0.5）可以代表一个叶片多、叶绿素含量低的植被，也可以代表一个叶片少、叶绿素含量高的植被（如图 9.10 所示）。当试图估算不同生态系统中的生物量时，这是一个主要问题（Olsen et al.，2015）。用户应始终尝试使用一些生物量和叶绿素活性的现场测量来验证 NDVI 测量。

　　（2）此外，沙漠和半沙漠地区的稀疏植被表明，由于叶绿素和叶片较少，NDVI 值较低（见图 9.10）。

　　因此，荒漠地区稀疏植被的 NDVI 值较低，容易与裸露土壤（亮、暗）混淆，裸露土壤的光谱特征（红色和近红外波段）使 NDVI 值接近稀疏植被的 NDVI 值。因此，在半干旱和干旱地区仅利用 NDVI 值很难区分植被和土壤。基于固定的 NDVI 阈值（例如 NDVI=0.14）来区分裸土和稀疏植被的方法可能导致将裸土识别为植被，从而高估植被覆盖的

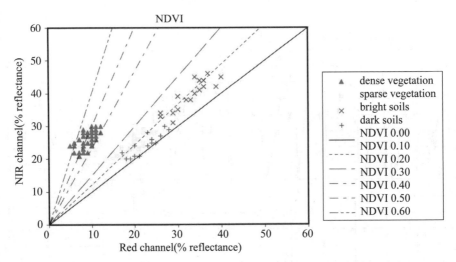

图 9.10 红色和近红外（NIR）通道值散点图，显示 NDVI 等值线和不同类型的植被和裸土值

面积。这种类型的误差称为委托误差：NDVI 在没有植被的情况下显示植被的存在（Ceccato，2005）。

在文献中有不同的方法和解决方案来改善植被状况的测量。联合国粮农组织蝗虫小组使用 NDVI 进行植被与土壤分离的方法之一是通过研究红色、近红外和短波红外三个单通道的反射率来完成 NDVI 分析（Ceccato，2005；Pekel et al.，2011）。

通过组合这三个通道，将 SWIR 通道分配给红色，将 NIR 通道分配给绿色，将 Red 通道分配给蓝色，从而生成一个彩色合成图像，其中植被在图像中显示为绿色，而裸露土壤显示为粉红色（见图 9.11）。

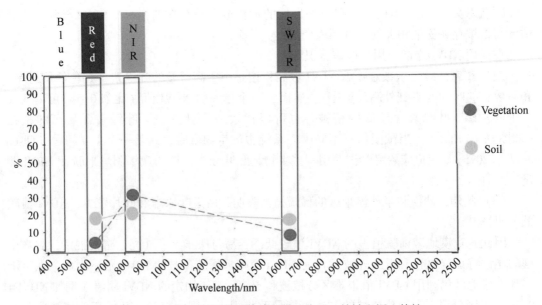

图 9.11 四个 SPOT 植被传感器带的位置、植被和裸土特性

　　生成的彩色合成图像可以通过消除 NDVI 委托误差提高植被的检测，如图 9.12 所示。图（a）显示了也门的一个地区，NDVI 值介于 0.14～0.16（黄色）以及介于 0.16～0.18（绿色），可能表明大片地区存在植被。然而，在合成图像（图（b））中，绿色清晰地显示出河谷中存在真实的植被，并且在 NDVI 检测为植被的大部分区域中存在真实的裸地（经过实地测量验证）。

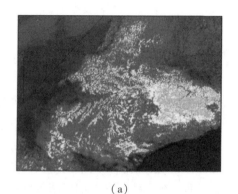 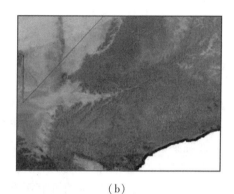

（a）　　　　　　　　　　　　　　　　　（b）

图 9.12　（a）位于也门南部的 Hadhramaut 地区的 NDVI 值（黄色 NDVI 值为 0.14～0.16，绿色 NDVI 值为 0.16～0.18）；（b）同一区域的 RGB 合成（SWIR、NIR 和红色）

　　由于使用 NDVI 存在不同的不确定性，建议在可能的情况下使用生物量和叶绿素活动的一些实地测量来验证 NDVI 的测量结果，或谨慎使用 NDVI。

9.8　小结

　　基于 GEE 的 MODIS 归一化差异植被指数（NDVI）代码将用于历史植被评估。它使用户能够在 2000 年 3 月到现在的任何时间尺度上访问信息，如按国家输入或按区域的几何选择输入的任何地点。

第10章　媒介传播疾病预警系统开发

10.1　导言

媒介传播疾病（如疟疾、锥虫病、血吸虫病、登革热和寨卡）的流行每年造成数百万人死亡。疟疾仍然是最重要的全球健康问题之一，据估计，在 109 个受影响国家中有 30 亿人面临感染风险，每年有 2.5 亿病例，100 万人死亡。在过去 10 年中，全球防治艾滋病、结核病和疟疾基金，总统疟疾倡议，各国政府、非政府组织和其他捐助机构参与的减疟伙伴关系为一些非洲国家的抗疟疾方案提供了支助。在一些国家，如埃塞俄比亚，疟疾对气候变化非常敏感。在这方面，气候信息既可以作为一种资源使用，例如用于发展早期预警系统，也必须在估计干预措施的影响时加以考虑。

在埃塞俄比亚，疟疾传播的决定因素是多样的和局部的（Yeshiwondim, et al., 2009），但海拔（与温度有关）无疑是高原地区的一个主要限制因素，而在半干旱地区则是降雨。根据记录，1958 年发生了一种由异常天气条件引起的毁灭性流行病，影响了 1600~2150m 的大部分中部高地，估计有 300 万病例，15 万人死亡（Fontaine, et al., 1961）。随后，从其他高地地区报告了各种规模的周期性流行病，间隔 5~8 年，最近一次的这种流行病发生在 2003 年。尽管人口免疫等内在因素也可能发挥作用，但这些流行病大多归因于气候异常。

2005—2007 年，在埃塞俄比亚选定地区采取了多种不同的干预措施，使 5 岁以下儿童的病例和死亡人数减少了 50% 以上。然而，具体干预措施的边际影响尚未确定，也没有考虑到随时间变化的气候和环境因素的影响。过去几年中观察到的疟疾传播减少可能导致人口获得性免疫力水平的下降，这可能增加未来流行病的严重性。因此，越来越需要开发更好的方法来评估干预措施的影响和预测疟疾流行的可能发生，并要有足够的准备时间，以便具有实操性。

1. 建立卫生预警系统的目的及用途

预警系统的开发是为了便于社区领导人和官员能够就影响健康和特定病媒传播疾病的气候条件（例如干旱、强降雨）获得预警，并据此制订计划。为了获得成功的预警系统，重要的是要通过对决策者遇到的问题进行时空分层，并将其与气候的季节性联系起来（即绘制风险图）以了解疾病与气候之间的关系。如果疾病与气候之间存在某种关系，我们就可以开发一个预警系统，根据气候和环境因素实时监测和预测疾病传播的风险。

2. 气候和环境因素提供的帮助

如果能够将气候和环境信息整合进决策过程的背景，那么这些信息是有用的。这种整合可以通过理解疾病和环境因素之间的关系来实现。所需的第一步是创建风险图。

　　风险图有助于理解疾病与气候之间的关系。在下面的例子中，我们展示了如何绘制风险图，以了解厄立特里亚的气候与疟疾之间是否存在关系。从这一分析中，我们可以看出，厄立特里亚的疟疾发病率存在一个相当大的梯度，这种变化是由气候因素驱动的。如红色区域所示（图 10.1），我们可以看到厄立特里亚西部的疟疾发病率很高，在 7—8 月雨季过后的 9—10 月达到高峰。相反，在厄立特里亚高地（中部绿色部分），由于高海拔地区的低温，疟疾发病率很低。在东海岸，有些地区疟疾在 1 月达到高峰，因为 12 月偶尔会有降雨。

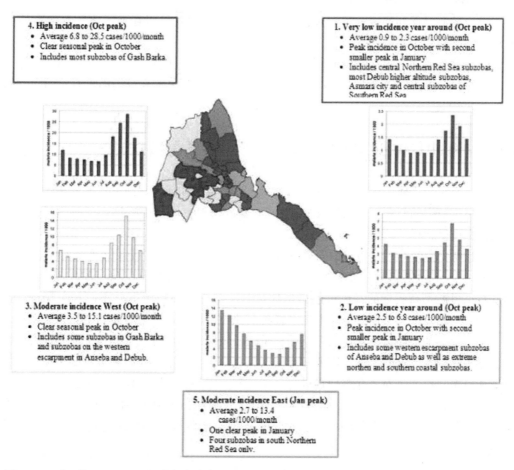

图 10.1　厄立特里亚地区一级疟疾发病率时空分层的气候风险图，空间和时间分析采用聚类分析

　　对这类问题的分析表明气候和环境因素在时间和空间上是如何相关的，这通常是分析任何类型的气候相关问题的第一步。一旦（如果）一种关系得到证实，那么就有必要尝试开发一个早期预警系统，监测和预测可能引发问题的情况。

10. 2　预警系统（EWS）定义

世界卫生组织制定了一个建立疟疾预警系统的框架（UN WHO, Da Silva, 2004）。该框架由四个部分组成：

（1）脆弱性评估：包括对现有控制措施的评估，与蚊子或疟原虫产生的抗性有关的任何问题，社会经济因素，如人口迁移等的评估。

（2）气候预报：给予提前 3~6 个月预报降水量或气温增加的可能性。这一预测可能导致疟疾爆发风险的增加或降低。

（3）监测气候和环境因素：包括监测降水量、温度、是否存在影响蚊虫发育的植被或水体。

（4）病例监测：疟疾病例的监测在医院一级进行，由卫健委在中央一级管理。

该预警系统还可作为洪水、自然灾害、干旱和其他与气候和环境因素有关的问题的框架。

10. 3　通过 Google Earth Engine 访问高质量数据

在研究媒介传播疾病时，决策者和研究人员常常面临缺乏达到最佳干预和监测目标所需的高质量数据的问题。而结果/决策至关重要，因为它们会影响许多人的生活："糟糕的数据会产生糟糕的政策"。

无论是站点还是卫星生产的很多气候数据和信息可以在网上自由获取。站点数据通常可以从一个国家的国家气象局中获得。根据国家气象局（NMS）执行的质量控制过程，这些数据可能是高质量的，也可能是低质量的。然而，站点数据并不总是可用的。NMS 提供的一些站点数据可通过全球电信系统免费获得，但往往缺乏所需的空间分辨率。

卫星提供的原始数据是连续存档的，覆盖了全球的大部分地区。为了使决策者能够访问、可视化或操作这些数据，需要一个接口。在许多情况下，原始数据可能是免费的，但并非所有接口都允许对其存档数据进行免费访问。卫星生成的气候数据来源多种多样。以下变量可通过 Google Earth Engine 获得：①降水量估算；②地表温度；③归一化植被指数差异。一旦这三个变量上传到 GEE，上传疾病数据与气候和环境变量进行进一步分析就很重要。

10. 4　将疾病数据集成到 Google Earth Engine 中

上传实地数据。我们提供了在坦桑尼亚收集的关于锥虫病的数据作为例子。一旦上传了实地的数据，就可以把它们可视化到 Google Earth Engine 中。可使用以下 URL 访问结果：https：//code. earthengine. google. com/8e6409b4b330cbe12eaee5a0a868f7ee。

用户可以在其中显示实地数据，如图 10. 2 所示：

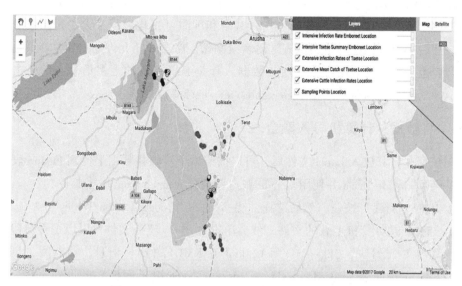

图 10.2　Google Earth Engine 中集成的现场数据

10.4.1　Fusion Table

Fusion Table（融合表）类似于 Excel 电子表格（图 10.3），只是 Fusion Table 有能力在网络上无缝共享更大的数据集（可以有成百上千的行和列）。

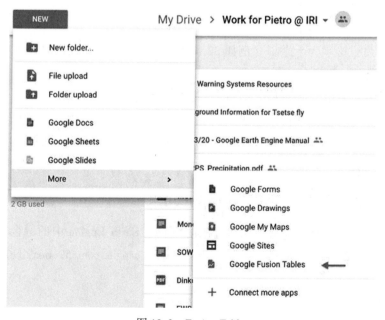

图 10.3　Fusion Table

可以通过将 Excel 电子表格上传到 Fusion Table 应用程序中来创建 Fusion 表。Fusion Table 应用程序允许用户以多种方式协作、共享和即时可视化数据，无论是图表、地图还是图形。然后用户可以将这些图像嵌入博客或网站。融合表还允许用户建立在其他公开可用的融合表上，并与更多用户共享这些数据。有关 Fusion 表的更多信息，请单击下列链接：https：//support. google. com/fusiontables/answer/2571232？hl＝en。

10.4.2　将数据从计算机导入融合表

收集数据并将其放入 Excel 文件后，可以按照以下步骤将数据上传到 Fusion 表中：

（1）转到 Google Drive 并使用 Google 账户登录（@ gmail. com 电子邮件）。

（2）单击"新建"按钮，然后选择"更多"→"Google Fusion Tables"。

（3）选择要从计算机上载的文件，然后单击"下一步"。文件可以以逗号分隔的文本（. csv）、其他文本分隔的文件（. tsv 等）、kml（. KML）（更多信息，请参阅"创建融合表的说明"）或电子表格（. xls、. xlsx、. ods 和 Google 电子表格）的形式上传。注意国家档案以 KML 的格式上传。

（4）预览要导入的列。单击"下一步"。

（5）根据需要编辑表格的名称、属性和说明。用户可以通过选择"文件"→"关于"来查看和更改这些值。

（6）单击"完成"。在本例中，我们的融合表称为"采样点"。

（7）如果上传一组经纬度点，请单击"纬度地图"以可视化这些点。

创建融合表的注意事项：

（1）地址必须在一列中。

（2）经纬度点必须为十进制（例如 32. 453，－15. 861），并且可以在列中，且两列之间或两列中有空格。

（3）多边形或形状，请参见 Keyhole 标记语言网页。

（4）每个用户只能免费使用高达 1GB 的数据。

（5）列名中不能有特殊字符，甚至句点（例如" Apple. Banana"必须改为"AppleBanana"）。

10.4.3　将融合表导入 Google Earth Engine

在本节中，用户将学习如何导入和可视化 Google Earth Engine 中的融合表。使用以下链接可以访问结果：https：//code. earthengine. google. com/59e6ea9b967c17ba736693e6e563aa25。

1. 在 Fusion 表中

（1）单击"文件"→"关于此表"；

（2）在弹出框的底部，将列出一个 ID（例如 ft：1xYp \ uuu1iy1 ahzadfldnlaqdsk

ym6byszfgskwtb-k）；

（3）复制此 ID；

（4）将 ID 输入 Google Earth Engine 代码：

```
var tsp = ee.FeatureCollection('_____');
```

本例中的变量"tsp"代表"锥虫病采样点"。

2. 在 Google Earth Engine 中

用户将编写以下脚本来上传 Fusion 表 ID（参见图 10.4）。

特定的采采蝇和锥虫病的数据上传：

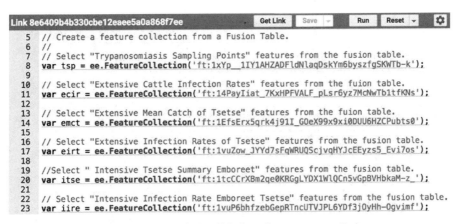

图 10.4　为每个单独的数据集上传 Fusion Table 脚本

10.4.4　在 Google Earth Engine 中以地图的形式显示融合表

（1）在 ID 后输入 Google Earth Engine 代码：Map. addLayer（tsp，｛color：'FF0000'｝，'Sampling Points Location'）；

其中，FF0000 代表红、绿、蓝三色系的各种色样。例如，FF0000 是全红色，但蓝色和绿色为零。

（2）为了将地图居中到感兴趣的区域，输入代码：Map. setCenter（____，____，____）。

其中，括号中的第一个数字是经度（东为正，西为负），第二个数字是纬度（北为正，南为负），第三个数字是缩放比。

采采蝇和锥虫病的地图显示代码见图 10.5。

采采蝇和锥虫病的特定地图居中，代码见图 10.6。带有融合表点的地图见图 10.7。

Google 地图的高空间分辨率卫星图像也可以在 Google Earth Engine 中获得。单击右上角的"Satellite"按钮，地图将如图 10.8 所示。

因为地图已经居中，放大会中断几个点。要放大，请使用左上角的"+"和"-"工

```
25  // Display the Point Data with different colors for each value.
26  Map.addLayer(tsp,{color: 'FF0000'}, 'Sampling Points Location');
27  Map.addLayer(ecir,{color: '00FF00'}, 'Extensive Cattle Infection Rates Location');
28  Map.addLayer(emct,{color: '0000FF'}, 'Extensive Mean Catch of Tsetse Location');
29  Map.addLayer(eirt,{color: 'FFFF00'}, 'Extensive Infection Rates of Tsetse Location');
30  Map.addLayer(itse,{color: '00FFFF'}, 'Intensive Tsetse Summary Emboreet Location');
31  Map.addLayer(iire,{color: 'FF00FF'}, 'Intensive Infection Rate Emboreet Location');
```

图 10.5　采采蝇和锥虫病的地图显示代码

```
34  Map.setCenter(36.5, -4, 9);
```

图 10.6　设置地图中心及缩放比例代码

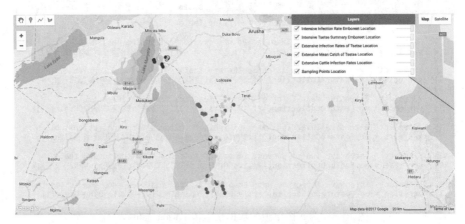

图 10.7　Google Earth Engine 中集成的现场数据

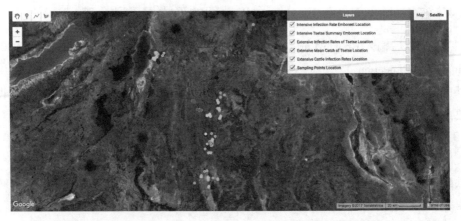

图 10.8　Google Earth Engine 与高空间分辨率图像集成的现场数据

具。根据放大的区域，它将如图 10.9 所示（在"地图"视图中）。

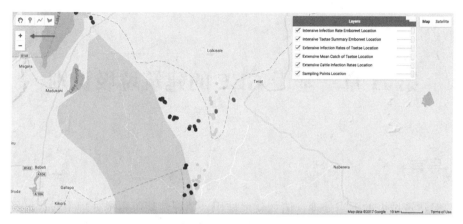

图 10.9　Google Earth Engine 缩放功能中集成的现场数据

10.5　小结

提供相关信息以进行疾病空间监测并非易事，更像是一项多学科挑战。为了改善目前的状况，增加现有数据的共享度，提高建模过程中的透明度和文件编制，这些做法有助于将目标对准低质量领域，例如信息量低的地方或建模过程中可以改进的部分。Google Earth Engine 可以整合气候/环境和疾病数据。然而，预警系统 EWS 的开发还需要分析和建模。研究和实际操作之间的交互对于开发完备的 EWS 是十分必要的。研究产品和结果只有在经过实地验证的情况下才有用，最好的研究问题是由该领域的专业人员确定的。不断的交互可以提高研究产品的质量，最终改善监督。用 Google Earth Engine 可以加强该地区和医疗中心的研究能力。Google Earth Engine 可以帮助我们把数据和专业知识带到最需要的地方：医疗中心。

第 11 章　基于 GEE 的建筑垃圾识别

11.1　导言

　　人们对建筑垃圾的不当处理，诸如就地堆积、填埋焚烧等粗糙处理手段，已经对土壤资源、水资源、空气等造成了极大的破坏作用，而且带来了高昂的后期垃圾处理以及生态修复费用。建筑垃圾堆放点极易发生滑坡，加之堆放量大，滑坡会对周围群众的生命财产安全造成极大的威胁；同时建筑垃圾在堆放的过程中，在温度、雨水等条件的作用下，某些有害的物质会发生分解，散发出有毒有害的气体；焚烧建筑垃圾过程中，一些致癌的因子可能会产生，对人体健康有威胁。目前针对建筑垃圾的监管手段主要有人工访问和实地测量，这些方式存在弊端，一是数据更新速度慢，时效性难以保证；二是会消耗大量的人力、物力。因此如何快速识别并高效地管理、处理建筑垃圾，让天更蓝、水更清，成为政府及各相关研究机构的重点研究方向。

11.2　说明

　　本研究的数据是哨兵二号影像数据，地面分辨率为 10m，包含 12 个波段。Google Earth Engine 平台云上包含哨兵二号（Sentinel-2，S2）影像数据，利用平台自身的影像加载接口，可以免费调用 Sentinel-2 数据。

　　影像包含济宁市、平顶山市以及商丘市行政区划范围的所有数据，从三个研究区的卫星影像图中可以看出，研究区内的主要地物类型是植被、水体、建筑物以及道路、裸地五大类。因此基于对影像的初步判读，本研究选取的训练样本包含六类，除上文提到的五类，还包括建筑垃圾。本次实验选取的研究区样本总数分别为：济宁市 2001，平顶山市 1685，商丘市 1830。三个研究区训练样本数据的选择标准一致（见表 11-1）。

表 11-1　　　　　　　　　　　　　训练样本数据的选择标准

样本类型	描　　述
建筑用地	建筑物、建筑物前的水泥空地以及操场等建筑设施
道路	沥青路面以及田间的水泥路面
水体	河流、湖泊和沼泽等水体
植被	城市绿化等常绿植被

样本类型	描　　述
裸地	没有植被覆盖的裸露的土壤
建筑垃圾	在建、拆除、堆放的建筑垃圾

11.3　访问

基于 GEE 的建筑垃圾识别代码可以在此链接中找到：https：//signup. earthengine. google. com。

11.4　分类器训练

在 Google Earth Engine 中，获取经纬度点（［115.38，34.26］）所在区域的脚本如下：

```
var China = ee.FeatureCollection( table7 ),
  point = /* color: #d63000 */ee.Geometry.Point( [115.38, 34.26]);//
var JN = China.filterBounds( point ).geometry();
Map.addLayer( JN, {}, 'Jining Boundary' );
```

在 Google Earth Engine 平台获取济宁市等的哨兵二号（Sentinel-2，S2）影像数据，并且定义时间段（在此示例中为一年）的脚本如下：

```
var S2 = ee.ImageCollection( 'COPERNICUS/S2_SR' );
var startdate = ee.Date( '2020-01-01' );
var enddate = ee.Date( '2020-12-31' );
var s2images = S2.filterDate( startdate, enddate );
Map.addLayer( s2images, {}, 'Jining Image' );
```

基于 QA60 波段对 Sentinel-2A 影像数据做去云处理：

```
var cloudThresh = 20;
var cloudFunction = function( image ){
var qa = image.select( 'QA60' );

  var cloudBitMask = 1 << 10;
  var cirrusBitMask = 1 << 11;

  var mask = qa.bitwiseAnd( cloudBitMask ).eq( 0 ).and(
        qa.bitwiseAnd( cirrusBitMask ).eq( 0 ));
```

```
    return image.updateMask( mask ).divide( 10000 )
        .select( "B.*" )
        .copyProperties( image, ["system:time_start"])
};
var s2CloudMasked = s2images.map( cloudFunction );
Map.centerObject( JN, 8 );
Map.addLayer(s2CloudMasked.median().clip( JN ), {
  min: 0,
  max: 0.5,
  bands: ['B4', 'B3', 'B2']
}, 'RGB' );
```

```
//选择随机森林分类器
var classifier = ee.Classifier.smileRandomForest(50).train({
  features: training.select(
    ['B10', 'B11', 'B7', 'B6', 'B5', 'B4', 'B3', 'B2', 'landcover']),
    classProperty: 'landcover',
});
var classifiedrf = composite.classify( classifier );
//显示分类图像
Map.addLayer( classifiedrf, {min: 0, max: 6, palette:
  ['d63000', '98ff00', '0b4a8b', 'ffc82d', 'e374ff', '000000']},
randfor' );
```

11.5　案例研究

本研究选择了三个研究区上传实地数据。我们提供了收集的关于建筑垃圾的数据作为例子。

11.5.1　研究区 1

裸地：https://code.earthengine.google.com/? asset = users/199712310361mxy/GT0data/GT_BareOland。

建筑用地：https://code.earthengine.google.com/? asset = users/199712310361mxy/GT0data/GT_Building。

道路：https://code.earthengine.google.com/? asset = users/199712310361mxy/GT0data/GT_Road。

植被：https://code.earthengine.google.com/? asset = users/199712310361mxy/GT0data/GT_Vegetation。

建筑垃圾：https：//code. earthengine. google. com/？ asset = users/199712310361mxy/GT0
data/GT_Waste。

水体：https：//code. earthengine. google. com/？ asset = users/199712310361mxy/GT0data/
GT_Water。

11.5.2　研究区 2

裸地：https：//code. earthengine. google. com/？ asset=users/199712310361mxy/GT_PDS/
GT_bare0land_PDS。

建筑用地：https：//code. earthengine. google. com/？ asset = users/199712310361mxy/GT_
PDS/GT_building_PDS。

道路：https：//code. earthengine. google. com/？ asset = users/199712310361mxy/GT_PDS/
GT_road_PDS。

植被：https：//code. earthengine. google. com/？ asset = users/199712310361mxy/GT_PDS/
GT_road_PDS。

建筑垃圾：https：//code. earthengine. google. com/？ asset = users/199712310361mxy/GT_
PDS/GT_waste_PDS。

水体：https：//code. earthengine. google. com/？ asset=users/199712310361mxy/GT_PDS/
GT_road_PDS。

11.5.3　研究区 3

裸地：https：//code. earthengine. google. com/？ asset=users/199712310361mxy/GT_SQ/
GT_bare0land_SQ。

建筑用地：https：//code. earthengine. google. com/？ asset = users/199712310361mxy/GT
_SQ/GT_building_SQ。

道路：https：//code. earthengine. google. com/？ asset=users/199712310361mxy/GT_SQ/
GT_road_SQ。

植被：https：//code. earthengine. google. com/？ asset = users/199712310361mxy/GT_SQ/
GT_road_SQ。

建筑垃圾：https：//code. earthengine. google. com/？ asset=users/199712310361mxy/GT
_SQ/GT_waste_SQ。

水体：https：//code. earthengine. google. com/？ asset=users/199712310361mxy/GT_SQ/
GT_road_SQ。

图 11.1 展示了三个研究区分别采用三种分类算法所得到的结果，研究利用蓝色的深浅来表示分类结果的质量，蓝色越深，说明该地物类的分类效果越好。每张图中的对角线上的数字表示分类正确的地物数量，蓝色越深，分类的整体效果越好。

从研究区 1 的三种分类方法可以看出，RF 的分类质量较好，每一类地物的分类准确度都很高，研究区 1 的混淆矩阵图展示出一条明显的深蓝色对角线，对角线两侧呈现淡蓝色，表明 RF 算法对于研究区 1 的分类准确度很高。CART 算法与 GTB 算法对研究区 3 的

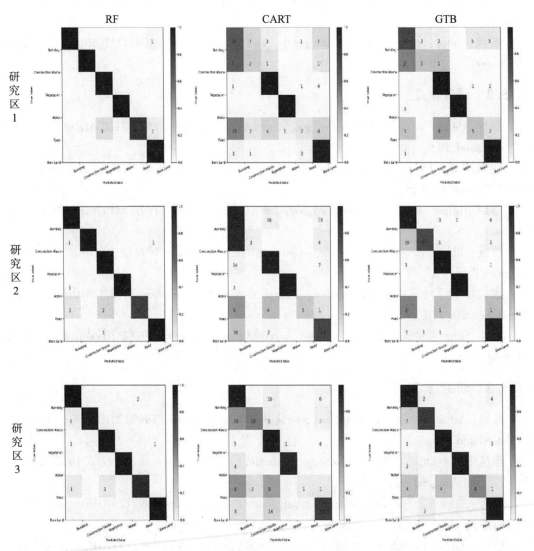

图 11.1　分类结果横向整体对比（纵轴表示预测值，从上往下依次是：建筑用地、建筑垃圾、植被、水体、道路、裸地。横轴表示真实值，其从左往右的顺序与纵轴一致）

分类效果相对弱一些，尤其是 CART 算法，其混淆矩阵图没有明显的对角线，出现大量建筑垃圾、道路、裸地错分为建筑用地的情况；植被和水体的分类结果相对其他四类地物而言，分类结果较好。GTB 算法分类精度略高于 CART 算法，但是仍然存在少数地物错分的现象。

　　三种算法在研究区 2 中的应用结果与研究区 1 中的应用结果相似，分类质量表现为：RF>GTB>CART，与研究区 1 不同的是，CART 算法对于建筑垃圾的分类精度稍低一些，并且裸地错分为建筑用地的情况也更加明显。研究区 2 与研究区 1 的 GTB 混淆矩阵图则表现出一些不一样的趋势，建筑垃圾被错分的比重更小。研究区 3 的情况与前面两个研究区的情况大致相同，三种算法的分类质量相比，明显胜出的是 RF 算法，相较于前两个研究区而言，GTB 算法与 RF 算法的差距有缩小。

选取的 4 个指标对于影像（或图像）的分类研究具有重要意义，能够很好地反映分类算法对于整个研究的分类精度和对建筑垃圾的分类准确度。

表 11-2 中的 OA 与 Kappa 系数，展示整体分类的结果 RF>CART>GTB。对于建筑垃圾而言，RF 算法展示了绝对优势，CART 与 GTB 算法对建筑垃圾的分类结果很差，并且出现了大量错分漏分的情况。结合图 11.1，CART 算法将研究区 1 的建筑垃圾大量漏分为建筑用地，并有少数漏分为植被，同时也将建筑用地、道路、裸地错分为建筑垃圾，从而出现了 CART 算法建筑垃圾的 PA 和 UA 分别为 18.18% 和 16.67% 的情况。GTB 算法对于建筑垃圾的分类应对效果与 CART 相似，但是结果表现略好，该算法对建筑垃圾的分类 PA 及 UA 均为 25.00%。

表 11-2　　　　　　　　　　　研究区 1 的整体分类情况

	OA	PA	UA	Kappa
RF	99.86%	100.00%	100.00%	99.76%
CART	98.28%	18.18%	16.67%	96.99%
GTB	98.95%	25.00%	25.00%	98.15%

表 11-3 的统计结果与图 11.1 中研究区 2 的分类结果一致，同时也能够明显看出 CART 对建筑垃圾的分类精度很低，其分类结果无法满足生产需要。CART 算法的 UA 为 100.00%，PA 为 3.90%，结合图 11.1，CART 算法将建筑垃圾大量错分为了建筑物，从而造成了其 PA 指数低，而 UA 为 100.00% 又反映了 CART 算法不存在将其他地物类别错分为建筑垃圾的现象。GTB 算法的 PA 为 70.13%，因为 GTB 算法将真实地表为建筑垃圾的少数地物错分为了建筑用地和植被；其 UA 为 91.91%，反映出少数的裸地错分为建筑垃圾。RF 也存在建筑垃圾错分的情况，但是明显弱于前两种分类算法。

表 11-3　　　　　　　　　　　研究区 2 的整体分类情况

	OA	PA	UA	KA
RF	99.73%	97.40%	100.00%	99.61%
CART	92.98%	3.90%	100.00%	89.89%
GTB	98.20%	70.13%	91.91%	97.41%

分类算法精度：RF>GTB>CART，这是表 11-4 展示的研究区 3 的分类统计所反映的现象。对于建筑垃圾的分类识别而言，三种算法之间的差距没有前两个研究区那么明显。CART 算法也有一个稍好的分类情况，表现出 PA=51.43% 的分类结果，错分为建筑用地的建筑垃圾占总建筑垃圾量的比重较前两个研究区而言，有所降低。同时 GTB 对于建筑

垃圾的识别分类效果也不错，尽管仍然存在建筑用地与裸地被错分为建筑垃圾的情况与建筑垃圾被错分的情况。

表 11-4　　　　　　　　　　　　　研究区 3 的整体分类情况

	OA	PA	UA	Kappa
RF	99.76%	97.14%	100.00%	99.34%
CART	96.22%	51.43%	90.00%	90.06%
GTB	98.71%	82.93%	87.18%	96.63%

11.6　验证

分类算法对于地物的分类精确性除了整体的情况外，还应包含其对于细节部分的分类处理，即在两种地物的边缘部分的分类准确性如何，以及在真实地表为 A 的一小块地区，是否将该区域全部进行了正确分类。由于研究对象是建筑垃圾，因此，将三种算法在三个研究区的建筑垃圾分类结果与原始影像进行对比，查看其各自的情况。每个研究区列举 3~4 个典型区域进行对比分析。

11.6.1　研究区 1

研究区 1 及细节对比典型区域位置如图 11.2 所示。

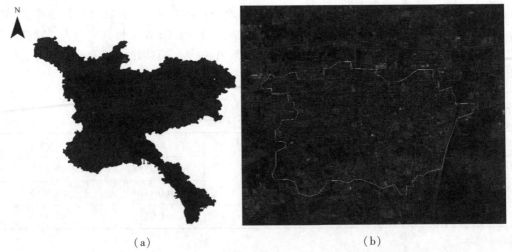

(a)　　　　　　　　　　　　　　　(b)

图 11.2　研究区 1 及细节对比典型区域位置（从下往上依次为：a 区、b 区、c 区）

从图 11.3 中看出，对于建筑垃圾，三种算法都可以将其识别出来，不同的是对于周围不是建筑垃圾的部分，可能就存在着识别错误的情况。三个区域中，将周围地物错分为建筑垃圾的情况最明显的是 CART 算法，GTB 算法与 RF 算法都存在类似的情况，但是 RF 算法错分情况很少。同时对于区域内的建筑垃圾，三个算法都未能将其完全识别出来。

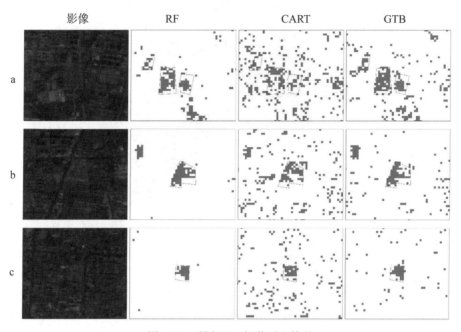

图 11.3　研究区 1 细节对比情况

从图 11.4 中的影像放大图可以看出，CART 算法、GTB 算法错分为建筑垃圾的真实地表绝大部分是建筑用地，同时三个区域内目视解译为建筑垃圾区的地方存在着小块的裸地，人工进行判读时将整个区域划分为建筑垃圾区，而算法在进行运算时，则未将区域内部的裸露地表分为建筑垃圾，这样就出现了图 11.3 中的建筑垃圾区内未被完全识别为建筑垃圾的问题。

图 11.4　细节影像放大图（研究区 1）（从左往右依次为：a 区、b 区、c 区）

11.6.2　研究区 2

研究区 2 细节对比典型区域位置如图 11.5 所示。

图 11.5　研究区 2 细节对比典型区域位置（从上往下依次为：d 区、a 区、b 区、c 区）

图 11.6 展示了三种分类识别方法在研究区 2 中的实验效果，CART 算法在研究区 2 中展现出了明显的劣势，本研究列举的四个典型区域中，并未能将区域中的建筑垃圾识别出来或者仅识别了很少一部分建筑垃圾，这也从细节上说明表 11-3 中的建筑垃圾 PA 仅有

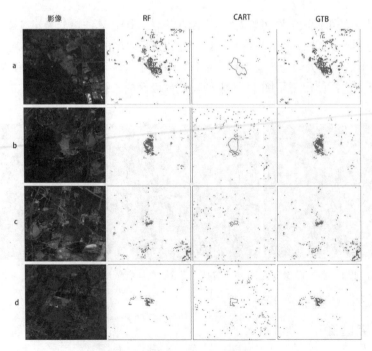

图 11.6　研究区 2 细节对比情况

3.90%。RF 与 GTB 算法的识别分类精度则很高，基本将目视解译判读为建筑垃圾堆放区内的建筑垃圾进行了正确的分类。两者对于建筑垃圾的识别分类效果均较好，对于周围地位的错分情况较少，RF 算法的错分相对更少一些。

图 11.6 中的 a、c 两个区的建筑垃圾周围存在着一些被识别为建筑垃圾的情况，从图 11.7 中的影像细节对比可以看出，这些区域大多属于裸地。人工解译的时候，可以通过影像的时间序列进行对比，以及一些相关的信息进行对比，从而判读其地物类型，但是机器学习算法却不能，两者之间具有太多的相似点，容易造成算法的误判。

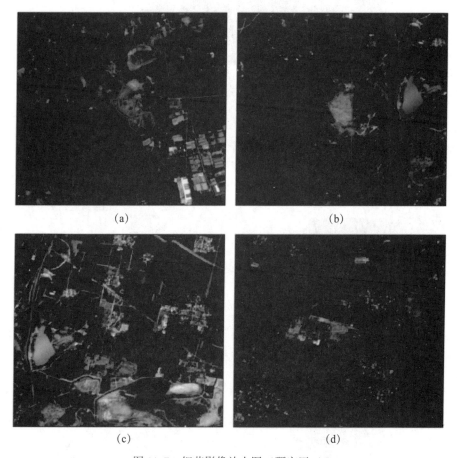

(a)　　　　　　　　　　　　　　(b)

(c)　　　　　　　　　　　　　　(d)

图 11.7　细节影像放大图（研究区 2）

11.6.3　研究区 3

研究区 3 细节对比典型区域位置如图 11.8 所示。

研究区 3 选取的四个典型的建筑垃圾区中，a 区的范围最大，除了图 11.10 中圈画出来的部分，该区域的建筑垃圾还有很大一部分，本研究仅圈画 1/4 的部分是为了尽量减少让选择典型区域的建筑垃圾量在面积上的差异带来分析的干扰。图 11.9 中的 a~d 四个区

图 11.8　研究区 3 细节对比典型区域位置（从上往下依次为：c 区、d 区、a 区、b 区）

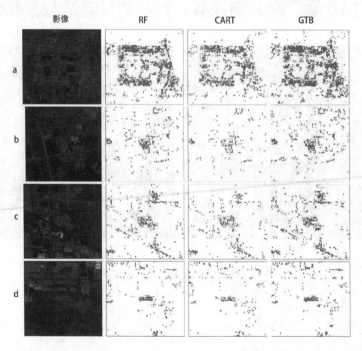

图 11.9　研究区 3 细节对比情况

域中，三种算法对于建筑垃圾识别分类效果均较好的是 a 区，反映了建筑垃圾区域面积越大，其算法识别效果越好。针对四个区域，CART 算法的适用性仍然是弱于其他两种算法的。

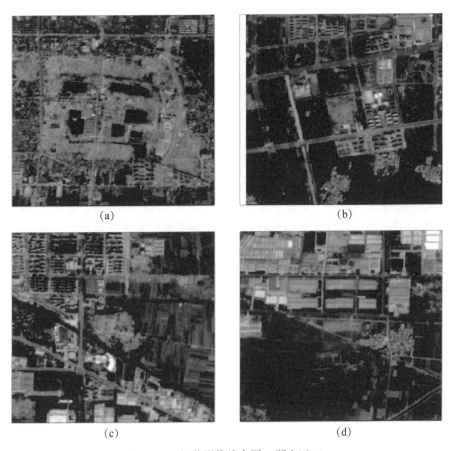

图 11.10　细节影像放大图（研究区 3）

11.7　小结

　　每年建筑垃圾大量产生，却没有合理处理，已经对城镇生态健康造成了严重的影响，对于建筑垃圾的快速有效监督成为亟待解决的难题。遥感技术能够快速准确地获取大范围的地物信息；同时 GEE 平台可以进行海量数据的运算。研究利用 GEE 平台获取三个研究区的 Sentinel-2 影像数据，并利用 QA 波段进行去云处理。基于研究区范围内的地物类型以及建筑垃圾特点，建立了研究区的样本选取标准。选取 6 类训练样本，分别是建筑用地、建筑垃圾、植被、水体、道路和裸地。研究采用随机森林（RF）模型对三个研究区的样本分别进行训练，并利用混淆矩阵、OA 作为算法的整体类别评价指标，同时选用建筑垃圾的 PA、UA 算法作为建筑垃圾分类效果的评价指标。为便于对比分析，研究中采用了 CART 和 GTB 的结果与 RF 进行对比。

第12章　基于 GEE 的海岸带的变迁分析

12.1　导言

　　沿海地区的政治、经济、文化等各个方面都在我国国民经济的繁荣与发展中处于举足轻重的地位，沿海地区具有丰富的生物资源、土地资源、海洋资源，所以海岸带地区具有重要的生态服务功能和经济价值。而获得不同历史时期的海岸线数据是海岸带管理的重要工作，海岸线信息的提取与海岸线变化的监测对沿海地区环境保护、海岸资源的管理、合理规划以及海岸可持续发展起着至关重要的作用。

12.2　说明

　　1. 归一化水体指数

　　归一化水体指数（Normalized Difference Water Index，NDWI），是用遥感影像的特定波段进行归一化差值处理，来凸显影像中的水体信息。NDWI 是由 Mcfeeters 在 1996 年提出的基于绿波段与近红外波段的归一化比值指数，在本章中用来识别影像中的水体信息效果较好。其表达式为：

$$\text{NDWI} = \frac{p\ (\text{Green}) - p\ (\text{NIR})}{p\ (\text{Green}) + p\ (\text{NIR})}$$

　　2. 区域生长法

　　区域生长法的基本思想是从一组小的生长点开始，生长点可以是单个像素，也可以是选择某个小的区域，然后按照某种相似的度量增长区域，形成新的生长点，直到没有可以归并的像素点或者小的区域为止，生长点和相邻区域的相似性判据可以选择为灰度值、纹理或者颜色等信息。

　　区域生长法一般有 3 个步骤：

　　（1）选择合适的生长点；

　　（2）确定相似性准则即生长准则；

　　（3）确定生长停止的条件。

　　一般情况下，如果区域满足加入生长区域或者在没有像素的条件下，区域生长便会停止。

　　3. OTSU 算法

　　OTSU 算法称为大津算法，有时也称为最大类间差法，它由大津于 1979 年提出，被认为是图像分割中阈值选取的最佳算法，不受影像对比度和亮度的干扰，且计算更为简洁，所以在数字图像处理领域得到了较多的应用。为了找到最佳阈值，把问题定义成：

假设一幅影像一共有 m 个像元，其中灰度值小于阈值的像元有 m_1 个，大于等于阈值的像元有 m_2 个（$m_1 + m_2 = m$）。S_1 和 S_2 表示这两种像元所占的比重。而所有灰度值小于阈值的像元的平均值和方差分别是 μ_1 和 σ_1，所有灰度值大于等于阈值的像元的平均值和方差分别是 μ_2 和 σ_2。所以，能够得到：

$$类内差异 = S_1\sigma_1^2 + S_2\sigma_2^2 \tag{1}$$
$$类间差异 = S_1S_2(\mu_1 - \mu_2)^2 \tag{2}$$

要找到合适的阈值，让前者最小或者后者最大都可以。在本研究中，要想提取水陆边界线即海岸线，需要首先将影像进行水陆分类，这就需要在计算完归一化水体指数（NDWI）后确定一个阈值来将水陆进行分割，由于我们研究的是长时间的时序变化，每张影像图计算完 NDWI 后其阈值都会不同，因此，如果要完成时序制图，需要找到一个自动化程度高，用输入的影像数据驱动的算法，这就用到了图像分割中的 OTSU 算法。

4. 形态学算法

数学形态学（Mathematical Morphology）是一门建立在格论和拓扑学基础之上的图像分析学科，是数学形态学图像处理的基本理论。在图像处理方面，形态学分为二值形态学和灰度形态学，经常应用到对图像进行分割、细化、抽取骨架、边缘提取、形状分析、角点检测、分水岭算法等。形态学算法最基本的形态运算是腐蚀和膨胀，一般作用于二值图像，在本研究中通过形态学操作可以很好地消除海岸线提取中的噪声。

12.3　访问

基于 GEE 的中国海岸带变迁分析代码可以在此链接中找到：https：//code. earthengine. google. com/8d5bfdbbcf92a6e62b64286171cc8353。

GEE 可以通过下列网址进行访问：https：//signup. earthengine. google. com。

12.4　分析

12.4.1　整体海岸线

1. JRC 数据集

利用 JRC 数据集进行海岸线的提取时，首先要选取出 2000 年和 2019 年两年的影像，如图 12.1、图 12.2 所示。

JRC 数据集的波段信息为：0 为无数据，1 为非水体，2 为季节性水体，3 为永久性水体。在本研究中将季节性水体和永久性水体重分类都归为海洋，其余地区为陆地，重分类的结果为海洋为 0，陆地为 1，从而完成影像的二值化水陆分割。

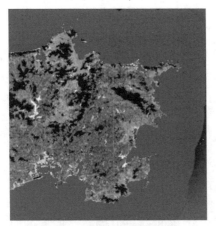

图 12.1　2000 年 JRC 数据　　　　　图 12.2　2019 年 JRC 数据

　　二值化后的影像图中会有许多噪点，在后续的海岸线提取工作中会影响提取的精度，所以要进行除噪工作，研究中先通过 DEM 数据做反向缓冲区分析，分别计算沿海地区之外的海洋与陆地面积，用来作为以后的掩膜数据，消除内陆水系的影响。在对影像集的处理上，是先通过重分类大致区分为海洋和陆地，再通过掩膜消除内陆水系，然后规定海洋和陆地的最大孤岛面积（单位是像元），再用 connectedPixelCount 函数计算每个像元连接周围的数量，最后通过 where 等一系列函数清除孤岛。脚本如下所示：

```
var land = ee.Image( "USGS/SRTMGL1_003" ).unmask( 0 ).gt( 0 );
var landMask = erode( dilate( land, 3000 ), 10000 ).mask().eq( 1 );
//这两个函数是用来做栅格的缓冲区
var oceanMask = erode( land.not(), 10000 ).mask().eq( 1 );

var img = binary_ndwi.unmask( 0 ).not();
var waterMask = img.clip( table );
var minwaterSize = 100;
var minlandSize = 60;
waterMask = waterMask.where( landMask, 1 );
waterMask = waterMask.where( oceanMask, 0 );
var segmentSize = waterMask.connectedPixelCount( minwaterSize,
false );
var minSize = ee.Image ( minwaterSize ) .where ( waterMask,
minlandSize );
waterMask = waterMask.where ( segmentSize.lt ( minSize ),
waterMask.not() );
Map.addLayer( waterMask, {}, 'watermask' );
```

结果如图 12.3、图 12.4 所示。

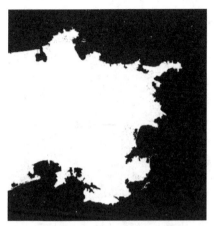 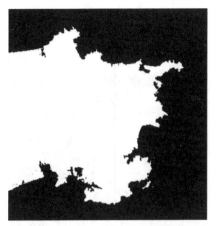

图 12.3　2000 年 JRC 二值化图　　　　　图 12.4　2019 年 JRC 二值化图

最后进行矢量化并简化边界可以提取出海岸线边界，脚本如下所示：

```
var coastline = waterMask.reduceToVectors({
  reducer: ee.Reducer.countEvery(),
  scale: 3000,
  geometry:table,
  maxPixels: 1e10
});
```

结果如图 12.5、图 12.6 所示。

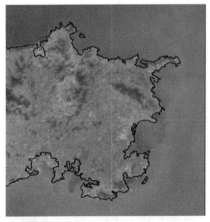 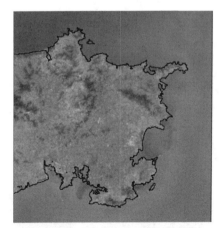

图 12.5　2000 年 JRC 提取海岸线　　　　　图 12.6　2019 年 JRC 提取海岸线

2. Landsat 数据集

在海岸线的提取过程中，要首先在 Google Earth Engine 中进行影像的合成，本研究选

273

取了 2015 年、2020 年两年的影像分别进行年度合成，影像的合成是使用 median 函数来完成的，即计算所有匹配带堆栈中每个像素上所有值的中值来合成。合成后的影像要首先使用 clip 函数进行切割，切割区域为 roi，这里采用的是海岸带的缓冲区，从而获得每年的合成影像图，2015 年、2020 年两年的合成影像图分别如图 12.7、图 12.8 所示。

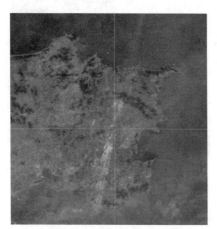

图 12.7　2015 年 Landsat 5 影像

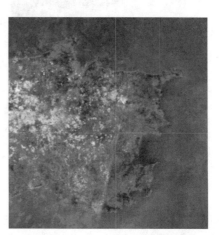

图 12.8　2020 年 Landsat 8 影像

　　利用遥感影像中的光谱信息可以对水体信息进行识别。在遥感影像中，水体主要在蓝绿光波段反射，在红外波段特别是中红外、近红外波段有较高的吸收率，几乎不反射。所以我们能够通过计算归一化水体指数（NDWI），即绿波段与近红外波段的归一化比值来处理，以凸显影像中的水体信息。这里要首先封装一个计算归一化水体指数的函数体，该函数包括生成一个新的波段，波段名为 "NDWI"，波段的值通过（p（Green）$-p$（NIR））／（p（Green）$+p$（NIR））来得出，然后使用 map 函数来执行合成后的影像。通过计算 NDWI，我们可以获得水体指数的栅格图像，如图 12.9、图 12.10 所示。

图 12.9　2015 年 NDWI 影像图

图 12.10　2020 年 NDWI 影像图

　　计算完 NDWI 的值后选择新生成的"NDWI"波段，这时的影像图为每个像素单元仅有 NDWI 值的栅格影像图，统计 roi 区域内 NDWI 的值，可以得到 NDWI 的直方图，如图12.11、图 12.12 所示。

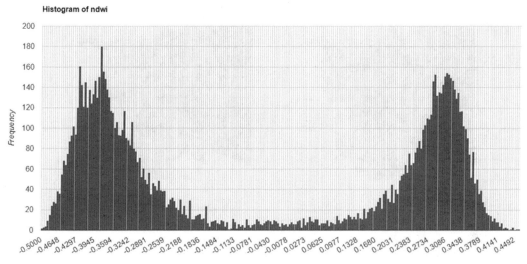

图 12.11　2015 年 NDWI 直方图

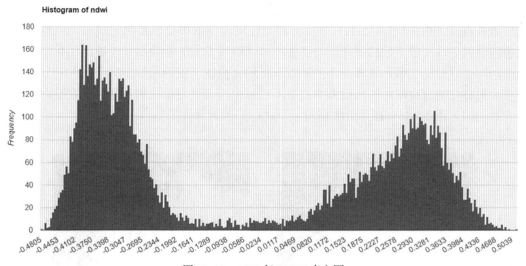

图 12.12　2020 年 NDWI 直方图

　　从图中可以看到，阈值大概分布在−0.2~0.3，由于每幅图像的阈值会有所不同，如果要完成具有时间序列的制图，就需要找到一个自动化程度较高，用输入的影像数据来驱动的算法，而不是在算法里做很多的判断，这就需要用到图像分割中的大津算法。根据大津算法可以相对准确地确定 NDWI 的阈值，从而进行后续的阈值分割。通过大津算法能够算出 2015 年与 2020 年水陆分解的 NDWI 阈值分别为−0.04660 和−0.04650，根据阈值法利用此阈值进行二值化，大于阈值的判定为陆地，值为 0；小于阈值的判定为海洋，值为 1。二值化后的影像如图 12.13、图 12.14 所示。

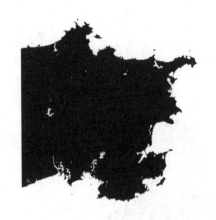

图 12.13　2015 年二值化影像图　　　　　图 12.14　2020 年二值化影像图

　　清除噪点的工作同 JRC 数据集大致相同，即通过区域生长法和掩膜的方法来完成，首先通过 DEM 数据做反向缓冲区分析，分别计算沿海地区之外的海洋与陆地面积，用来作为以后的掩膜数据，以消除内陆水系的影响。然后规定海洋和陆地的最大孤岛面积（单位是像元），这样就可以避免在中国大陆海岸线提取时将岛屿的海岸线也提取出来。然后用 connectedPixelCount 函数计算每个像元连接周围的数量，最后通过 where 等一系列函数清除孤岛。比较原始二值化后的影像图与清除噪点后的影像图可以看出，利用区域生长法能够去除原始二值影像图中小的噪点和岛屿，只留下中国大陆海岸线的水陆分界，从而极大地方便后续提取中国大陆海岸线以及计算中国大陆海岸线的长度。清除噪点后的二值化影像图如图 12.15、图 12.16 所示。

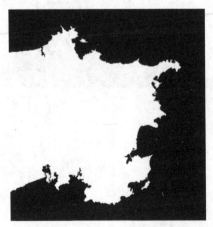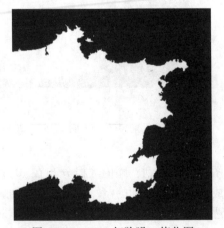

图 12.15　2015 年除噪二值化图　　　　　图 12.16　2020 年除噪二值化图

最后通过 reduceToVectors 函数进行矢量化，设定转化的区域、分辨率等要素后即可以提取出海岸线边界，结果如图 12.17、图 12.18 所示。

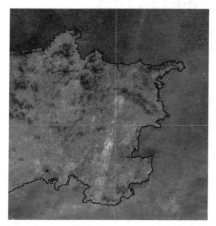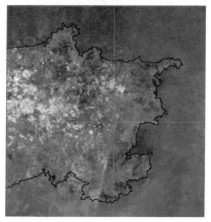

图 12.17　2015 年 Landsat 5 提取海岸线　　　图 12.18　2020 年 Landsat 8 提取海岸线

放大后可以看到提取出的海岸线与原始影像的水陆边界贴合较好（图 12.19），证明利用卫星图像可以有效地提取出图像中的海岸线。提取得到的海岸线图像可以较好地反映海岸线的分布情况。提取海岸线的线性连续，提取效果较好。

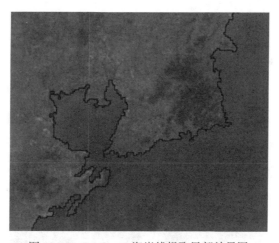

图 12.19　Landsat 8 海岸线提取局部效果图

12.4.2　局部海岸线

由于 Landsat 的分辨率为 30m，而 Sentinel 的分辨率为 10m，在本研究中局部海岸线的提取使用了分辨率更高的 Sentinel 影像数据，roi 研究区选择山东东部地区，合成了 2020 年的影像，其合成影像图如图 12.20 所示。

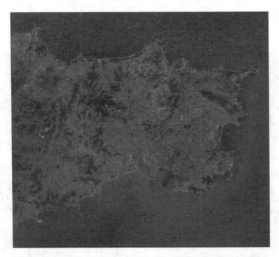

图 12.20 2020 年 Sentinel 原始影像图

计算合成影像图的 NDWI 后，使用大津算法确定 2020 年 NDWI 的阈值为-0.04013，根据阈值进行影像的二值化分类，在通过区域生长法去除二值影像图的噪点后能够得到更加准确的二值影像图，最后进行栅格转矢量就得到 2020 年的海岸线，提取的海岸线如图 12.21 所示。

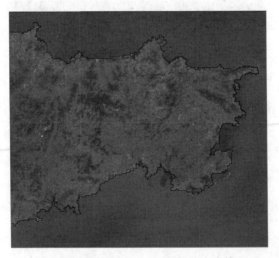

图 12.21 2020 年 Sentinel 提取海岸线

通过查阅有关海岸线长度计算的资料，发现岸线的长度计算与维度有很重要的关系，要得到相对准确的海岸线长度，要首先计算分形维数。在本研究中，可以理解为矢量化过程中分辨率的参数，通过 GEE 中 perimeter 函数可以计算提取海岸线的长度，调试矢量化过程中 scale 的参数，能够得到不同的海岸线结果，其变化情况如图 12.22 所示。

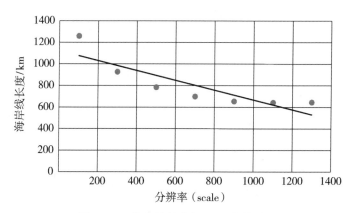

图 12.22　海岸线长度与 scale 的关系图

从图中我们可以发现，计算的海岸线长度结果与 scale 有明显的正相关性，计算的海岸线结果随着分辨率的提高而变长，这与我们的认知相同，即分辨率越高，提取的影像就越曲折，岸线长度就越长。海岸线的长度计算具有不确定性，研究中需要确定一个合适的分辨率阈值才能准确地进行计算。

12.5　小结

基于地理云平台，首先利用 JRC、Landsat、Sentinel 遥感影像数据分别进行年度合成，并计算合成影像的 NDWI，使用 Otsu 法计算出要进行水陆分割的 NDWI 阈值，从而得到水陆二值影像图，但此二值图的抗噪性较差，所以使用区域生长法和形态学相结合的方法去除影像图中的噪声，最后矢量化得到海岸线。整体海岸线提取方法与步骤清晰，操作也相对较为简单，可以有效避免海岸线提取过程中的繁琐工序，减少人为操作产生的误差，是一种行之有效的海岸线提取方法。并且通过试验证明本研究方法可以利用卫星图像有效地提取出图像中的海岸线。使用 JRC 和 Landsat 遥感影像数据提取了中国大陆 1990 年和 2020 年两期的海岸线，使用 Sentinel 遥感影像数据提取了中国局部地区 2020 年的海岸线并讨论了海岸线的分维及长度问题。

运用 GEE 等地理云计算平台进行遥感大数据的处理和信息获取，可以在很大程度上减少存储空间、数据传输时间和计算耗时，让科研工作者和政策制定者摆脱"数据丰富而信息贫乏"的困境，从而更加聚焦于科学问题的回答以及科学政策的制定，进而提升国土资源科技管理水平，助力可持续发展中国建设。

参 考 文 献

［1］ Jinzhu Wang. Based on the Google Earth Engine guide and tutorials ［R/OL］. （2019-08-12）［2021-10-13］. https：//developers. google. cn/earth-engine/tutorials/edu? hl＝zh-cn.

［2］ 付东杰，肖寒，苏奋振，等．遥感云计算平台发展及地球科学应用［J］．遥感学报，2021，25（01）：220-230.

［3］ Tamiminia H, Salehi B, Mahdianpari M, et al. Google Earth Engine for geo-big data applications：A meta-analysis and systematic review［J］. ISPRS Journal of Photogrammetry and Remote Sensing, 2020, 164：152-170.

［4］ Ceccaato P. Operational Early Warning System Using SPOT-VEGETATION and TERRA-MODIS to Predict Desert Locust Outbreaks［R］. Environmental Sciences, 2005.

［5］ Observatory N J N E. Late Dry Season Fires in Brazil［DB/OL］.（2001-12-04）［2021-10-13］. https：//www. visibleearth. nasa. gov/images/10547/late-dry-season-fires-in-brazil.

［6］ Olsen J L, Miehe S, Ceccato P, et al. Does Vegetation Parameterization from EO NDVI Data Capture Grazing induced Variations in Species Composition and Biomass in Semi-Arid Grassland Savanna?［J］. Biogeosciences Discussions, 2014, 11（11）：16309-16347.

［7］ Pekel J F, Ceccato P, Vancutsem C, et al. Development and Application of Multi-Temporal Colorimetric Transformation to Monitor Vegetation in the Desert Locust Habitat［J］. IEEE Journal of Selected Topics in Applied Earth Observations and Remote Sensing, 2011, 4（2）：318-326.

［8］ Funk C C, Peterson P J, Landsfeld M F, et al. A quasi-global precipitation time series for drought monitoring［R］. U. S. Geological Survey, Reston, VA, 2014.

［9］ DaSilva J, Garanganga B, Teveredzi V, et al. Improving epidemic malaria planning, preparedness and response in Southern Africa［J］. Malaria Journal, 2004, 3（1）：37.

［10］ Dinku T, Ceccato P, Grover-Kopec E, et al. Validation of satellite rainfall products over East Africa's complex topography［J］. International Journal of Remote Sensing, 2007, 28（7）：1503-1526.

［11］ Fontaine R E, Najjar A E, Prince J S. The 1958 malaria epidemic in Ethiopia［J］. The American Journal of Tropical Medicine and Hygiene, 1961, 10：795-803.

［12］ Manyangadze T, Gebreslasie M, Chimbari M J, et al. Modelling the spatial and seasonal distribution of suitable habitats of schistosomiasis intermediate host snails using Maxent in Ndumo area, KwaZulu-Natal Province, South Africa［J］. Parasites & Vectors, 2016, 9（1）：572.

［13］ Vancutsem C，Ceccato P，Dinku T，et al. Evaluation of MODIS land surface temperature data to estimate air temperature in different ecosystems over Africa ［J］. Remote Sensing of Environment，2009，114（2）：449-465.

［14］ Yeshiwondim A K，Gopal S，Hailemariam T A，et al. Spatial analysis of malaria incidence at the village level in areas with unstable transmission in Ethiopia ［J］. BioMed Central，2009，8（1）：5.

［15］ 刘亚岚，任玉环，魏成阶，等. 北京 1 号小卫星监测非正规垃圾场的应用研究 ［J］. 遥感学报，2009，13（02）：320-326.

［16］ 吴文伟，刘竞. 北京市固体废弃物分布调查中遥感技术的应用 ［J］. 环境卫生工程，2000（02）：76-78.

［17］ Bagheri S，Hordon R M. Hazardous waste site identification using aerial photography：A pilot study in Burlington County，New Jersey，USA ［J］. Environmental Management，1988，12（3）：411-412.

［18］ Zhu Z，Woodcock C E，Olofsson P. Continuous monitoring of forest disturbance using all available Landsat imagery ［J］. Remote Sensing of Environment，2012，122：75-91.

［19］ 雷震. 随机森林及其在遥感影像处理中应用研究 ［D］. 上海：上海交通大学，2012.

［20］ Hansen M C，Potapov P V，Moore R，et al. High-Resolution Global Mapsof 21st-Century Forest Cover Change ［J］. Science，2013，342（6160）：850-853.

［21］ Cheng G，Peicheng Z，Junwei H，et al. Auto-encoder-based shared mid-level visual dictionary learning for scene classification using very high resolution remote sensing images ［J］. IET Computer Vision，2015，9（5）：639-647.

［22］ Gorelick N，Hancher M，Dixon M，et al. Google Earth Engine：Planetary-scale geospatial analysis for everyone ［J］. Remote Sensing of Environment，2017，202：18-27.

［23］ Huabing H，Yanlei C，Clinton N，et al. Mapping major land cover dynamics in Beijing using all Landsat images in Google Earth Engine ［J］. Remote Sensing of Environment，2017：166-176.

［24］ 周培诚，程塨，姚西文，等. 高分辨率遥感影像解译中的机器学习范式 ［J］. 遥感学报，2021，25（01）：182-197.

［25］ 翟辉琴，何乔，王素敏. 基于数学形态学的遥感影像水域提取 ［J］. 海洋测绘，2005（02）：52-54+63.

［26］ 张朝阳，冯伍法，张俊华，等. 基于形态学色差的彩色遥感影像水域提取 ［J］. 海洋测绘，2006（05）：58-60.

［27］ 李政国. 基于区域生长法的高空间分辨率遥感图像分割与实现 ［D］. 南宁：广西大学，2008.

［28］ 孙钦帮，苏媛媛，马军，等. 长兴岛海岸线变化遥感动态监测及分形特征 ［J］. 海洋环境科学，2011，30（03）：389-393.

［29］ 刘晓莉，范玉茹. 常用边缘检测算法在不同影像海岸线中提取比较研究 ［J］. 测绘与空间地理信息，2014，37（11）：149-151.

［30］ 许宁 . 中国大陆海岸线及海岸工程时空变化研究 ［D］. 烟台：中国科学院烟台海岸带研究所，2016.

［31］ 张洪超 . 基于大津法和区域生长法结合的彩色图像分割方法研究 ［D］. 济南：山东师范大学，2016.

［32］ 王小鹏，文昊天，王伟，等 . 形态学边缘检测和区域生长相结合的遥感图像水体分割 ［J］. 测绘科学技术学报，2019，36（02）：149-154+160.

［33］ 原晓慧，王萍，张英，等 . 基于边缘检测的海岸线自动提取研究 ［J］. 北京测绘，2019，33（02）：148-152.

［34］ 王大钊 . 基于 GEE 的青海湖近 30 年水量变化遥感分析 ［D］. 西安：西北大学，2020.

［35］ 张锦，赖祖龙，孙杰 . Otsu 法、区域生长法及形态学相结合的遥感图像海岸线提取 ［J］. 测绘通报，2020（10）：89-92.

［36］ 廖文秀，陈奕云，赵曦，等 . 基于 GEE 的湖北省近 30 年湖泊及其岸线演变分析 ［J］. 湖北农业科学，2021，60（10）：46-54+59.

［37］ 周珂，柳乐，程承旗，等 . 基于谷歌地球引擎的开封城区 2010—2019 年水体分布变化研究 ［J］. 科学技术与工程，2021，21（06）：2397-2404.